21世纪高等教育计算机规划教材

信息安全概论

Introduction to Information Security

张雪锋 主编

人民邮电出版社

北京

图书在版编目（CIP）数据

信息安全概论 / 张雪锋主编. -- 北京 : 人民邮电出版社, 2014.1（2024.1重印）
21世纪高等教育计算机规划教材
ISBN 978-7-115-33282-0

Ⅰ. ①信… Ⅱ. ①张… Ⅲ. ①信息安全－安全技术－高等学校－教材 Ⅳ. ①TP309

中国版本图书馆CIP数据核字(2013)第317445号

内 容 提 要

本书系统地讲解了信息安全相关的基础知识，全书共有9章，介绍了信息安全领域的基本概念、基础理论和主要技术，并对信息安全管理和信息安全标准进行了简要介绍。主要内容包括信息技术与信息安全的基本概念、信息保密技术、信息认证技术、信息隐藏技术、操作系统与数据库安全、访问控制技术、网络安全技术、信息安全管理、信息安全标准与法律法规等。为了让读者能够及时检查学习的效果，把握学习的进度，每章后面都附有思考和练习题。

本书既可以作为信息安全、网络工程、计算机科学与技术、通信工程等本科专业学生信息安全基础课程的教材，也可供从事相关专业的教学、科研和工程技术人员参考。

◆ 主　　编　张雪锋
　责任编辑　李海涛
　责任印制　彭志环
◆ 人民邮电出版社出版发行　　北京市丰台区成寿寺路11号
　邮编　100164　　电子邮件　315@ptpress.com.cn
　网址　http://www.ptpress.com.cn
　固安县铭成印刷有限公司印刷
◆ 开本：787×1092　1/16
　印张：14.75　　　　2014年1月第1版
　字数：385千字　　　2024年1月河北第17次印刷

定价：35.00元

读者服务热线：(010)81055256　印装质量热线：(010)81055316
反盗版热线：(010)81055315
广告经营许可证：京东市监广登字20170147号

前言

随着信息技术的发展和普及，信息技术与人们的日常工作、学习和生活联系日益紧密，根据中国互联网络信息中心（CNNIC）2013 年 7 月发布的《中国互联网络发展状况统计报告（2013 年 7 月）》，截至 2013 年 6 月底，我国网民规模达 5.91 亿，互联网普及率为 44.1%，这些数据表明，中国网民的规模已经非常庞大。而该中心发布的《2012 年中国网民信息安全状况研究报告》表明，总体来看，目前中国网民只是简单地被灌输了要“重视信息安全”，但其实对其形成的原因认识并不清晰，形象地说，中国网民的信息安全意识处于“知其然，不知其所以然”的阶段，很多网民知道要重视信息安全，但并不知道为什么要重视，当然就更不知道如何解决自身面临的信息安全问题。因此，人们在享受着信息技术给自身工作、学习和生活带来便捷的同时，对信息的安全问题也日益关注。如何保障信息的安全存储、传输、使用，如何实现信息的保密性、完整性、可用性、不可否认性和可控性，成为困扰信息技术进一步发展的关键问题之一。当前，信息的安全问题不仅涉及人们的个人隐私安全，而且与国家的金融安全、政治安全、国防安全息息相关，大多数国家已经将信息安全上升到国家战略的高度进行规划和建设，这为信息安全技术的发展和信息安全类专业人才的培养提供了广阔的前景，也提出了迫切的发展需求，对信息安全从业者来说，这是前所未有的机遇，也面临着前所未有的挑战。

为了能为在校本科生学习信息安全提供内容较新、论述较系统的教材，也能为相关领域的科研人员提供一本内容充实,具有一定实用性的参考书,我们编写了《信息安全概论》这本教材。

本书是作者在长期从事信息安全领域科研和教学的基础上编写的，概括介绍了信息安全的基本概念、基本原理和主要技术，进一步介绍了信息安全管理和信息安全标准。内容以当前被广泛应用的信息安全技术为主进行了系统介绍，对其性能进行了相应的分析，既突出了广泛性，又注重对主要知识内容的深入讨论。本书主要面向信息安全、网络工程、计算机科学与技术、通信工程等本科专业的学生使用，计划课时为 32～48 学时。学习该课程的学生需要具备计算机和高等数学方面的知识，同时应该掌握基本的网络知识。通过对本课程的学习，学生可以掌握基本的信息安全理论、方法和技术，对信息安全技术具备一定的实际应用能力。

当然，解决信息系统面临的安全问题是一项复杂的系统性工程，相应的信息安全解决方案应该是一种综合解决方案，实践证明，任何试图将信息安全问题解决方案单一化的想法都是不切实际的，信息安全解决方案应该是一项系统工程，它不是多种安全技术的简单叠加使用，而应该从系统的角度去综合考虑。从这个角度来看，本书涉及的信息安全技术相互之间既有联系，又有区别，因此，读者在学习的过程中，应该从系统的角度去学习和理解不同技术相关内容之间的关联。

衷心感谢本书的主审，他提出的许多宝贵的意见和建议使我们受益匪浅。为了使本书既包含信息安全的基础知识，又能反映这些基础知识涉及的最新研究成果，本书在编写过程中参考了国内外许多同行的论文、著作，引用了其中的观点、数据与结论，在此一并表示谢忱。

由于编者水平有限，书中难免存在错误和不妥之处，恳切希望广大读者批评指正。

编　者

2013 年 11 月

目录

第1章 绪论

本章概要介绍信息安全涉及的基本概念，包括信息的基本概念、特征、性质、功能和分类，信息技术的产生和内涵，信息安全涉及的基本概念、信息安全的目标和属性以及信息安全的基本原则，当前面临的主要安全威胁及实现信息安全的主要技术，同时重点介绍了信息安全管理的主要内容及基本原则。

本章的知识要点、重点和难点包括：信息的定义和性质、信息安全的属性、实现信息安全的基本原则和主要的信息安全技术。

1.1 概　　述

随着全球信息化的飞速发展，特别是计算机技术与通信技术相结合而诞生的计算机互联网的发展和广泛应用，打破了传统的时间和空间的限制，极大地改变了人们的工作方式和生活方式，促进了经济和社会的发展，提高了人们的工作水平和生活质量。

根据中国互联网络信息中心（CNNIC）2013 年 7 月发布的《中国互联网络发展状况统计报告（2013 年 7 月）》，截至 2013 年 6 月底，我国网民规模达 5.91 亿，较 2012 年底增加 2 656 万人，互联网普及率为 44.1%，较 2012 年年底提升了 2.0 个百分点，其中手机网民规模达 4.64 亿，较 2012 年年底增加 4 379 万人，网民中使用手机上网的人群占比提升至 78.5%。手机上网成为互联网发展的新动力：一方面，手机上网的发展推动了中国互联网的普及，尤其是为受网络、终端等限制而无法接入的人群和地区提供了使用互联网的可能性；另一方面，手机上网推动了互联网经济新的增长，基于移动互联网的创新热潮为传统互联网类业务提供了新的商业模式和发展空间，网络即时通信的网民规模迅速增加，电子商务类应用的使用率上升。

以上数据充分说明，信息技术已经与人们的日常生活、学习和工作息息相关。在信息化日益普及的今天，伴随着信息技术的广泛应用，当前，信息资源不仅成为人们日常生活、学习、工作中的基础资源，而且日益成为国家和社会发展的重要战略资源。国际上围绕信息的获取、使用和控制的斗争愈演愈烈，信息安全成为维护国家安全和社会稳定的一个焦点，各国都给予极大的关注和投入。

在我国，与信息技术被广泛应用形成鲜明对比的是信息安全问题日益突出，目前，我国已经成为信息安全事件的主要受害国之一。中国互联网络信息中心（CNNIC）2012 年 10 月发布的《2012 年中国网民信息安全状况研究报告》表明，虽然多年来我国不断加强信息安全的治理工作，但信息安全问题仍然十分严重，新的信息安全事件不断出现，且迅速向更多网民蔓延，导致信息安全事件的情境日益复杂多样化，信息安全所引起的直接经济损失已达到很大规模，发起信息安全事件的因素已从此前的好奇心理升级为明显的逐利性，经济利益链条已然形成，信息安全事件中所涉及的信息类型、危害类型越来越多，且日益深入涉及网民的隐私，潜在的后果更严重。与此同时，我国的广大网民缺乏关于信息安全的知识，对信息安全的危害性并不清晰，采取的信息安全保护措施还未达到较好的水平，很多人并不具备处理信息安全事件的能力。

根据以上分析，信息安全已成为亟待解决、影响国家大局和长远利益的重大关键问题，它不但是发挥信息革命带来的高效率、高效益的有力保证，而且是抵御信息侵略的重要屏障。信息安全保障能力是 21 世纪综合国力、经济竞争实力和生存能力的重要组成部分，是世界各国都在奋力攀登的制高点。从大的方面来说，信息安全问题已威胁到国家的政治、经济和国防等领域；从小的方面来说，信息安全问题已威胁到个人的隐私能否得到保障。因此，信息安全已成为社会稳定、安全的必要前提条件。信息安全问题全方位地影响我国的政治、军事、经济、文化、社会生活的各个方面，如果解决不好，将使国家处于信息战和高度经济金融风险的威胁之中。

信息安全不仅要保证信息的保密性、完整性，也就是关注信息自身的安全，防止偶然的或未授权者对信息的恶意泄露、修改和破坏，从而导致信息的泄密或被非法使用等问题，而且还要保证信息的可用性、可控性，保证人们对信息资源的有效使用和管理。

1.2 信息与信息技术

在人类社会的早期，人们对信息的认识比较肤浅和模糊，对信息的含义没有明确的定义。到了 20 世纪中期以后，随着科学技术的发展，特别是信息科学技术的发展，对人类社会产生了深刻的影响，迫使人们开始探讨信息的准确含义。

信息论是 20 世纪 40 年代后期从长期通信实践中总结出来的一门学科，是专门研究信息的有效处理和可靠传输的一般规律的科学。信息是系统传输和处理的对象，它载荷于语言、文字、数据、图像、影视和信号等之中，要研究信息处理和传输的规律，首先要对信息进行定量的描述，即信息的度量，这是信息论研究的出发点。但要对通常含义下的信息（如知识、情报、消息等）给出一个统一的度量是困难的，因为它涉及客观和主观两个标准，而迄今为止最成功、应用最广泛的是建立在概率模型基础上的信息度量，进而建立在此种信息度量基础上的信息论成功地解决了信息处理和可靠传输中的一系列理论问题。

1.2.1 信息

1. 信息的定义

1928 年，L.V. R. Hartley 在 *Bell System Technical Journal* 上发表了一篇题为 *Transmission of Information* 的论文，在这篇论文中，他把信息理解为选择通信符号的方式，且用选择的自由度来计量这种信息的大小。Hartley 认为，任何通信系统的发信端总有一个字母表（或符号表），发信者所发出的信息，就是他在通信符号表中选择符号的具体方式。假设这个符号表中一共有 S 个不同的符号，发送信息选定的符号序列包含 N 个符号，则从这个符号表中共有 S^N 种不同的选择方式，因而可以形成 S^N 个长度为 N 的序列。因此，就可以把发信者产生信息的过程看成是从 S^N 个不同的序列中选定一个特定序列的过程，或者说是排除其他序列的过程。

Hartley 的这种理解在一定程度上解释了通信工程中的一些信息问题，但也存在一些严重的局限性。主要表现在：一方面，他所定义的信息不涉及内容和价值，只考虑选择的方式，也没有考虑到信息的统计性质；另一方面，将信息理解为选择的方式，就必须有一个选择的主题作为限制条件。这些缺点使它的适用范围受到很大的限制。

1948 年，美国数学家 C. E. Shannon 在 *Bell System Technical Journal* 上发表了一篇题为 *A Mathematical Theory of Communication* 的论文，在对信息的认识方面取得了重大突破，堪称信息论的创始人。这篇论文以概率论为基础，深刻阐述了通信工程的一系列基本理论问题，给出了计算信源信息量和信道容量的方法和一般公式，得出了著名的编码三大定理，为现代通信技术的发展奠定了理论基础。

Shannon 指出，通信系统所处理的信息在本质上都是随机的，可以用统计方法进行处理。Shannon 在进行信息的定量计算的时候，明确地把信息量定义为随机不定性程度的减少，这就表明了他对信息的理解是：信息是用来减少随机不定性的东西。

虽然 Shannon 的信息概念比以往的认识有了巨大的进步，但仍存在局限性，这一概念同样没有包含信息的内容和价值，只考虑了随机型的不定性，没有从根本上回答"信息是什么"的问题。

1948 年，就在 Shannon 创立信息论的同时，N. Wiener 出版了专著 *Cybernetics: Control and communication in the animal and the machine*，创建了控制论，一门新的学科由此诞生。Wiener 从控制论的角度出发，认为"信息是人们在适应外部世界，并且这种适应反作用于外部世界的过程中，同外部世界进行互相交换的内容的名称"。Wiener 关于信息的定义包含了信息的内容与价值，从动态的角度揭示了信息的功能与范围，但也有局限性。由于人们在与外部世界的相互作用过程中，同时也存在着物质与能量的交换，Wiener 关于信息的定义没有将信息与物质、能量区别开来。

1975 年，意大利学者 G. Longo 在 *Information theory : new trends and open problems* 一书的序言中认为"信息是反映事物的形式、关系和差别的东西。它包含在事物的差异之中，而不在事物本身"。当然，"有差异就是信息"的观点是正确的，但是反过来说"没有差异就没有信息"就不够确切。所以，"信息就是差异"的定义也有其局限性。

据不完全统计，有关信息的定义有 100 多种，它们都从不同的侧面、不同的层次揭示了信息的特征与性质，但同时也都有这样或那样的局限性。

以下列出了几种典型的关于信息的定义。

（1）信息是指有新内容、新知识的消息——Hartley。

（2）信息是用来减少随机不定性的东西——Shannon。

（3）信息是人们在适应外部世界，并且这种适应反作用于外部世界的过程中，同外部世界进行互相交换的内容的名称——Wiener。

（4）信息是反映事物构成、关系和差别的东西，它包含在事物的差异之中，而不在事物的本身——Longo。

（5）信息是系统的组成部分，是物质和能量的形态、结构、属性和含义的表征，是人类认识客观的纽带。如物质表现为具有一定质量、体积、形状、颜色、温度、强度等性能。这些物质的属性都是以信息的形式表达的。我们通过信息认识物质、认识能量、认识系统、认识周围世界。

（6）信息是反应客观世界中各种事物特征和变化的知识，是数据加工的结果，信息是有用的数据。

（7）信息是经过加工后的数据，它对接收者有用，它对决策或行为有现实或潜在的价值。

（8）信息是指以声音、语言、文字、图像、动画、气味等方式所表示的实际内容。

为了进一步加深对信息概念的理解，下面讨论一些与信息概念关系特别密切、但又很容易混淆的相关概念。

（1）信息与消息：消息是信息的外壳，信息则是消息的内核，也可以说，消息是信息的笼统概念，信息则是消息的精确概念。

（2）信息与信号：信号是信息的载体，信息则是信号所载荷的内容。

（3）信息与数据：数据是记录信息的一种形式，同样的信息也可以用文字或图像来表述。当然，在计算机里，所有的多媒体文件都是用数据表示的，计算机和网络上信息的传递都是以数据的形式进行，此时信息等同于数据。

（4）信息与情报：情报通常是指秘密的、专门的、新颖的一类信息，可以说所有的情报都是信息，但不能说所有的信息都是情报。

（5）信息与知识：知识是由信息抽象出来的产物，是一种具有普遍性和概括性的信息，是信息的一个特殊的子集，也就是说，知识就是信息，但并非所有的信息都是知识。

信息有许多独特的性质与功能，它是可以测度的，为了对其进行系统研究，形成了信息论的研究方向。

2. 信息的特征

信息有许多重要的特征，最基本的特征包括以下几点。

信息来源于物质，又不是物质本身；它从物质的运动中产生出来，又可以脱离源物质而寄生于媒体之中，相对独立地存在。信息是“事物运动的状态和状态变化方式”，但“事物运动的状态和状态变化方式”并不是物质本身，信息不等于物质。

信息也来源于精神世界。既然信息是事物运动的状态与状态变化方式，那么精神领域的事物运动（思维的过程）当然可以成为信息的一个来源。同客观物体所产生的信息一样，精神领域的信息也具有相对独立性，可以被记录并加以保存。

信息与能量息息相关，传输信息或处理信息总需要一定的能量来支持，而控制和利用能量需要信息来引导。但是信息与能量又有本质的区别，即信息是事物运动的状态和状态变化的方式，能量是事物做功的本领，提供的是动力。

信息是具体的并可以被人（生物、机器等）所感知、提取、识别，可以被传递、储存、变换、处理、显示、检索、复制和共享。

正是由于信息可以脱离源物质而载荷于媒体物质，可以被无限制地进行复制和传播，因此，信息可为众多用户所共享。

3. 信息的性质

信息具有下面一些重要的性质。

（1）普遍性：信息是事物运动的状态和状态变化的方式，因此，只要有事物的存在，只要事物在不断地运动，就会有它们运动的状态和状态变化的方式，也就存在着信息，所以信息是普遍存在的，即信息具有普遍性。

（2）无限性：在整个宇宙时空中，信息是无限的，即使是在有限的空间中，信息也是无限的。由于一切事物运动的状态和方式都是信息，而事物是无限多样的，事物的发展变化更是无限的，因而信息是无限的。

（3）相对性：对于同一个事物，不同的观察者所能获得的信息量可能不同。

（4）传递性：信息可以在时间上或在空间中从一点传递到另一点。

（5）变换性：信息是可变换的，它可以用不同载体以不同的方法来载荷。

（6）有序性：信息可以用来消除系统的不定性，增加系统的有序性。获得了信息，就可以消除认识主体对于事物运动状态和状态变化方式的不定性。信息的这一性质对人类具有特别重要的价值。

（7）动态性：信息具有动态性质，一切信息都随时间而变化，因此，信息是有时效的。由于事物本身在不断发展变化，因而信息也会随之变化。脱离了母体的信息因为不再能够反映母体的新的运动状态和状态变化方式而使其效用降低，以至完全失去效用，这就是信息的时效性。所以人们在获得信息之后，不能就此满足，要不断补充和更新。

（8）转化性：在一定的条件下，信息可以转化为物质、能量。

上面的这些是信息的主要性质。了解信息的性质，一方面有助于对信息概念的进一步理解，另一方面也有助于人们更有效地掌握和利用信息。一旦信息被人们有效而正确地利用时，就可能在同样的条件下创造更多的物质财富和能量。

4. 信息的功能

信息的基本功能在于维持和强化世界的有序性，可以说，缺少物质的世界是空虚的世界，缺少能量的世界是死寂的世界，缺少信息的世界是混乱的世界。信息的社会功能则表现在维系社会的生存，促进人类文明的进步和人类自身的发展。

信息具有许多有用的功能，主要表现在以下几个方面。

（1）信息是一切生物进化的导向资源。生物生存于自然环境之中，而外部自然环境经常发生变化，如果生物不能得到这些变化的信息，生物就不能及时采取必要的措施来适应环境的变化，就可能被变化的环境所淘汰。

（2）信息是知识的来源。知识是人类长期实践的结晶，知识一方面是人们认识世界的结果，另一方面又是人们改造世界的方法，信息具有知识的秉性，可以通过一定的归纳算法被加工成知识。

（3）信息是决策的依据。决策就是选择，而选择意味着消除不确定性，意味着需要大量、准确、全面与及时的信息。

（4）信息是控制的灵魂。这是因为，控制是依据策略信息来干预和调节被控对象的运动状态和状态变化的方式。没有策略信息，控制系统便会不知所措。

（5）信息是思维的材料。思维的材料只能是“事物运动的状态和状态变化的方式”，而不可能是事物的本身。

（6）信息是管理的基础，是一切系统实现自组织的保证。

（7）信息是一种重要的社会资源。虽然人类社会在漫长的进化过程中一直没有离开信息，但是只有到了信息时代的今天，人类对信息资源的认识、开发和利用才可以达到高度发展的水平。现代社会将信息、材料和能源看成支撑社会发展的三大支柱，充分说明了信息在现代社会中的重要性。信息安全的任务是确保信息功能的正确实现。

5. 信息的分类

信息是一种十分复杂的研究对象，为了有效地描述信息，一定要对信息进行分类，分门别类地进行研究，由于目的和出发点的不同，信息的分类也不同。

从信息的性质出发，信息可以分为：语法信息、语义信息和语用信息。

从信息的过程出发，信息可以分为：实在信息、先验信息和实得信息。

从信息的地位出发，信息可以分为：客观信息和主观信息。

从信息的作用出发，信息可以分为：有用信息、无用信息和干扰信息。

从信息的逻辑意义出发，信息可以分为：真实信息、虚假信息和不定信息。

从信息的传递方向出发，信息可以分为：前馈信息和反馈信息。

从信息的生成领域出发，信息可以分为：宇宙信息、自然信息、社会信息和思维信息等。

从信息的应用部门出发，信息可以分为：工业信息、农业信息、军事信息、政治信息、科技信息、经济信息和管理信息等。

从信息源的性质出发，信息可以分为：语音信息、图像信息、文字信息、数据信息和计算信息等。

从信息的载体性质出发，信息可以分为：电子信息、光学信息和生物信息等。

从携带信息的信号形式出发，信息可以分为：连续信息、离散信息和半连续信息等。还可以有其他的分类原则和方法，这里不再赘述。

从上面的讨论可以看到描述信息的一般原则是：要抓住“事物运动的状态”和“状态变化的方式”这两个基本的环节来描述。事物运动的状态和状态变化的方式描述清楚了，信息也就描述清楚了。

1.2.2 信息技术

1. 信息技术的产生

任何一门科学技术的产生和发展都不是偶然的，而是源于人类社会实践活动的实际需要。“科学”是扩展人类各种器官功能的原理和规律，而“技术”则是扩展人类各种器官功能的具体方法和手段。从历史上看，在很长的一段时间里，人类为了维持生存而一直采用优先发展自身体力功能的战略，因此，材料科学与技术和能源科学与技术就相继发展起来。与此同时，人类的体力功能也日益加强。

虽然信息也很重要，但在生产力和生产社会化程度不高的时候，一方面，人们凭借自身的信息器官的能力，就足以基本上满足当时认识世界和改造世界的需要了；另一方面，从发展过程来说，在物质资源、能量资源、信息资源之间，相对而言，物质资源比较直观，信息资源比较抽象，而能量资源则介于两者之间。由于人类的认识过程必然是从简单到复杂，从直观到抽象，因而必然是材料科学与技术的发展在前，接着是能源科学与技术的发展，而后才是信息科学与技术的发展。

人类的一切活动都可以归结为认识世界和改造世界。从信息的观点来看，人类认识世界和改造世界的过程，就是一个不断从外部世界的客体中获取信息，并对这些信息进行变换、传递、存储、处理、比较、分析、识别、判断、提取和输出等，最终把大脑中产生的决策信息反作用于外部世界的过程。

这个生理的信息处理基本过程如图 1-1 所示。

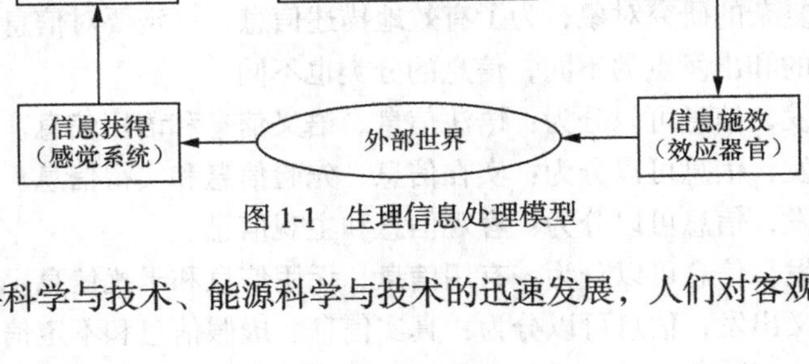

图 1-1　生理信息处理模型

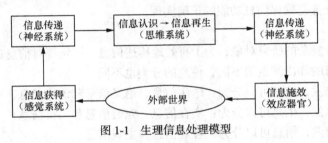

但是，随着材料科学与技术、能源科学与技术的迅速发展，人们对客观世界的认识取得了长

足的进步，不断地向客观世界的深度和广度发展，这时，人类的信息器官功能已明显滞后于行为器官的功能了。例如，人类要“上天”、“入地”、“下海”、“探微”，但与生俱来的视力、听力、大脑存储信息的容量、处理信息的速度和精度，越来越不能满足人类认识世界和改造世界的实际需要，这时，人类迫切需要扩展和延长自己信息器官的功能。从 20 世纪 40 年代起，人类在信息的获取、传输、存储、处理和检索等方面的技术与手段，以及利用信息进行决策、控制、指挥、组织和协调等方面的原理与方法，都取得了突破性的进展，且是综合的。这些事实说明现代人类所利用的表征性资源是信息资源，表征性的科学技术是信息科学技术，表征性的工具是智能工具。

2. 信息技术的内涵

对于信息技术（Information Technology，IT），目前还没有一个准确而又通用的定义，估计有数十种之多。笼统地说：信息技术是能够延长或扩展人的信息能力的手段和方法。但在本节后面的讨论中，将信息技术的内涵限定在下面定义的范围内，即信息技术是指在计算机和通信技术支持下，用以获取、加工、存储、变换、显示和传输文字、数值、图像、视频、音频以及语音信息，并且包括提供设备和信息服务两大方面的方法与设备的总称。

信息技术中的信息处理基本过程如图 1-2 所示。

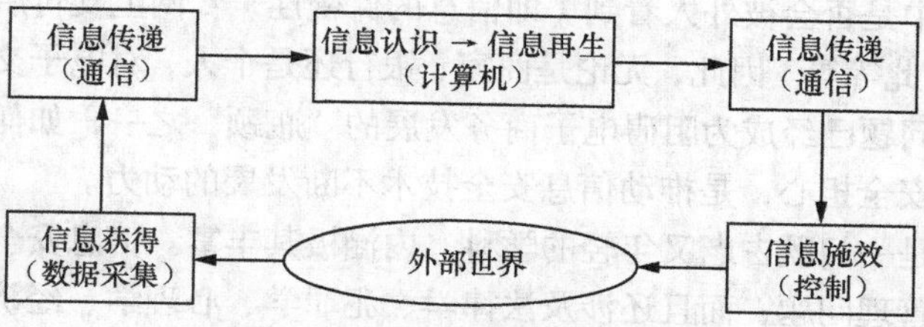

图 1-2　信息技术中的信息处理模型

由于在信息技术中信息的传递是通过现代的通信技术来完成的，信息处理是通过各种类型的计算机（智能工具）来完成的，而信息要为人类所利用，又必须是可以控制的。因此，也有人认为信息技术简单地说就是 3C：计算机（Computer）、通信（Communication）和控制（Control），即

$$IT = Computer + Communication + Control$$

以上的表述给出了信息技术的最主要的技术特征。

随着信息技术的迅速发展，随之而来的是信息在传递、储存和处理中的安全问题，而且安全问题越来越受到广泛的关注。

1.3 信息安全的内涵

1.3.1 基本概念

信息技术的应用，引起了人们生产方式、生活方式和思想观念的巨大变化，极大地推动了人类社会的发展和人类文明的进步，把人类带入了崭新的时代——信息时代。信息已成为社会发展的重要资源。然而，人们在享受信息资源所带来的巨大利益的同时，也面临着信息安全的严峻考验。信息安全已经成为世界性的问题。“安全”一词的基本含义为：“远离危险的状态或特性”，或

“主观上不存在威胁，主观上不存在恐惧”。安全是一个普遍存在的问题，安全存在于各种领域。随着计算机网络的迅速发展，人们对信息的存储、处理和传递过程中涉及的安全问题越来越关注，信息领域的安全问题变得非常突出。

国际标准化组织（ISO）对信息安全的定义是：“在技术上和管理上为数据处理系统建立的安全保护，保护计算机硬件、软件和数据不因偶然的和恶意的原因而遭到破坏、更改和泄露。”

信息安全是一个广泛和抽象的概念。所谓信息安全就是关注信息本身的安全，而不管是否应用了计算机作为信息处理的手段。信息安全的任务是保护信息财产，以防止偶然的或未授权者对信息的恶意泄露、修改和破坏，从而导致信息的不可靠或无法处理等。这样可以使得我们在最大限度地利用信息的同时而不招致损失或使损失最小。

信息安全之所以引起人们的普遍关注，是由于信息安全问题目前已经涉及人们日常生活的各个方面。以网上交易为例，传统的商务运作模式经历了漫长的社会实践，在社会的意识、道德、素质、政策、法规和技术等各个方面都已经非常完善。然而对于电子商务来说，这一切却处于刚刚起步阶段，其发展和完善将是一个漫长的过程。假设你作为交易人，无论你从事何种形式的电子商务都必须清楚以下事实：你的交易方是谁？信息在传输过程中是否会被篡改（即信息的完整性）？信息在传送途中是否会被外人看到（即信息的保密性）？网上支付后，对方是否会不认账（即不可抵赖性）？如此等等。因此，无论是商家、银行还是个人，对电子交易安全的担忧是必然的，电子商务的安全问题已经成为阻碍电子商务发展的“瓶颈”之一，如何改进电子商务的安全现状，让用户不必为安全担心，是推动信息安全技术不断发展的动力。

信息安全可以说是一门既古老又年轻的学科，内涵极其丰富。信息安全不仅涉及计算机和网络本身的技术问题、管理问题，而且还涉及法律学、犯罪学、心理学、经济学、应用数学、计算机基础科学、计算机病毒学、密码学、审计学等学科。

信息安全经历了漫长的发展过程。从某种意义上说，从人类开始进行信息交流，就涉及了信息安全的问题。从古代的烽火传信到现在的网络通信，只要存在信息的交流，就存在信息的欺骗、破坏和窃取等安全威胁。从信息安全的发展过程来看，在计算机出现以前，通信安全以保密为主，密码学是信息安全的核心和基础，随着计算机的出现，计算机系统安全保密成为现代信息安全的重要内容，网络的出现使得大范围的信息系统的安全保密成为信息安全的主要内容。信息安全的宗旨是向合法的服务对象提供准确、正确、及时、可靠的信息服务；而对其他任何人员和组织，包括内部、外部乃至于敌对方，保持最大限度的信息的不透明性、不可获取性、不可接触性、不可干扰性、不可破坏性，而且不论信息所处的状态是静态的、动态的还是传输过程中的。

1. 信息的安全属性

信息安全研究所涉及的领域相当广泛。随着计算机网络的迅速发展，人们越来越依赖网络，人们对信息资产的使用更多的是通过计算机网络来实现的，在计算机和网络上信息的处理是以数据的形式进行，在这种情况下，信息就是数据。因而从这个角度来说，可以分为数据安全和系统安全，即信息安全可以从两个层次来看。

从消息的层次来看，信息安全的属性包括以下几个方面。

（1）完整性（Integrity）。完整性是指信息在存储或传输的过程中保持未经授权不能改变的特性，即对抗主动攻击，保证数据的一致性，防止数据被非法用户修改和破坏。对信息安全发动攻击的最终目的是破坏信息的完整性。

（2）保密性（Confidentiality）。保密性是指信息不被泄露给未经授权者的特性，即对抗被动攻击，以保证机密信息不会泄露给非法用户。

（3）不可否认性（Non-repudiation）。不可否认性也称为不可抵赖性，即所有参与者都不可能否认或抵赖曾经完成的操作和承诺。发送方不能否认已发送的信息，接收方也不能否认已收到的信息。

从网络层次来看，信息安全的属性包括以下两个方面。

（1）可用性（Availability）。可用性是指信息可被授权者访问并按需求使用的特性，即保证合法用户对信息和资源的使用不会被不合理地拒绝。对可用性的攻击就是阻断信息的合理使用，例如破坏系统的正常运行就属于这种类型的攻击。

（2）可控性（Controllability）。可控性是指对信息的传播及内容具有控制能力的特性。授权机构可以随时控制信息的机密性，能够对信息实施安全监控。

要实现信息的安全，就是要通过技术手段和管理手段实现信息的上述5种安全属性。对于攻击者来说，就是要通过一切可能的方法和手段破坏信息的安全属性。

2. 信息安全的目标

基于以上分析，目前，实现信息安全的具体目标包括以下几个方面。

（1）真实性：能够实现对信息来源的判断确认，能够对伪造的信息进行鉴别。

（2）保密性：能够保证机密信息不被窃听，或窃听者不能了解信息的真实含义。

（3）完整性：能够保证数据的一致性，防止数据被非法用户篡改。

（4）可用性：能够保证合法用户对信息和资源的使用不会被不正当地拒绝。

（5）不可抵赖性：建立有效的责任机制，防止用户否认其行为。不可抵赖性对于电子商务尤为重要，是保证电子商务健康发展的基本保障。

（6）可控制性：对信息的传播及内容具有控制能力。

（7）可审查性：对出现的网络安全问题提供调查的依据和手段。

3. 信息安全的基本原则

为了达到信息安全的目标，各种信息安全技术的使用必须遵守以下3个基本原则：最小化原则、分权制衡原则和安全隔离原则。

最小化原则：受保护的敏感信息只能在一定范围内被共享，履行工作职责和职能的安全主体，在法律和相关安全策略允许的前提下，为满足工作需要，仅被授予其访问信息的适当权限，称为最小化原则。敏感信息的知情权一定要加以限制，是在“满足工作需要”前提下的一种限制性开放。

分权制衡原则：在信息系统中，对所有权限应该进行适当地划分，使每个授权主体只能拥有其中的一部分权限，使他们之间相互制约、相互监督，共同保证信息系统的安全。如果一个授权主体分配的权限过大，无人监督和制约，就隐含了“滥用权力”、“一言九鼎”的安全隐患。

安全隔离原则：隔离和控制是实现信息安全的基本方法，而隔离是进行控制的基础。信息安全的一个基本策略就是将信息的主体与客体分离，按照一定的安全策略，在可控和安全的前提下实施主体对客体的访问。

1.3.2 安全威胁

1. 基本概念

随着计算机网络的迅速发展，使得信息的交换和传播变得非常容易。由于信息在存储、共享和传输中，会被非法窃听、截取、篡改和破坏，从而导致不可估量的损失。特别是一些重要的部门，如银行系统、证券系统、商业系统、政府部门和军事系统，在公共通信网络中进行信息的存储和传输，其安全问题就更为重要。所谓的信息安全威胁就是指某个人、物、事件或概念对信息资源的保密性、完整性、可用性或合法使用所造成的危险。如攻击就是对安全威胁的一种具体体现。虽然人为因素和非人为因素都可以对通信安全构成威胁，但是精心设计的人为攻击威胁最大。

安全威胁有时可以被分为故意的和偶然的。故意的威胁如假冒、篡改等，偶然的威胁如信息被发往错误的地址、错误操作等。故意的威胁又可以进一步分为主动攻击和被动攻击。被动攻击不会导致对系统中所含信息的任何改动，如搭线窃听、业务流分析等，而且系统的操作和状态也不会改变，因此被动攻击主要威胁信息的保密性；主动攻击则意在篡改系统中所含信息、或者改变系统的状态和操作，因此主动攻击主要威胁信息的完整性、可用性和真实性。

目前还没有统一的方法来对各种威胁进行分类，也没有统一的方法来对各种威胁加以区别。信息安全所面临的威胁与环境密切相关，不同威胁的存在及重要性是随环境的变化而变化的。

2. 安全威胁

对信息系统来说，信息安全的威胁来自方方面面，我们不可能完全罗列出所有的安全威胁。通过对已有的信息安全事件进行研究和分析，根据安全威胁的性质，基本上可以将安全威胁归结为以下几个方面。

（1）信息泄露：信息被泄露或透露给某个非授权的实体。

（2）破坏信息的完整性：数据被非授权地进行增删、修改或破坏而受到损失。

（3）拒绝服务：对信息或其他资源的合法访问被无条件地阻止。

（4）非授权访问（非法使用）：某一资源被某个非授权的人，或以非授权的方式使用。

（5）窃听：用各种可能合法的或非法的手段窃取系统中的信息资源和敏感信息。例如，对通信线路中传输的信号搭线监听，或者利用通信设备在工作过程中产生的电磁泄露截取有用信息等。

（6）业务流分析：通过对系统进行长期监听，利用统计分析方法对如通信频度、通信的信息流向、通信总量的变化等参数进行研究，从中发现有价值的信息和规律。

（7）假冒：通过欺骗通信系统（或用户）达到非法用户冒充成为合法用户，或者特权小的用户冒充成为特权大的用户的目的。黑客大多是采用假冒实施攻击。

（8）网络钓鱼：攻击者通过大量发送声称来自于银行或其他知名机构的欺骗性垃圾邮件，意图引诱收信人给出敏感信息（如用户名、口令、账号 ID、ATM PIN 码或信用卡详细信息）的一种攻击方式。最典型的网络钓鱼攻击将收信人引诱到一个通过精心设计与目标组织的网站非常相似的钓鱼网站上，并获取收信人在此网站上输入的个人敏感信息，通常这个攻击过程不会让受害者警觉，它是“社会工程攻击”的一种形式。

（9）社会工程攻击：是一种利用“社会工程学”来实施的网络攻击行为。社会工程学不是一门科学，而是一门艺术和窍门的方法。社会工程学是利用人的弱点，以顺从你的意愿、满足你的欲望的方式，让你上当的一些方法与学问。说它不是科学，因为它不是总能重复和成功，而且在信息充分多的情况下，会自动失效。社会工程学的窍门也蕴涵了各式各样的灵活的构思与变化因素。社会工程学是一种利用人的弱点（如人的本能反应、好奇心、信任、贪便宜等）进行诸如欺骗、伤害等危害手段，获取自身利益的手法。现实中运用社会工程学的犯罪很多。短信诈骗，如诈骗银行信用卡号码，电话诈骗，如以知名人士的名义去推销诈骗等，都运用到社会工程学的方法。近年来，更多的黑客转向利用人的弱点，即社会工程学方法来实施网络攻击。利用社会工程学手段，突破信息安全防御措施的事件，已经呈现出上升甚至泛滥的趋势。

（10）旁路控制：攻击者利用系统的安全缺陷或安全性上的脆弱之处获得非授权的权利或特权。例如，攻击者通过各种攻击手段发现原本应保密，但是却又暴露出来的一些系统“特性”，利用这些“特性”，攻击者可以绕过防线守卫者侵入系统的内部。

（11）授权侵犯：被授权以某一目的使用某一系统或资源的某个人，却将此权限用于其他非授权的目的，也称作“内部攻击”。

（12）特洛伊木马：软件中含有一个察觉不出的或者无害的程序段，当它被执行时，会破坏用户的安全。这种应用程序称为特洛伊木马（Trojan Horse）。

（13）陷阱门：在某个系统或某个部件中设置的“机关”，使得在特定的数据输入时，允许违反安全策略。

（14）抵赖：这是一种来自用户的攻击，如否认自己曾经发布过的某条消息、伪造一份对方来信等。

（15）重放：出于非法目的，将所截获的某次合法的通信数据进行拷贝，而重新发送。

（16）计算机病毒：所谓计算机病毒，是一种在计算机系统运行过程中能够实现传染和侵害的功能程序。一种病毒通常含有两种功能：一种功能是对其他程序产生“感染”；另外一种或者是引发损坏功能，或者是一种植入攻击的能力。它造成的危害主要表现在以下几个方面。

① 格式化磁盘，致使信息丢失；

② 删除可执行文件或者数据文件；

③ 破坏文件分配表，使得无法读用磁盘上的信息；

④ 修改或破坏文件中的数据；

⑤ 改变磁盘分配，造成数据写入错误；

⑥ 病毒本身迅速复制或磁盘出现假“坏”扇区，使磁盘可用空间减少；

⑦ 影响内存常驻程序的正常运行；

⑧ 在系统中产生新的文件；

⑨ 更改或重写磁盘的卷标等。

计算机病毒是对软件、计算机和网络系统的最大威胁。随着网络化的普及，特别是 Internet 的发展，大大加剧了病毒的传播。计算机病毒的潜在破坏力极大，正在成为信息战中的一种新式进攻武器。

（17）人员不慎：一个授权的人为了钱或某种利益，或由于粗心，将信息泄露给一个非授权的人。

（18）媒体废弃：信息被从废弃的磁盘，或打印过的存储介质中获得。

（19）物理侵入：侵入者绕过物理控制而获得对系统的访问。

（20）窃取：重要的安全物品，如令牌或身份卡被盗。

（21）业务欺骗：某一伪系统或系统部件欺骗合法的用户，或系统自愿地放弃敏感信息等。

上面给出的是一些常见的安全威胁，各种威胁之间是相互联系的，如窃听、业务流分析、人员不慎、媒体废弃物等可造成信息泄露，而信息泄露、窃取、重放等可造成假冒，而假冒等又可造成信息泄露。

对于信息系统来说，安全威胁可以是针对物理环境、通信链路、网络系统、操作系统、应用系统以及管理系统等方面。

（1）物理安全威胁是指对系统所用设备的威胁。物理安全是信息系统安全的最重要方面。物理安全的威胁主要有自然灾害（地震、水灾、火灾等）造成整个系统毁灭；电源故障造成设备断电导致操作系统引导失败或数据库信息丢失；设备被盗、被毁造成数据丢失或信息泄露，通常，计算机里存储的数据价值远远超过计算机本身，必须采取很严格的防范措施确保不会被人侵者偷去；媒体废弃物威胁，如废弃磁盘或一些打印错误的文件都不能随便丢弃，媒体废弃物必须经过安全处理，对于废弃磁盘仅删除是不够的，必须销毁；电磁辐射可能造成数据信息被窃取或偷阅，等等。

（2）通信链路安全威胁。网络入侵者可能在传输线路上安装窃听装置，窃取网上传输的信号，再通过一些技术手段读出数据信息，造成信息泄露；或对通信链路进行干扰，破坏数据的完整性。

（3）网络安全威胁。计算机的连网使用对数据造成了新的安全威胁。由于在网络上存在着电子窃听，而分布式计算机的特征是一个个分立的计算机通过一些媒介相互通信，如局域网一般都是广播式的，每个用户都可以收到发向任何用户的信息。当内部网络与国际互联网相接时，由于国际互联网的开放性、国际性与无安全管理性，对内部网络形成严重的安全威胁。如果系统内部局域网络与系统外部网络之间不采取一定的安全防护措施，内部网络容易受到来自外部网络入侵者的攻击。例如，攻击者可以通过网络监听等先进手段获得内部网络用户的用户名、口令等信息，进而假冒内部合法用户非法登录，窃取内部网重要信息。

（4）操作系统安全威胁。操作系统是信息系统的工作平台，其功能和性能必须绝对可靠。由于系统的复杂性，不存在绝对安全的系统平台。对系统平台最危险的威胁是在系统软件或硬件芯片中的植入威胁，如“木马”和“陷阱门”。操作系统的一些安全漏洞通常是操作系统开发者有意设置的，这样他们就能在即使用户失去了对系统的所有访问权时仍能进入系统。例如，一些 BIOS 有万能密码，维护人员用这个口令可以进入计算机。

（5）应用系统安全威胁是指对于网络服务或用户业务系统安全的威胁。应用系统对应用安全的需求应有足够的保障能力。应用系统安全也受到“木马”和“陷阱门”的威胁。

（6）管理系统安全威胁。不管是什么样的网络系统都离不开人的管理，必须从人员管理上杜绝安全漏洞。再先进的安全技术也不可能完全防范由于人员不慎造成的信息泄露，管理安全是信息安全有效的前提。

要保证信息安全就必须想办法在一定程度上克服以上的种种威胁。需要指出的是，无论采取何种防范措施都不能保证信息系统的绝对安全。安全是相对的，不安全才是绝对的。在具体使用过程中，经济因素和时间因素是辨别安全性的重要指标。换句话说，过时的“成功”和“赔本”的攻击都被认为是无效的。

1.4 信息安全的实现

保护信息安全所采用的手段也称作安全机制。所有的安全机制都是针对某些安全攻击威胁而设计的，可以按不同的方式单独或组合使用。合理地使用安全机制会在有限的投入下最大限度地降低安全风险。

信息安全并非局限于对信息加密等技术问题，它涉及许多方面。一个完整的信息安全系统至少包含 3 类措施：技术方面的安全措施、管理方面的安全措施和相应的政策法律。信息安全的政策、法律、法规是安全的基石，它是建立安全管理的标准和方法。信息安全技术涉及信息传输的安全、信息存储的安全以及对网络传输信息内容的审计等方面，当然也包括对用户的鉴别和授权。为保障数据传输的安全，需采用数据传输加密技术、数据完整性鉴别技术；为保证信息存储的安全，需保障数据库安全和终端安全；信息内容审计，则是实时地对进出内部网络的信息进行内容审计，以防止或追查可能的泄密行为。

根据国家标准《信息处理 开放系统互连基本参考模型——第二部分：安全体系结构》

（GB / T 9387.2—1995）指出，适合于数据通信环境下的安全机制有：加密机制、数字签名机制、访问控制机制、数据完整性机制、鉴别交换机制、业务流填充机制、抗抵赖机制、公证机制、安全标记、安全审计跟踪和安全恢复等。

1.4.1 信息安全技术

目前，实现信息安全的主要技术包括：信息加密技术、数字签名技术、身份认证技术、访问控制技术、网络安全技术、反病毒技术和信息安全管理等。

1. 信息加密技术

信息加密是指使有用的信息变为看上去似为无用的乱码，使攻击者无法读懂信息的内容，从而保护信息。信息加密是保障信息安全的最基本、最核心的技术措施和理论基础，它也是现代密码学的主要组成部分。信息加密过程由形形色色的加密算法来具体实施，它以很小的代价提供强大的安全保护。在多数情况下，信息加密是保证信息机密性的唯一方法，据不完全统计，到目前为止，已经公开发表的各种加密算法多达数百种。如果按照收发双方密钥是否相同来分类，可以将这些加密算法分为对称密码算法和公钥密码算法。当然在实际应用中，人们通常是将对称密码和公钥密码结合在一起使用，如利用 DES 或者 IDEA 加密信息，采用 RSA 传递会话密钥。如果按照每次加密所处理的比特数来分类，可以将加密算法分为序列密码和分组密码。前者每次只加密一个比特，而后者则先将信息序列分组，每次处理一个组。

2. 数字签名技术

数字签名是保障信息来源的可靠性，防止发送方抵赖的一种有效技术手段。根据数字签名的应用场景和实现方式，目前常见的数字签名包括：不可否认数字签名和群签名等。实现数字签名的基本流程包括两个过程。

（1）签名过程

签名过程是利用签名者的私有信息作为密钥，或对数据单元进行加密，或产生该数据单元的密码校验值。

（2）验证过程

验证过程是利用公开的规程和信息来确定签名是否是利用该签名者的私有信息产生的。

数字签名是在数据单元上附加数据，或对数据单元进行密码变换。通过这一附加数据或密码变换，使数据单元的接收者可以证实数据单元的来源和完整性，同时对数据进行保护。

验证过程是利用了公之于众的规程和信息，但并不能推出签名者的私有信息，即数字签名与日常的手写签名效果一样，可以为仲裁者提供发信者对消息签名的证据，而且能使消息接收者确认消息是否来自合法方。

3. 数据完整性保护技术

数据完整性保护用于防止非法篡改，利用密码理论的完整性保护能够很好地对付非法篡改。完整性的另一用途是提供不可抵赖服务，当信息源的完整性可以被验证却无法模仿时，收到信息的一方可以认定信息的发送者，数字签名就可以提供这种手段。

4. 身份认证技术

身份识别是信息安全的基本机制，通信的双方之间应互相认证对方的身份，以保证赋予正确的操作权力和数据的存取控制。网络也必须认证用户的身份，以保证合法的用户进行正确的操作并进行正确的审计。

目前，常见的身份认证实现方式包括以下 3 种。

① 只有该主体了解的秘密，如口令、密钥；

② 主体携带的物品，如智能卡和令牌卡；

③ 只有该主体具有的独一无二的特征或能力，如指纹、声音、视网膜或签字等。

5. 访问控制技术

访问控制的目的是防止对信息资源的非授权访问和非授权使用信息资源。它允许用户对其常用的信息库进行一定权限的访问，限制他随意删除、修改或拷贝信息文件。访问控制技术还可以使系统管理员跟踪用户在网络中的活动，及时发现并拒绝“黑客”的入侵。

访问控制采用最小特权原则：即在给用户分配权限时，根据每个用户的任务特点使其获得完成自身任务的最低权限，不给用户赋予其工作范围之外的任何权力。权利控制和存取控制是主机系统必备的安全手段，系统根据正确的认证，赋予某用户适当的操作权力，使其不能进行越权的操作。该机制一般采用角色管理办法，针对不同的用户，系统需要定义各种角色，然后赋予他们不同的执行权利。Kerberos 存取控制就是访问控制技术的一个代表，它由数据库、验证服务器和票据授权服务器 3 部分组成。其中，数据库包括用户名称、口令和授权存取的区域；验证服务器验证要存取的人是否有此资格；票据授权服务器在验证之后发给票据允许用户进行存取。

6. 网络安全技术

实现网络安全的技术种类繁多而且还相互联系。这些网络安全技术虽然没有完整统一的理论基础，但是在不同的场合下，为了不同的目的，许多网络安全技术确实能够发挥较好的功能，实现一定的安全目标。

当前主要的网络安全技术包括以下几个方面。

（1）防火墙技术：它是一种既允许接入外部网络，但同时又能够识别和抵抗非授权访问的安全技术。防火墙扮演的是网络中“交通警察”的角色，指挥网上信息合理有序地安全流动，同时也处理网上的各类“交通事故”。防火墙可分为外部防火墙和内部防火墙，前者在内部网络和外部网络之间建立起一个保护层，从而防止“黑客”的侵袭，其方法是监听和限制所有进出通信，挡住外来非法信息并控制敏感信息被泄露；后者将内部网络分隔成多个局域网，从而限制外部攻击造成的损失。

（2）VPN 技术：虚拟专用网（Virtual Private Network，VPN）被定义为通过一个公用网络（通常是因特网）建立一个临时的、安全的连接，是一条穿过混乱的公用网络的安全、稳定的隧道。虚拟专用网是对企业内部网的扩展。VPN 的基本原理是：在公共通信网上为需要进行保密通信的通信双方建立虚拟的专用通信通道，并且所有传输数据均经过加密后再在网络中进行传输，这样做可以有效地保证机密数据传输的安全性。在虚拟专用网中，任意两个节点之间的连接并没有传统专用网所需的端到端的物理链路，虚拟的专用网络通过某种公共网络资源动态组成。

（3）入侵检测技术：入侵检测技术扫描当前网络的活动，监视和记录网络的流量，根据已定义的规则过滤从主机网卡到网线上的流量，提供实时报警。大多数的入侵监测系统可以提供关于网络流量非常详尽的分析。

（4）网络隔离技术：网络隔离（Network Isolation）主要是指把两个或两个以上可路由的网络（如 TCP/IP）通过不可路由的协议（如 IPX/SPX、NetBEUI 等）进行数据交换而达到隔离的目的。由于其原理主要是采用了不同的协议，因此通常也叫协议隔离（Protocol Isolation）。网络隔离技术的目标是确保把有害的攻击隔离在可信网络之外，在保证可信网络内部信息不外泄的前提下，完成网间数据的安全交换。网络隔离技术是在原有安全技术的基础上发展起来的，它弥补了原有安全技术的不足，突出了自己的优势。

（5）安全协议：整个网络系统的安全强度实际上取决于所使用的安全协议的安全性。安全协议的设计和改进有两种方式：一是对现有网络协议（如 TCP / IP）进行修改和补充；二是在网络应用层和传输层之间增加安全子层，如安全协议套接字层（SSL）、安全超文本传输协议（SHTTP）和专用通信协议（PCP）。依据安全协议实现身份鉴别、密钥分配、数据加密、防止信息重传和不可否认等安全机制。

7. 反病毒技术

由于计算机病毒具有传染的泛滥性、病毒侵害的主动性、病毒程序外形检测和病毒行为判定的难以确定性、非法性与隐蔽性、衍生性、衍生体的不等性和可激发性等特性，因此必须花大力气认真加以对付。实际上，计算机病毒研究已经成为计算机安全学的一个极具挑战性的重要课题，作为普通的计算机用户，虽然没有必要去全面研究病毒和防止措施，但是养成“卫生”的工作习惯，并在身边随时配备最新的杀毒工具软件是完全必要的。

8. 安全审计

安全审计是防止内部犯罪和事故后调查取证的基础，通过对一些重要事件的记录，从而在系统发现错误或受到攻击时能定位错误和找到攻击成功的原因。安全审计是一种很有价值的安全机制，可以通过事后的安全审计来检测和调查安全策略执行的情况以及安全遭到破坏的情况。安全审计需要记录与安全有关的信息，通过明确所记录的与安全有关的事件的类别，安全审计跟踪信息的收集可以适应各种安全需要。审计技术能使信息系统自动记录机器的使用时间、敏感操作和违纪操作等，因此审计类似于飞机上的“黑匣子”，为系统进行事故原因查询、定位，事故发生前的预测、报警，以及为事故发生后的实时处理提供详细可靠的依据或支持。审计对用户的正常操作也有记载，因为往往有些“正常”操作（如修改数据等）恰恰是攻击系统的非法操作。安全审计信息应具有防止非法删除和修改的措施。安全审计跟踪对潜在的安全攻击源的攻击起到威慑作用。

9. 业务填充

所谓业务填充是指在业务空闲时发送无用的随机数据，以增加攻击者通过通信流量获得信息的困难。它是一种制造假的通信、产生欺骗性数据单元或在数据单元中填充假数据的安全机制。该机制可用于应对各种等级的保护，用来防止对业务进行分析，同时也增加了密码通信的破译难度。发送的随机数据应具有良好的模拟性能，能够以假乱真。该机制只有在业务填充受到保密性服务时才有效。

10. 路由控制机制

路由控制机制可使信息发送者选择特殊的路由，以保证连接、传输的安全。路由控制机制的基本功能包括以下 3 个方面。

（1）路由选择：路由可以动态选择，也可以预定义，选择物理上安全的子网、中继或链路进行连接和/或传输。

（2）路由连接：在监测到持续的操作攻击时，端系统可能同意网络服务提供者另选路由，建立连接。

（3）安全策略：携带某些安全标签的数据可能被安全策略禁止通过某些子网、中继或链路。连接的发起者可以提出有关路由选择的警告，要求回避某些特定的子网、中继或链路进行连接和/或传输。

11. 公证机制

公证机制是对在两个或多个实体间进行通信的数据的性能，如完整性、来源、时间和目的地等，由公证机构加以保证，这种保证由第三方公证者提供。公证者能够得到通信实体的信任并掌握必要的信息，用可以证实的方式提供所需要的保证。通信实体可以采用数字签名、加密和完整性机制以适应公证者提供的服务。在使用这样一个公证机制时，数据便经由受保护的通信实体和公证机制下，在各通信实体之间进行通信。公证机制在 PKI、密钥管理等技术中得到了广泛应用，可以有效支持抗抵赖服务。

图 1-3 给出了从人们对信息安全技术认知的角度设计的信息安全技术体系，在该体系中，当前主要的信息安全技术可以归纳为以下 5 类：核心基础安全技术（密码技术、信息隐藏技术等），安全基础设施技术（信息认证技术、访问控制技术等），基础设施安全技术（主机系统安全技术、网络系统安全技术），应用安全技术（网络安全相关技术、内容安全相关技术）和支撑安全技术（信息安全管理、信息安全标准、信息安全法律法规等），后续章节我们将对这些技术进行详细介绍。

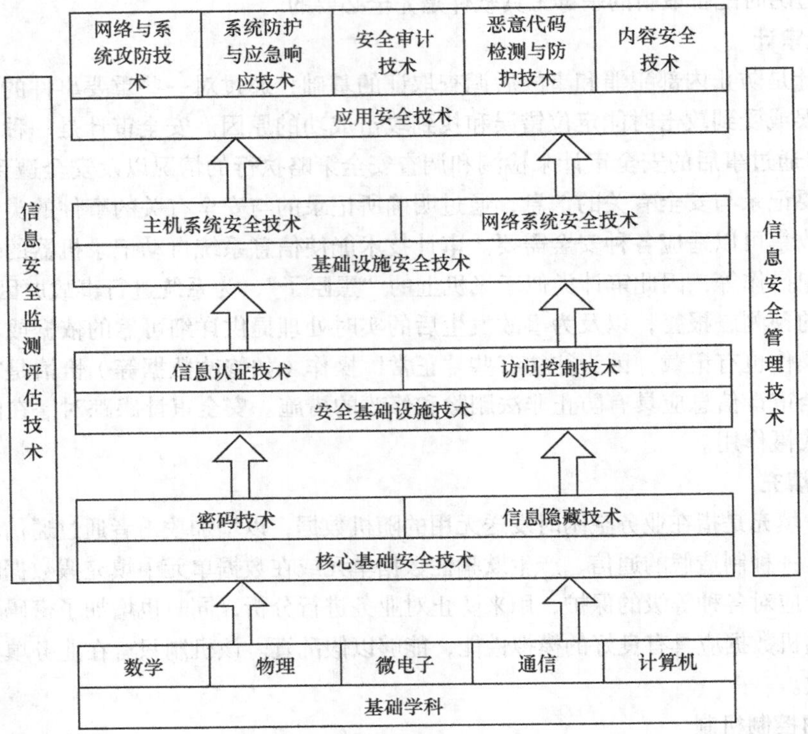

图 1-3　信息安全技术体系

1.4.2　信息安全管理

信息安全问题不是单靠安全技术就可以解决的，专家指出，信息安全是“七分管理，三分技术”。所谓管理，就是在群体的活动中为了完成某一任务，实现既定的目标，针对特定的对象，遵循确定的原则，按照规定的程序，运用恰当的方法进行有计划、有组织、有指挥、协调和控制等活动。安全管理是信息安全中具有能动性的组成部分，大多数安全事件和安全隐患的发生，并非完全是技术上的原因，而往往是由于管理不善而造成的。为实现安全管理，应有专门的安全管理机构，设有专门的安全管理人员，有逐步完善的管理制度，有逐步提供的安全技术设施。

信息安全管理主要涉及以下几个方面：人事管理、设备管理、场地管理、存储媒介管理、软件管理、网络管理、密码和密钥管理等。

在实施信息安全过程中，一方面，应用先进的安全技术以及建立严格管理制度的安全系统，不仅需要大量的资金，而且还会给使用带来不便，所以安全性和效率是一对矛盾，增加安全性，必然要损失一定的效率。因此，要正确评估所面临的安全风险，在安全性与经济性、安全性与方便性、安全性与工作效率之间选取折中的方案。另一方面，没有绝对的安全，安全总是相对的，即使相当完善的安全机制也不可能完全杜绝非法攻击，更由于破坏者的攻击手段在不断变化，而安全技术与安全管理又总是滞后于攻击手段的发展，信息系统存在一定的安全隐患是不可避免的。

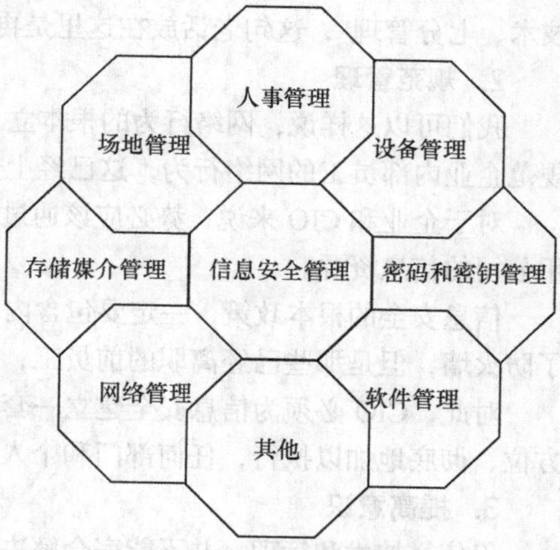

图 1-4　信息安全管理

另外，为了保证信息的安全，除了运用技术手段和管理手段外，还要运用法律手段。对于发生的违法行为，只能依靠法律进行惩处，法律是保护信息安全的最终手段，同时，通过法律的威慑力，还可以使攻击者产生畏惧心理，达到惩一儆百、遏制犯罪的效果。

法律在保护信息安全中具有重要作用，可以说，法律是信息安全的第一道防线。在信息安全的管理和应用中，相关法律条文指出了什么是违法行为，敦促人们自觉遵守法律而不进行违法活动。

信息安全的保护工作不仅包括加强行政管理、法律法规的制定和技术开发工作，还必须进行信息安全的法律、法规教育，提高人们的安全意识，创造一个良好的社会环境，保护信息安全。

首席信息官（Chief Information Officer，CIO）是一种新型的信息管理者。当前很多企业没有养成主动维护系统安全的习惯，同时也缺乏安全方面良好的管理机制。对于合格的 CIO 来说，保证信息系统安全的第一步，首先要做到重视安全管理，绝对不能坐等问题出现，才扑上去“救火”。同样，信息安全当然不可能只倚靠 CIO 和信息化部门认识上的加强得以解决，相应的产品和技术也必不可少。譬如，防火墙等设备就如同网络上的大闸门，通过控制访问网络的权限，允许特许用户进出网络。再配合用户验证、虚拟专用网和入侵检测等技术和相应产品，将企业面临的安全风险降到最低。

我们可以将 CIO 对于信息安全管理的原则归纳为“三大纪律”。

1. 加强体系

企业信息化建设的展开，企业业务与 IT 系统的连接日渐紧密，使得信息安全成为诸多企业的严峻问题。安全体系的建立，涉及管理和技术两个层面，而管理层面的体系建设是首当其冲的。

虽然新的技术层出不穷，但是新的威胁和攻击手段也是不断出现，单纯依靠技术和产品保障企业信息安全虽然起到了一定效果，但是复杂多变的安全威胁和隐患靠产品难以消除。CIO 应该把信息安全提升到管理的高度上实施，然后落实到技术层次上做好保障。

CIO 应该认识到，技术上的建设和加强只是信息安全的一方面，而且单纯的实现技术不是目的，技术只是围绕企业具体的工作业务来开展应用。从根本上来说，保障业务流程的信息安全，从而进一步促进 IT 在企业应用层面的拓展，才是企业和 CIO 应用安全技术最根本的目的。“三分技术、七分管理”，这句老话放在这里是再合适不过了。

2. 规范管理

我们可以这样说，网络行为的根本立足点，不是对设备的保护，也不是对数据的看守，而是规范企业内部员工的网络行为，这已经上升到了对人的管理的阶段。

对于企业和CIO来说，势必应该通过技术设备和规章制度的结合，来指导、规范员工正确使用公司的信息资源。

信息安全的根本政策，一定要包含内部的安全管理规范。举例来说，一些企业花费颇多购买了防火墙，但是那些已经离职的前员工，还是有可能通过某些漏洞入侵。

对此，CIO必须为信息安全建立一套监督与使用的管理程序，并且在企业高层的支持下，全方位、彻底地加以执行，任何部门和个人都没有讨价还价的余地。

3. 提高意识

仅依靠技术和管理，并不能完全解决安全问题，这是因为过了一段时间，一些先进的技术可能就过时了，或者被不怀好意的人发现了漏洞，因此，CIO不能对信息安全有丝毫的懈怠，而是应该始终有高度的安全意识，重视企业的安全措施。

面对不断袭来的安全威胁，除了购买安全产品、制订相应的网络管理规范以外，企业高层和CIO都应该向员工灌输这样的理念：“安全意识至高无上！”没有安全，企业运营在网络上的业务就只能堕入“皮之不存，毛将焉附”的悲惨境地。

安全设施的建立只是企业信息安全的第一步，如何在安全体系中有效彻底地贯彻安全制度，以及不断深化全员安全意识才是关键所在。对于公司的全体员工，要让他们意识到，很多行为会导致严重的安全问题，包括：忽视系统补丁、浏览不良网站、随意下载和安装来历不明的软件等。防微方能杜渐，信息安全管理就是一点一滴做起来的。

随着信息技术的应用与发展，信息技术已经应用到政治、经济、军事、科学、教育和文化等社会的各个领域，并取得了显著的社会和经济效益。信息高速公路的建设、国际互联网的形成，使得国与国的信息交流更加便捷，但由于计算机系统内的数据很容易受到非授权的更改、删除、销毁、外泄等有意或无意的攻击。因此，犯罪分子企图通过各种手段窃取和破坏计算机系统内的重要信息和资源，重要信息的泄露和被破坏将威胁到国家的政治、经济、军事等领域，所以信息安全问题不仅是一个技术问题，它对维护社会的稳定与发展具有深远的意义，是社会稳定安全的必要前提条件，因此要学习信息安全知识，培养信息安全意识，加强信息安全管理。

本章总结

随着信息技术的发展和普及，信息的安全问题日益严重，使得信息安全技术日益引起人们的关注和重视。要解决信息系统面临的安全威胁，需要从系统的角度去综合考虑，制定体系化的信息安全解决方案。考虑到信息安全技术涉及数学、计算机、通信等多个领域，信息安全技术的知识体系庞杂，知识内容丰富，并且还在不断发展之中。因此，本章在内容安排上重点从知识体系的角度概要介绍了信息的相关基础知识，在此基础上，着重介绍信息安全涉及的基本概念、面临的主要安全威胁以及主要的信息安全技术，后续章节将围绕信息安全的技术和知识体系具体展开介绍。

思考与练习

1. 结合实际谈谈你对“信息安全是一项系统工程”的理解。
2. 当前信息系统面临的主要安全威胁有哪些？
3. 如何认识信息安全“三分靠技术，七分靠管理”？

第2章 信息保密技术

密码学有着悠久而神秘的发展历史，密码技术是信息安全的核心技术。本章首先简要介绍了密码技术的发展历程，给出了密码技术涉及的数学基础知识，介绍了古典密码中基于置乱和替换操作的两种典型密码算法——代换密码和置换密码，以及密码学中的基本概念和模型。在此基础上，重点介绍了现代密码中被广泛应用的分组密码算法——DES 算法和公钥密码算法——RSA 算法的基本原理和过程，并对其安全性能进行了简单的分析。

本章的知识要点、重点和难点包括：密码学中的基本概念和模型、数学基础知识、密码安全性评价准则、DES 算法和 RSA 算法的基本原理。

2.1 概　　述

密码学有着悠久而神秘的历史，人们很难对密码学的起始时间给出准确的判断。一般认为人类对密码学的研究与应用已经有几千年的历史，它最早应用在军事和外交领域，随着科技的发展而逐渐进入人们的生活中。密码学研究的是密码编码和破译的技术方法，其中通过研究密码变化的客观规律，并将其应用于编制密码，实现保密通信的技术被称为编码学；通过研究密码变化的客观规律，并将其应用于破译密码，实现获取通信信息的技术被称为破译学，编码学和破译学统称为密码学。David Kahn 在他的被称为“密码学圣经”的著作 *Kahn on Codes: Secrets of the New Cryptology* 中这样定义密码学：Cryptology，the science of communication secrecy。

密码学研究对通信双方要传输的信息进行何种保密变换以防止未被授权的第三方对信息的窃取。此外，密码技术还可以被用来进行信息鉴别、数据完整性检验、数字签名等。其中，密码学作为保护信息的手段，主要经历了 3 个发展时期。

第一阶段从古代到 1949 年。这一阶段的加密技术根据实现方式分为手工阶段和机器时代两个时期。在手工密码时期，人们只需通过纸和笔对字符进行加密。密码学的历史源远流长，人类对密码的使用可以追溯到古巴比伦时代。图 2-1 的 Phaistos 圆盘是一种直径约为 160 mm 的黏土圆盘，表面有明显字间空格的字母。该圆盘于 1930 年在克里特岛被人们发现，但人们

图 2-1　Phaistos 圆盘

还是无法破译它上面的那些象形文字，近年有研究学家认为它记录着某种古代天文历法，但真相仍是个迷，专家们只能大致推论出它的时间（大约在公元前 1 700～1 600 年）。这一时期还产生了另一种著名的加密方式——凯撒密码，为了避免重要信息落入敌军手中而导致泄密，恺撒发明了一种单字替代密码，把明文中的每个字母用密文中的对应字母替代，明文字符集与密文字符集是一一对应的关系，通过替代操作，凯撒密码实现了对字符信息的加密。

随着工业革命的兴起，密码学也进入了机器时代、电子时代。与手工操作相比，电子密码机使用了更优秀复杂的加密手段，同时也拥有更高的加密解密效率。其中最具有代表性的就是图 2-2 所示的 ENIGMA 密码机。

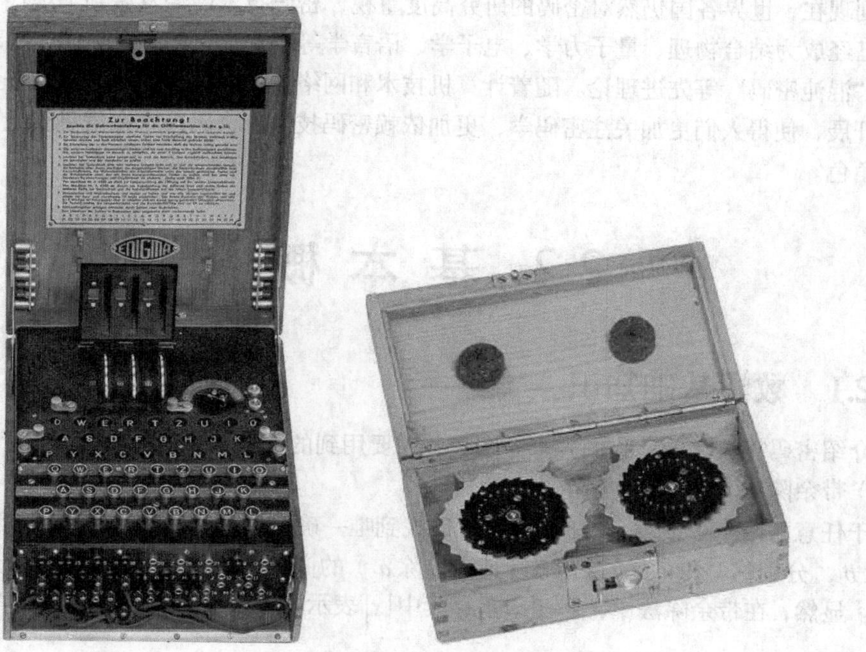

图 2-2　ENIGMA 密码机

ENIGMA 密码机是德国在 1919 年发明的一种加密电子器，它表面看上去就像常用打字机，但功能却与打印机有着天壤之别。键盘与电流驱动的转子相连，可以多次改变每次敲击的数字。相应信息以摩斯密码输出，同时还需要密钥，而密钥每天都会修改。ENIGMA 密码机被证明是有史以来最可靠的加密系统之一，第二次世界大战期间它开始被德军大量用于铁路、企业当中，令德军保密通信技术处于领先地位。

这个时期的密码技术，虽然加密设备有了很大的进步，但是密码学的理论却没有多大的改变，加密的主要手段仍是——替代和换位，而且实现信息加密的过程过于简单，安全性能很差。伴随着高性能计算机的出现，古典密码体制逐渐退出了历史舞台。

第二阶段为从 1949～1975 年。密码学正式作为一门科学的理论基础应该首推 1949 年美国科学家 Shannon 的一篇文章 *Communication Theory of Secrecy Systems*。Shannon 在研究保密机的基础上，提出将密码建立在解某个已知数学难题的观点，为近代密码学的研究奠定了理论基础。这一时期有关密码学研究的科技文献难得一见，因为在这一时期，密码学的研究成果几乎专门服务于军事领域，大量的资源被用来研究如何进行信息保密和破译对方的保密技术，但是大量研究成果不能公开，导致公开的研究文献近乎空白。

第三阶段为从 1976 年至今。这一时期，伴随着高性能计算机的出现，使得密码算法进行高度复杂的运算成为可能。20 世纪 70 年代，以公钥密码体制（非对称密码体制：Asymmetric Cryptography System）的提出和数据加密标准 DES 的问世为标志，密码学才真正意义上取得了重大突破，进入近代密码学阶段。其中，1976 年 Diffie 和 Hellman 发表了研究论文 *New Directions in Cryptography*，导致了密码学上的一场革命，在这篇论文中，Diffie 和 Hellman 首先证明了在发送端和接收端无密钥传输的保密通信是可能的，从而开创了公钥密码学的新纪元。现代密码学改变了古典密码学单一的加密手法，融入了大量的数论、几何和代数等丰富知识，使密码学得到更蓬勃的发展。

直到现在，世界各国仍然对密码的研究高度重视，密码技术已经发展到了现代密码学时期。密码学已经成为结合物理、量子力学、电子学、语言学等多个学科的综合科学，出现了如“量子密码”、“混沌密码”等先进理论。随着计算机技术和网络技术的发展，互联网的普及和网上业务的大量开展，使得人们更加关注密码学，更加依赖密码技术。密码技术在信息安全中扮演着十分重要的角色。

2.2 基本概念

2.2.1 数学基础知识

在介绍密码算法之前，我们先来介绍一些需要用到的数学知识。

（1）带余除法

对于任意的两个正整数 a 和 b，一定可以找到唯一确定的两个整数 k 和 r，满足 $a=kb+r$ 且 $0\leqslant r<b$，分别称 k 和 r 为 a 除以 b（或者 b 除 a）的商和余数，并称满足这种规则的运算为带余除法。显然，在带余除法中，$k=\lfloor a/b\rfloor$，其中 $\lfloor x\rfloor$ 表示不大于 x 的最大整数，或者称为 x 的下整数。

若记 a 除以 b 的余数为 $a \bmod b$，则带余除法可表示成：

$$a=\lfloor a/b\rfloor b+a \bmod b$$

【例 2.1】若 $a=17$，$b=5$，则 $a=3b+2$，即 $k=\lfloor 17/5\rfloor=3$，$r=17 \bmod 5=2$。

对于整数 $a<0$，也可以类似地定义带余除法和它的余数，例如：$-17 \bmod 5=3$。

（2）整数同余与模运算

设 $a,b,n\in Z$ 且 $n>0$，如果 a 和 b 除以 n 的余数相等，即 $a \bmod n=b \bmod n$，则称 a 与 b 模 n 同余，并将这种关系记为 $a\equiv b \bmod n$，n 称为模数，$a \bmod n$ 相应地也可以被称为 a 模 n 的余数。

【例 2.2】$17\equiv 2 \bmod 5$，$73\equiv 27 \bmod 23$。

显然，如果 a 与 b 模 n 同余，则必然有 $n|(a-b)$，也可以写成 $a-b=kn$ 或 $a=kn+b$，其中 $k\in Z$。

由带余除法的定义可知，任何整数 a 除以正整数 n 的余数一定在集合 $\{0,1,2,\cdots,n-1\}$ 中，结合整数同余的概念，所有整数根据模 n 同余关系可以分成 n 个集合，每一个集合中的整数模 n 同余，并将这样的集合称为模 n 同余类或剩余类，且可依次记为 $[0]_n,[1]_n,[2]_n,\cdots,[n-1]_n$，即

$[x]_n=\{y\,|\,y\in Z\wedge y\equiv x \bmod n\}$，$x\in\{0,1,2,\cdots,n-1\}$。如果从每一个模 n 同余类中取一个数为代表，形成一个集合，此集合称为模 n 的完全剩余系，以 Z_n 表示。显然，Z_n 的最简单表示就是集合 $\{0,1,2,\cdots,n-1\}$，这也是最常用的表示，即 $Z_n=\{0,1,2,\cdots,n-1\}$。

综上所述，$a \bmod n$ 将任一整数 a 映射到 $Z_n=\{0,1,2,\cdots,n-1\}$ 中唯一的数，这个数就是 a 模 n 的余数，所以可将 $a \bmod n$ 视作一种运算，并称其为模运算。

模运算具有如下的性质（其中 $n>1$）：

性质（1）：如果 $n|(a-b)$，则 $a\equiv b \bmod n$。

性质（2）：模 n 同余关系是整数间的一种等价关系，它具有等价关系的 3 个基本性质，即

- 自反性：对任意整数 a，有 $a\equiv a \bmod n$；
- 对称性：如果 $a\equiv b \bmod n$，则 $b\equiv a \bmod n$；
- 传递性：如果 $a\equiv b \bmod n$ 且 $b\equiv c \bmod n$，则 $a\equiv c \bmod n$。

性质（3）：如果 $a\equiv b \bmod n$ 且 $c\equiv d \bmod n$，则 $a\pm c\equiv b\pm d \bmod n$，$ac\equiv bd \bmod n$。

性质（4）：模运算具有普通运算的代数性质，可交换、可结合、可分配，如：

$$(a \bmod n\pm b \bmod n)\bmod n=(a\pm b)\bmod n$$
$$(a \bmod n\times b \bmod n)\bmod n=(a\times b)\bmod n$$
$$((a\times b)\bmod n\pm(a\times c)\bmod n)=(a\times(b\pm c))\bmod n$$

性质（5）：加法消去律：如果 $(a+b)\equiv(a+c)\bmod n$，则 $b\equiv c \bmod n$；

乘法消去律：如果 $ab\equiv ac \bmod n$ 且 $\gcd(a,n)=1$，则 $b\equiv c \bmod n$。

性质（6）：如果 $ac\equiv bd \bmod n$ 且 $c\equiv d \bmod n$ 及 $\gcd(c,n)=1$，则 $a\equiv b \bmod n$。

上述性质均可由同余和模运算的定义直接证明，请读者自己完成。

【例 2.3】已知 $11 \bmod 9=2$ 和 $17 \bmod 9=8$，下面是对性质（4)的验证：

$$\begin{cases}((11 \bmod 9)+(17 \bmod 9))\bmod 9=(2+8)\bmod 9=1\\(11+17)\bmod 9=1\end{cases}$$
$$\begin{cases}((11 \bmod 9)-(17 \bmod 9))\bmod 9=(2-8)\bmod 9=-6 \bmod 9=3\\(11-17)\bmod 9=-6 \bmod 9=3\end{cases}$$
$$\begin{cases}((11 \bmod 9)\times(17 \bmod 9))\bmod 9=(2\times 8)\bmod 9=16 \bmod 9=7\\(11\times 17)\bmod 9=187 \bmod 9=7\end{cases}$$
$$\begin{cases}((5\times 11 \bmod 9)+(5\times 17 \bmod 9))\bmod 9=(1+4)\bmod 9=5\\(5\times(11+17))\bmod 9=140 \bmod 9=5\end{cases}$$
$$\begin{cases}((5\times 11 \bmod 9)-(5\times 17 \bmod 9))\bmod 9=(1-4)\bmod 9=-3 \bmod 9=6\\(5\times(11-17))\bmod 9=-30 \bmod 9=6\end{cases}$$

由性质（4）还可知，指数模运算可以变成模指数运算，从而使计算得以简化。例如，计算 $13^{11} \bmod 17$ 可按如下方式进行：

$$13^2 \bmod 19=17$$
$$13^4 \bmod 19=(13^2\times 13^2)\bmod 19=(17\times 17)\bmod 19=4$$
$$13^8 \bmod 19=(13^4\times 13^4)\bmod 19=(4\times 4)\bmod 19=16$$
$$13^{11} \bmod 19=(13\times 13^2\times 13^8)\bmod 19=(13\times 17\times 16)\bmod 19=2$$

【例 2.4】利用同余式演算证明 $(5^{60}-1)$ 是 56 的倍数。

证明：由于 $5^3 \bmod 56 = 125 \bmod 56 = 13$，所以 $5^6 \bmod 56 = (5^3)^2 \bmod 56 = 13^2 \bmod 56 = 1$，于是

$$5^{60} \bmod 56 = (5^6)^{10} \bmod 56 = 1^{10} \bmod 56 = 1$$

所以，$5^{60} \equiv 1 \bmod 56$，即 $56 \mid (5^{60}-1)$，$(5^{60}-1)$ 是 56 的倍数。

对于性质（5），应注意加法的消去律是无条件的，但模运算的乘法消去律是有条件的，如 $6\times3 \equiv 2 \bmod 8$ 和 $6\times7 \equiv 2 \bmod 8$，但 3 与 7 模 8 不同余，这就是因为 6 与 8 不互素，不满足乘法消去律的附加条件，两边的 6 不能被消去。

其实，有一个概念可以作为性质（5)的保障，这个概念就是逆元，其定义如下。

设 $a,n \in Z$ 且 $n>1$，如果存在 $b \in Z$ 使得 $a+b \equiv 0 \bmod n$，则称 a,b 互为模 n 的加法逆元，也称负元，记为 $b \equiv -a \bmod n$。

同上，$a,n \in Z$ 且 $n>1$，如果存在 $b \in Z$ 使得 $ab \equiv 1 \bmod n$，则称 a,b 互为模 n 的乘法逆元，记为 $b \equiv a^{-1} \bmod n$。

显然，对任何整数 a，其模 n 的加法逆元总是存在的，$(n-a)$ 就是其中的一个，但不能保证任何整数都有模 n 的乘法逆元。请看下面的定理：

定理：设 $a,n \in Z$，如果 $\gcd(a,n)=1$，则存在唯一的 $b \in Z_n$，满足 $ab \equiv 1 \bmod n$。

证明：任取 $i,j \in Z_n$ 且 $i \neq j$，由于 $\gcd(a,n)=1$，根据性质（6)可知 $ai \neq aj \bmod n$。因此，$aZ_n \bmod n = Z_n$，即 $\{a \bmod n, 2a \bmod n, \cdots, (n-1)a \bmod n\} = \{1,2,\cdots,n-1\}$。所以，$1 \in aZ_n \bmod n$，即存在 $b \in Z_n$ 使得 $ab \bmod n \equiv 1 \in aZ_n \bmod n$。由 Z_n 中数的互异性可知，满足上面条件的 b 是唯一的。

2.2.2 保密通信的基本模型

保密是密码学的核心目的。密码学的基本目的是面对攻击者 Oscar，在被称为 Alice 和 Bob 的通信双方之间应用不安全的信道进行通信时，保证通信安全。

在通信过程中，Alice 和 Bob 也分别被称为信息的发送方和接收方，Alice 要发送给 Bob 的信息称为明文（Plaintext），为了保证信息不被未经授权的 Oscar 识别，Alice 需要使用密钥（Key）对明文进行加密（Encryption），加密得到的结果称为密文（Ciphertext），密文一般是不可理解的，Alice 将密文通过不安全的信道发送给 Bob，同时通过安全的通信方式将密钥发送给 Bob。Bob 在接收到密文和密钥的基础上，可以对密文进行解密（Decryption），从而获得明文；对于 Oscar 来说，他可能会窃听到信道中的密文，但由于得不到加密密钥，所以无法知道相应的明文。图 2-3 给出了保密通信的基本模型。

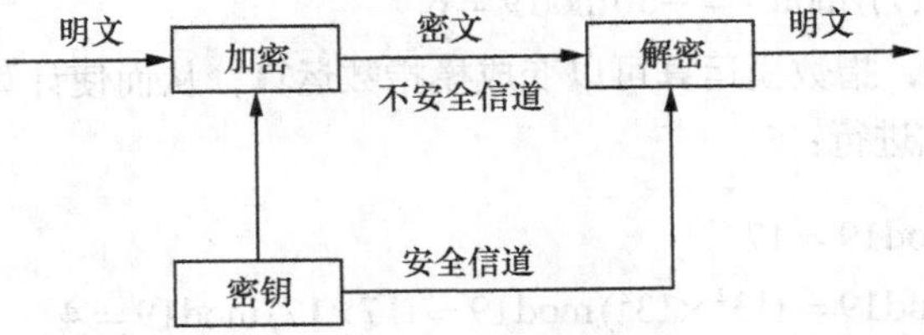

图 2-3 保密通信的基本模型

2.2.3 密码学的基本概念

在图 2-3 给出的保密通信的基本模型中，根据加密和解密过程所采用密钥的特点可以将加密

算法分为两类：对称加密算法（单钥密码算法：Symmetric Cryptography Algorithm）和非对称密码算法（双钥密码算法：Asymmetric Cryptography Algorithm）。

对称加密算法也称为传统加密算法，是指解密密钥与加密密钥相同；或者能够从加密密钥中直接推算出解密密钥的加密算法。通常，在大多数对称加密算法中解密密钥与加密密钥是相同的，所以这类加密算法要求 Alice 和 Bob 在进行保密通信前，通过安全的方式商定一个密钥。对称加密算法的安全性依赖于密钥的管理。

公开密钥加密算法也称为公钥加密算法，是指用来解密的密钥不同于进行加密的密钥，也不能够通过加密密钥直接推算出解密密钥。一般情况下，加密密钥是可以公开的，任何人都可以应用加密密钥来对信息进行加密，但只有拥有解密密钥的人才可以解密出被加密的信息。在以上过程中，加密密钥称为公钥，解密密钥称为私钥。

在图 2-3 所示的保密通信机制中，为了在接收端能够有效地恢复出明文信息，要求加密过程必须是可逆的。可见，加密方法、解密方法、密钥和消息（明文、密文）是保密通信中的几个关键要素，它们构成了相应的密码体制（Cipher System）。

定义 2.1　密码体制：密码体制的构成包括以下要素。

（1）M：明文消息空间，表示所有可能的明文组成的有限集。

（2）C：密文消息空间，表示所有可能的密文组成的有限集。

（3）K：密钥空间，表示所有可能的密钥组成的有限集。

（4）E：加密算法集合。

（5）D：解密算法集合。

该密码体制应该满足的基本条件是：对任意的 $\text{key} \in K$，存在一个加密规则 $e_{\text{key}} \in E$ 和相应的解密规则 $d_{\text{key}} \in D$，使得对任意的明文 $x \in M$，$e_{\text{key}}(x) \in C$ 且 $d_{\text{key}}(e_{\text{key}}(x)) = x$。

在以上密码体制的定义中，最关键的条件是加密过程 e_{key} 的可逆性，即密码体制不仅能够对明文消息 x 应用 e_{key} 进行加密，而且应该可以使用相应的 d_{key} 对得到的密文进行解密，从而恢复出明文。

显然，密码体制中的加密函数 e_{key} 必须是一个一一映射。我们要避免出现在加密时 $x_1 \neq x_2$，而对应的密文 $e_{\text{key}}(x_1) = e_{\text{key}}(x_2) = y$ 的情况，这时，在解密过程无法准确地确定密文 y 对应的明文 x。

自从有了加密算法，对加密信息的破解技术应运而生。密码算法的对立面称作密码分析，也就是研究密码算法的破译技术。加密和破译构成了一对矛盾体，密码学的主要目的是保护通信消息的秘密以防止被攻击。假设攻击者 Oscar 完全能够截获 Alice 和 Bob 之间的通信，密码分析是指在不知道密钥的情况下恢复出明文的方法。根据密码分析的 Kerckhoffs 原则：攻击者知道所用的加密算法的内部机理，不知道的仅仅是加密算法所采用的加密密钥，常用的密码分析攻击分为以下 4 类。

（1）唯密文攻击（Ciphertext only attack）：攻击者有一些消息的密文，这些密文都是用相同的加密算法进行加密得到的。攻击者的任务就是恢复出尽可能多的明文，或者能够推算出加密算法采用的密钥，以便可以采用相同的密钥解密出其他被加密的消息。

（2）已知明文攻击（Know plaintext attack）：攻击者不仅可以得到一些消息的密文，而且也知道对应的明文。攻击者的任务就是用加密信息来推算出加密算法采用的密钥或者导出一个算法，此算法可以对用同一密钥加密的任何新的消息进行解密。

（3）选择明文攻击（Chosen plaintext attack）：攻击者不仅可以得到一些消息的密文和相应的明文，而且还可以选择被加密的明文，这比已知明文攻击更为有效，因为攻击者能够选择特定的明文消息进行加密，从而得到更多有关密钥的信息。攻击者的任务是推算出加密算法采用的密钥或者导出一个算法，此算法可以对用同一密钥加密的任何新的消息进行解密。

（4）选择密文攻击（Chosen ciphertext attack）：攻击者能够选择一些不同的被加密的密文并得到与其对应的明文信息，攻击者的任务是推算出加密密钥。

对于以上任何一种攻击，攻击者的主要目标都是为了确定加密算法采用的密钥。显然这 4 种类型的攻击强度依次增大，相应的攻击难度则依次降低。

2.3 古典密码技术

古典密码是密码学的渊源，虽然古典密码都比较简单而且容易破译，但研究古典密码的设计原理和分析方法对于理解、设计以及分析现代密码技术是十分有益的。通常，古典密码大多是以单个字母为作用对象的加密法，本节介绍几种古典密码体制。

2.3.1 移位密码

移位密码的加密对象为英文字母，移位密码采用对明文消息的每一个英文字母向前推移固定 key 位的方式实现加密。换句话说，移位密码实现了 26 个英文字母的循环移位。由于英文共有 26 个字母，我们可以在英文字母表和 $Z_{26}=\{0,1,\cdots,25\}$ 之间建立一一对应的映射关系，因此，可以在 Z_{26} 中定义相应的加法运算来表示加密过程。

移位密码中，当取密钥 key=3 时，得到的移位密码称为凯撒密码，因为该密码体制首先被 Julius Caesar 所使用。移位密码的密码体制定义如下。

定义 2.2 移位密码体制：

令 $M=C=K=Z_{26}$。对任意的 $\text{key}\in Z_{26}$，$x\in M$，$y\in C$，定义：

$$e_{\text{key}}(x)=(x+\text{key}) \bmod 26$$

$$d_{\text{key}}(y)=(y-\text{key}) \bmod 26$$

在使用移位密码体制对英文字母进行加密之前，首先需要在 26 个英文字母与 Z_{26} 中的元素之间建立一一对应关系，然后应用以上密码体制进行相应的加密计算和解密计算。

【例 2.5】设移位密码的密钥为 $\text{key}=7$，英文字符与 Z_{26} 中的元素之间的对应关系为：

A	B	C	D	E	F	G	H	I	J	K	L	M
00	01	02	03	04	05	06	07	08	09	10	11	12
N	O	P	Q	R	S	T	U	V	W	X	Y	Z
13	14	15	16	17	18	19	20	21	22	23	24	25

假设明文为：ENCRYPTION，则加密过程如下。

首先，将明文根据对应关系表映射到 Z_{26}，得到相应的整数序列：

04 13 02 17 24 15 19 08 14 13

对以上整数序列进行加密计算：

$$e_{\text{key}}(04)=(04+7) \bmod 26=11$$

$$e_{\text{key}}(13)=(13+7) \bmod 26=20$$

$$e_{\text{key}}(02)=(02+7) \bmod 26=09$$

$$e_{\text{key}}(17)=(17+7)\bmod 26=24$$
$$e_{\text{key}}(24)=(24+7)\bmod 26=05$$
$$e_{\text{key}}(15)=(15+7)\bmod 26=22$$
$$e_{\text{key}}(19)=(19+7)\bmod 26=00$$
$$e_{\text{key}}(08)=(08+7)\bmod 26=15$$
$$e_{\text{key}}(14)=(14+7)\bmod 26=21$$
$$e_{\text{key}}(13)=(13+7)\bmod 26=20$$

由此得到相应的整数序列为：

11 20 09 24 05 22 00 15 21 20

最后再应用对应关系表将以上数字转化成英文字符，即得相应的密文为：

LUJYFWAPVU

解密是加密的逆过程，计算过程与加密相似。首先应用对应关系表将密文字符转化成数字，再应用解密公式 $d_{\text{key}}(y)=(y-\text{key})\bmod 26$ 进行计算，在本例中，将每个密文对应的数字减去 7，再和 26 进行取模运算，对计算结果使用原来的对应关系表即可还原成英文字符，从而解密出相应的明文。

移位密码的加密和解密过程的本质都是循环移位运算，由于 26 个英文字母顺序移位 26 次后还原，因此移位密码的密钥空间大小为 26，其中有一个弱密钥，即 $\text{key}=0$。

由于移位密码中明文字符和相应的密文字符之间具有一一对应的关系，密文中英文字符的出现频率与明文中相应的英文字符的出现频率相同，加密结果也不能隐藏由于明文中英文字母出现的统计规律性导致的密文出现的频率特性，频率分析法可以发现其弱点并对其进行有效攻击。

2.3.2 代换密码

移位密码可看成是对 26 个英文字母的一个简单置换，因此我们可以考虑 26 个英文字母集合上的一般置换操作。鉴于 26 个英文字母和 Z_{26} 的元素之间可以建立一一对应关系，于是，Z_{26} 上的任一个置换也就对应了 26 个英文字母表上的一个置换。我们可以借助 Z_{26} 上的置换来改变英文字母表中英文字符的原有位置，即用新的字符来代替明文消息中的原有字符以达到加密明文消息的目的，Z_{26} 上的置换被当作加密所需的密钥，由于该置换对应 26 个英文字母表上的一个置换。因此，我们可以将代换密码的加密和解密过程看作是应用英文字母表的置换变换进行的代换操作。

定义 2.3 代换密码体制：

令 $M=C=Z_{26}$，K 是 Z_{26} 上所有可能置换构成的集合。对任意的置换 $\pi\in K$，$x\in M$，$y\in C$，定义：

$$e_\pi(x)=\pi(x)$$
$$d_\pi(y)=\pi^{-1}(y)$$

这里 π 和 π^{-1} 互为逆置换。

【例 2.6】 设置换 π 定义如下（由于 Z_{26} 上的任一个置换均可以对应 26 个英文字母表上的一个置换，因此，本例中我们直接将 Z_{26} 上的置换 π 表示成英文字母表上的置换）：

A	B	C	D	E	F	G	H	I	J	K	L	M
q	w	e	r	t	y	u	i	o	p	a	s	d
N	O	P	Q	R	S	T	U	V	W	X	Y	Z
f	g	h	j	k	l	z	x	c	v	b	n	m

其中大写字母代表明文字符，小写字母代表密文字符。

假设明文为：ENCRYPTION。

则根据置换 π 定义的对应关系，可以得到相应的密文为：tfeknhzogf。

解密过程首先根据加密过程中的置换 π 定义的对应关系计算相应的逆置换 π^{-1}，本例中的逆置换 π^{-1} 为：

q	w	e	r	t	y	u	i	o	p	a	s	d
A	B	C	D	E	F	G	H	I	J	K	L	M
f	g	h	j	k	l	z	x	c	v	b	n	m
N	O	P	Q	R	S	T	U	V	W	X	Y	Z

根据计算得到的逆置换 π^{-1} 定义的对应关系对密文：tfeknhzogf 进行解密，可以恢复出相应的明文：ENCRYPTION。

代换密码的任一个密钥 π 都是 26 个英文字母的一种置换。由于所有可能的置换有 26! 种，所以代换密码的密钥空间大小为 26!，代换密码有一个弱密钥：26 个英文字母都不进行置换。

对于代换密码，如果采用密钥穷举搜索的方法进行攻击，计算量相当大。但是，代换密码中明文字符和相应的密文字符之间具有一一对应的关系，密文中英文字符的出现频率与明文中相应的英文字符的出现频率相同，加密结果也不能隐藏由于明文中英文字母出现的统计规律性导致的密文出现的频率特性，因此，如果应用频率分析法对其进行密码分析，其攻击难度要远远小于采用密钥穷举搜索法的攻击难度。

2.3.3 置换密码

本节介绍另一种加密方式，通过重新排列消息中元素的位置而不改变元素本身的方式，对一个消息进行变换。这种加密机制称为置换密码（也称为换位密码）。置换密码是古典密码中除代换密码外的重要一类，它被广泛应用于现代分组密码的构造。

定义 2.4　置换密码体制

令 $m \geqslant 2$ 是一个正整数，$M = C = (Z_{26})^m$，K 是 $Z_m = \{0,1,\cdots,m-1\}$ 上所有可能置换构成的集合。对任意的 $(x_1,x_2,\cdots,x_m) \in M$，$\pi \in K$，$(y_1,y_2,\cdots,y_m) \in C$，定义：

$$e_\pi(x_0,x_1,\cdots,x_{m-1}) = (x_{\pi(0)},x_{\pi(1)},\cdots,x_{\pi(m-1)})$$

$$d_\pi(y_0,y_1,\cdots,y_{m-1}) = (y_{\pi^{-1}(0)},y_{\pi^{-1}(1)},\cdots,y_{\pi^{-1}(m-1)})$$

其中 π 和 π^{-1} 互为 Z_m 上的逆置换；m 为分组长度。对于长度大于分组长度 m 的明文消息，可对明文消息先按照长度 m 进行分组，然后对每一个分组消息重复进行同样的置乱加密过程，最终实现对明文消息的加密。

【例 2.7】令 $m = 4$，$\pi = (\pi(0),\pi(1),\pi(2),\pi(3)) = (1,3,0,2)$。假设明文为：

Information security is important

加密过程首先根据 $m = 4$，将明文分为 6 个分组，每个分组 4 个字符。

Info　rmat　ions　ecur　ityi　simp　orta　nt

然后根据加密规则：$e_\pi(x_0,x_1,\cdots,x_{m-1}) = (x_{\pi(0)},x_{\pi(1)},\cdots,x_{\pi(m-1)})$，应用置换变换 π 对每个分组消息进行加密，得到相应的密文：

Noifmtraosincreutiiyipsmraottn

解密过程需要用到加密置换 π 的逆置换，在本例中，根据置换 π 定义的对应关系，得到相应的解密置换 π^{-1} 为：

$$\pi^{-1} = (\pi(0)^{-1}, \pi(1)^{-1}, \pi(2)^{-1}, \pi(3)^{-1}) = (2,0,3,1)$$

解密过程首先根据分组长度 m 对密文进行分组，得到：

noif　mtra　osin　creu　tiiy　ipsm　raot　tn

然后根据解密规则 $d_\pi(y_0, y_1, \cdots, y_{m-1}) = (y_{\pi^{-1}(0)}, y_{\pi^{-1}(1)}, \cdots, y_{\pi^{-1}(m-1)})$，应用解密置换 π^{-1} 对每个分组消息进行置换变换，就可以得到解密的消息。

需要说明的是，在以上加密过程中，应用给定的分组长度 m 对消息序列进行分组，当消息长度不是分组长度的整数倍时，可以在最后一段分组消息后面添加足够的特殊字符，从而保证能够以 m 为分组长度对消息进行分组处理。例 2.3 中，我们在最后的分组消息 tn 后面增加了两个空格，以保证分组长度的一致性。

对于固定的分组长度 m，Z_m 上共有 $m!$ 种不同的排列，对应产生 $m!$ 个不同的加密密钥 π，因此，相应的置换密码共有 $m!$ 种不同的密钥。应注意的是，置换密码尽管没有改变密文消息中英文字母的统计特性，但应用频率分析的攻击方法对其进行密码分析时，由于密文中英文字符的常见组合关系不再存在，并且与已知密文消息序列具有相同统计特性的对应明文组合并不唯一，导致相应的密码分析难度增大。因此，相比较而言，置换密码能较好地抵御频率分析法。另外，可以用唯密文攻击法和已知明文攻击法来破解置换密码。

在上面介绍的几个典型的古典密码体制里，含有两个基本操作：替换（Substitution）和置换（Permutation），替换实现了英文字母外在形式上的改变，每个英文字母被其他字母替换；置换实现了英文字母所处位置的改变，但没有改变字母本身。替换操作分为单表替换和多表替换两种方法，单表替换的特点是把明文中的每个英文字母正好映射为一个密文字母，是一种一一映射，不能抵御基于英文字符出现频率的频率分析攻击法；多表替换的特点是明文中的同一字母可能用多个不同的密文字母来代替，与单表替换的密码体制相比，形式上增加了加密的安全性。

替换和置换这两个基本操作具有原理简单且容易实现的特点。随着计算机技术的飞速发展，古典密码体制的安全性已经无法满足实际应用的需要，但是替换和置换这两个基本操作仍是构造现代对称加密算法最重要的核心方式。举例来说，替换和置换操作在数据加密标准（DES）和高级加密标准（AES）中都起到了核心作用。几个简单密码算法的结合可以产生一个安全的密码算法，这就是简单密码仍被广泛使用的原因。除此之外，简单的替换和置换密码在密码协议上也有广泛的应用。

2.3.4　衡量密码体制安全性的基本准则

对于加密法的评估，20 世纪 40 年代，Shannon 提出了一个常用的评估概念，他认为一个好的加密法应具有混淆性（Confusion）和扩散性（Diffusion）。混淆性意味着加密法应隐藏所有的局部模式，将可能导致破解密钥的提示性信息特征进行隐藏；扩散性要求加密法将密文的不同部分进行混合，使得任何字符都不在原来的位置。前面介绍的几个古典密码，由于未能满足 Shannon 提出的两个条件，所以它们能被破解。此外，加密系统的评估也要考虑经济因素，一个加密算法不光是为了安全而“牢不可破”（而且它未必是牢不可破的），如果获得信息的代价比破解加密的代价更小，可以认为该数据是安全的；如果破解加密需要的时间比信息的有用周期更长，该数据也认为是安全的。换句话说，任何加密算法的最终安全性基于这样一个原则：付出大于回报。按照这一原则，安全的密码系统应具备以下条件。

（1）系统即使达不到理论上是不可破译的，也应该是实际上不可破译的；

（2）系统的保密性不依赖于加/解密算法和系统的保密，而仅仅依赖于密钥的保密性；

（3）加/解密运算简单、快捷，易于软/硬件实现；

（4）加/解密算法适用于所有密钥空间的元素。

通常，破译密码需要考虑破译的时间复杂度（计算时间）和空间复杂度（计算能力），衡量密码体制安全性的基本准则有以下几种。

（1）计算安全的（Computational security）：如果破译加密算法所需要的计算能力和计算时间是现实条件所不具备的，那么就认为相应的密码体制是满足计算安全性的。这意味着强力破解证明是安全的。

（2）可证明安全的（Provable security）：如果对一个密码体制的破译依赖于对某一个经过深入研究的数学难题的解决，就认为相应的密码体制是满足可证明安全性的。这意味着理论保证是安全的。

（3）无条件安全的（Unconditional security）：如果假设攻击者在用于无限计算能力和计算时间的前提下，也无法破译加密算法，就认为相应的密码体制是无条件安全性的。这意味着在极限状态上是安全的。

除了一次一密加密算法以外，从理论上来说，不存在绝对安全的密码体制。因此实际应用中，只要我们能够证明采用的密码体制是计算安全的，就有理由认为加密算法是安全的，因为计算安全性能够保证所采用的算法在有效时间内的安全性。

2.4 分组密码

分组密码也叫做块密码（Block Cipher），是现代密码学的重要组成部分，它的主要功能是提供有效的数据加解密技术，实现对数据内容的保护。

本节简要介绍 DES（Data Encryption Standard）的加密原理和算法分析，并简要介绍分组密码的工作模式。

2.4.1 DES 算法

DES 算法是最为广泛使用的一种分组密码算法。DES 对推动密码理论的发展和应用起了重大的作用。学习 DES 算法对于掌握分组密码的基本理论、设计思想和实际应用都有重要的参考价值。20 世纪 70 年代中期，美国政府认为需要一个强大的标准加密系统，美国国家标准局提出了开发这种加密算法的请求，最终 IBM 的 Lucifer 加密系统胜出，有关 DES 算法的历史过程如下。

1972 年，美国商业部所属的美国国家标准局（National Bureau of Standards，NBS）开始实施计算机数据保护标准的开发计划。

1973 年 5 月 13 日，美国国家标准局（NBS）发布文告征集在传输和存储数据中保护计算机数据的密码算法。

1975 年 3 月 17 日，首次公布 DES 算法描述，认真地进行公开讨论。

1977 年 1 月 15 日，正式批准为无密级应用的加密标准（FIPS—46），当年 7 月 1 日正式生效。以后每隔 5 年美国国家安全局对其安全性进行一次评估，以便确定是否继续使用它作为加密标准。

在 1994 年 1 月的评估后决定 1998 年 12 月以后不再将 DES 作为数据加密标准。

1. DES 的描述

DES 是一个包含 16 个阶段的“替换-置换”的分组加密算法，它以 64 位为分组对数据加密。64 位的分组明文序列作为加密算法的输入，经过 16 轮加密得到 64 位的密文序列。尽管 DES

密钥的长度有 64 位，但用户只提供 56 位（通常是以转换成 ASCII 位的 7 个字母的单词作为密钥），其余的 8 位由算法提供，分别放在 8、16、24、32、40、48、56、64 位上，结果是每 8 位的密钥包含了用户提供的 7 位和 DES 算法确定的 1 位。添加的位是有选择的，使得每个 8 位的块都含有奇数个奇偶校验位（即 1 的个数为奇数）。DES 的密钥可以是任意的 56 位的数，其中极少量的 56 位数被认为是弱密钥，为了保证加密的安全性，在加密过程中应该尽量避开使用这些弱密钥。

DES 对 64 位的明文分组进行操作。首先通过一个初始置换 IP，将 64 位的明文分成各 32 位长的左半部分和右半部分，该初始置换只在 16 轮加密过程进行之前进行一次，在接下来的轮加密过程中不再进行该置换操作。在经过初始置换操作后，对得到的 64 位序列进行 16 轮加密运算，这些运算被称为函数 f，在运算过程中，输入数据与密钥结合。经过 16 轮后，左、右半部分合在一起得到一个 64 位的输出序列，该序列再经过一个末尾置换 IP^{-1}（初始置换的逆置换）获得最终的密文（具体加密流程如图 2-4 所示）。初始置换 IP 和对应的逆初始置换 IP^{-1} 操作并不会增强 DES 算法的安全性，它的主要目的是为了更容易地将明文和密文数据以字节大小放入 DES 芯片中。

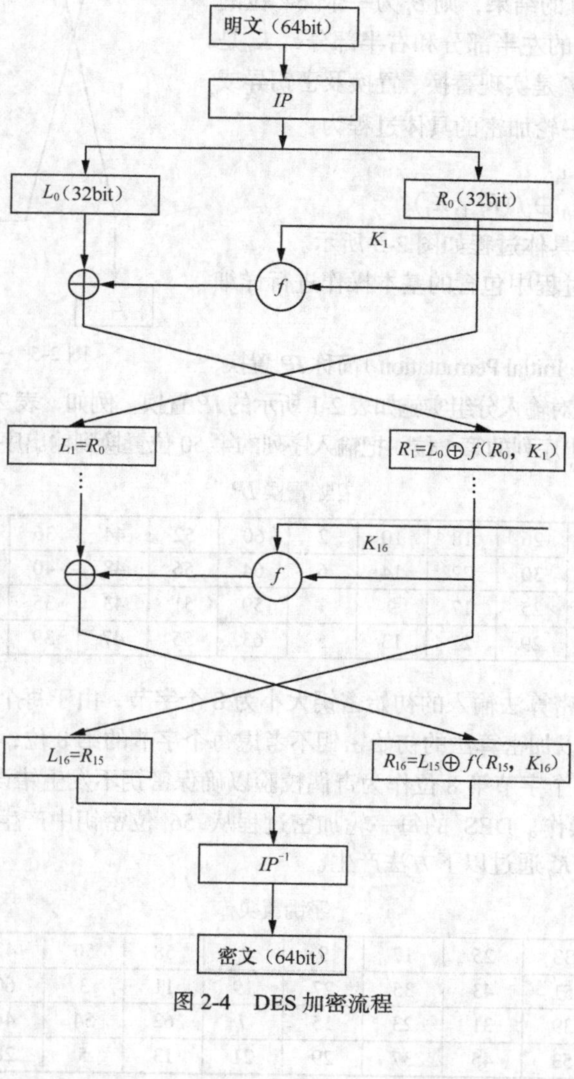

图 2-4 DES 加密流程

DES 的每个阶段使用的是不同的子密钥和上一阶段的输出，但执行的操作相同。这些操作定义在 3 种“盒”中，分别称为扩充盒（Expansion box，E-盒）、替换盒（Substitution box、S-盒）、置换盒（Permutation box、P-盒）。在每一轮加密过程中，3 个盒子的使用顺序如图 2-4 所示。在每一轮加密过程中，函数 f 的运算包括以下 4 个部分：首先将 56 位密钥等分成长度为 28 位的两部分，根据加密轮数，这两部分密钥分别循环左移 1 位或 2 位后合并成新的 56 位密钥序列，从移位后的 56 位密钥序列中选出 48 位（该部分采用一个压缩置换实现）；其次通过一个扩展置换将输入序列 32 位的右半部分扩展成 48 位后与 48 位的轮密钥进行异或运算；第三部分通过 8 个 S-盒将异或运算后获得的 48 位序列替代成一个 32 位的序列；最后对 32 位的序列应用置换 P 进行置换变换得到 f 的 32 位输出序列。

将函数 f 的输出与输入序列的左半部分进行异或运算后的结果作为新一轮加密过程输入序列的右半部分，当前输入序列的右半部分作为新一轮加密过程输入序列的左半部分。上述过程重复操作 16 次，便实现了 DES 的 16 轮加密运算。

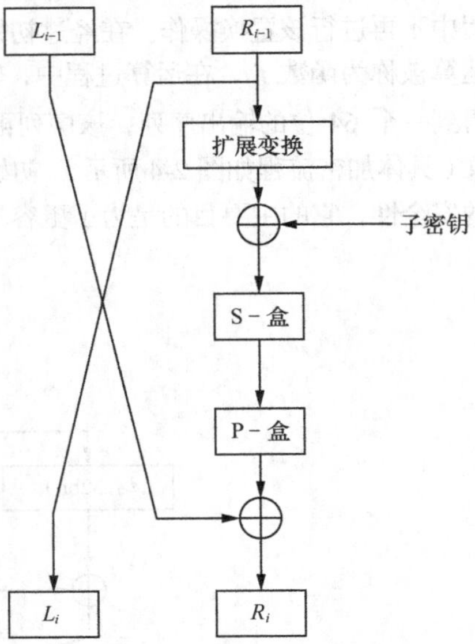

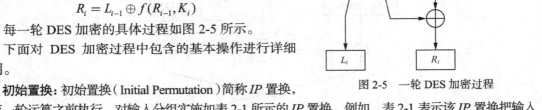

图 2-5　一轮 DES 加密过程

假设 B_i 是第 i 轮计算的结果，则 B_i 为一个 64 位的序列，L_i 和 R_i 分别是 B_i 的左半部分和右半部分，K_i 是第 i 轮的 48 位密钥，且 f 是实现替换、置换及密钥异或等运算的函数，那么每一轮加密的具体过程为：

$$L_i = R_{i-1}$$
$$R_i = L_{i-1} \oplus f(R_{i-1}, K_i)$$

每一轮 DES 加密的具体过程如图 2-5 所示。

下面对 DES 加密过程中包含的基本操作进行详细说明。

初始置换：初始置换（Initial Permutation）简称 IP 置换，在第一轮运算之前执行，对输入分组实施如表 2-1 所示的 IP 置换。例如，表 2-1 表示该 IP 置换把输入序列的第 58 位置换到输出序列的第 1 位，把输入序列的第 50 位置换到输出序列的第 2 位，依此类推。

表 2-1　初始置换 IP

58	50	42	34	26	18	10	2	60	52	44	36	28	20	12	4
62	54	46	38	30	22	14	6	64	56	48	40	32	24	16	8
57	49	41	33	25	17	9	1	59	51	43	35	27	19	11	3
61	53	45	37	29	21	13	5	63	55	47	39	31	23	15	7

密钥置换：DES 加密算法输入的初始密钥大小为 8 个字节，由于每个字节的第 8 位用来作为初始密钥的校验位，所以加密算法的初始密钥不考虑每个字节的第 8 位，DES 的初始密钥实际对应一个 56 位的序列，每个字节第 8 位作为奇偶校验以确保密钥不发生错误。首先对初始密钥进行如表 2-2 所示的置换操作。DES 的每一轮加密过程从 56 位密钥中产生出不同的 48 位子密钥（Subkey），这些子密钥 K_i 通过以下方法产生。

表 2-2　密钥置换

57	49	41	33	25	17	9	1	58	50	42	34	26	18
10	2	59	51	43	35	27	19	11	3	60	52	44	36
63	55	47	39	31	23	15	7	62	54	46	38	30	22
14	6	61	53	45	37	29	21	13	5	28	20	12	4

首先将 56 位密钥等分成两部分。然后根据加密轮数，这两部分密钥分别循环左移 1 位或 2 位。表 2-3 给出了对应不同轮数产生子密钥时具体循环左移的位数。

表 2-3 每轮循环左移的位数

轮数	1	2	3	4	5	6	7	8	9	10	11	12	13	14	15	16
位数	1	1	2	2	2	2	2	2	1	2	2	2	2	2	2	1

对两个 28 位的密钥循环左移以后，通过如表 2-4 所示的压缩置换（Compression Permutation）从 56 位密钥中选出 48 位作为当前加密的轮密钥。表 2-4 给出的压缩置换不仅置换了 56 位密钥序列的顺序，同时也选择出一个 48 位的子密钥，因为该运算提供了一组 48 位的数字集。例如，56 位的密钥中，位于第 33 位密钥数字对应输出到 48 位轮密钥的第 35 位，而 56 位的密钥中位于第 18 位的密钥数字在输出的 48 位轮密钥中将不会出现。

表 2-4 压缩置换

14	17	11	24	1	5	3	28	15	6	21	10
23	19	12	4	26	8	16	7	27	20	13	2
41	52	31	37	47	55	30	40	51	45	33	48
44	49	39	56	34	53	46	42	50	36	29	32

以上产生轮密钥的过程中，由于每一次进行压缩置换之前都包含一个循环移位操作，所以产生每一个子密钥时，使用了不同的初始密钥子集。虽然初始密钥的所有位在子密钥中使用的次数并不完全相同，但在产生的 16 个 48 位的子密钥中，初始密钥的每一位大约会被 14 个子密钥使用。由此可见，密钥的设计非常精巧，使得密钥随明文的每次置换而不同，每个阶段使用不同的密钥来执行“替换”或“置换”操作。

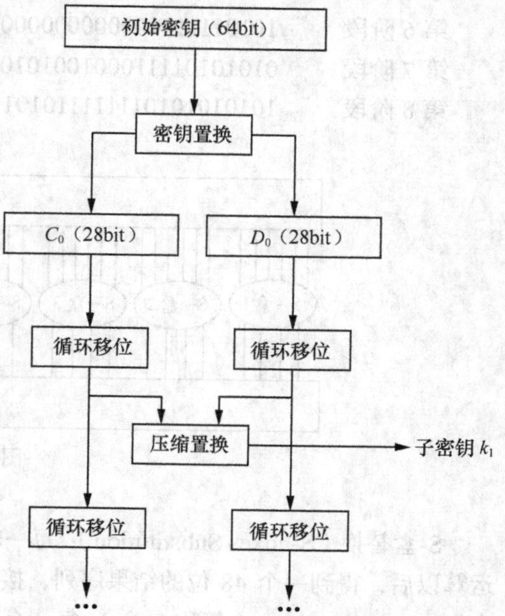

图 2-6 DES 密钥生成过程

扩展变换：扩展变换（Expansion Permutation）也被称为 E-盒，将 64 位输入序列的右半部分 R_i 从 32 位扩展到 48 位。扩展变换不仅改变了 R_i 中 32 位输入序列的次序，而且重复了某些位。这个操作有以下 3 个基本的目的：一方面，经过扩展变换可以应用 32 位的输入序列产生一个与轮密钥长度相同的 48 位的序列，从而实现与轮密钥的异或运算；另一方面，扩展变换针对 32 位的输入序列提供了一个 48 位的结果，使得在接下来的替代运算中能进行压缩，从而达到更好的安全性；同时，由于输入序列的每一位将影响到两个替换，所以输出序列对输入序列的依赖性将传播得更快，体现出良好的“雪崩效应”。因此，该操作有助于设计的 DES 算法尽可能快地使密文的每一位依赖于明文和密钥的每一位。

表 2-5 给出了扩展变换中输出位与输入位的对应关系。例如，处于输入分组中第 3 位的数据对应输出序列的第 4 位，而输入分组中第 21 位的数据则分别对应输出序列的第 30 位和第 32 位。

表 2-5　　　　　　　　　　　扩展变换（E-盒）

32	1	2	3	4	5	4	5	6	7	8	9
8	9	10	11	12	13	12	13	14	15	16	17
16	17	18	19	20	21	20	21	22	23	24	25
24	25	26	27	28	29	28	29	30	31	32	1

在扩展变换过程中，每一个输出分组的长度都大于输入分组，而且该过程对于不同的输入分组都会产生唯一的输出分组。

E-盒的真正作用是确保最终的密文与所有的明文位都有关。下面来看一下第 1 位的值通过 E-盒操作的情况。第一个 E-盒操作将位复制，并将它放在位置 2 和位置 32；第二次 E-盒作用于该单词，初始的影响延伸到了位置 1、3 和 31；等到第 8 次该单词通过 E-盒后，E-盒对每个位都有影响。详细的过程如下：

初　　始　　10000000000000000000000000000000
第 1 阶段　　01000000000000000000000000000001
第 2 阶段　　10100000000000000000000000000010
第 3 阶段　　01010000000000000000000000000101
第 4 阶段　　10101000000000000000000000000101
第 5 阶段　　01010100000000000000000000010101
第 6 阶段　　10101111010000000000000010101010
第 7 阶段　　01010101111000100101010101010101
第 8 阶段　　10101010101111111010111010101010

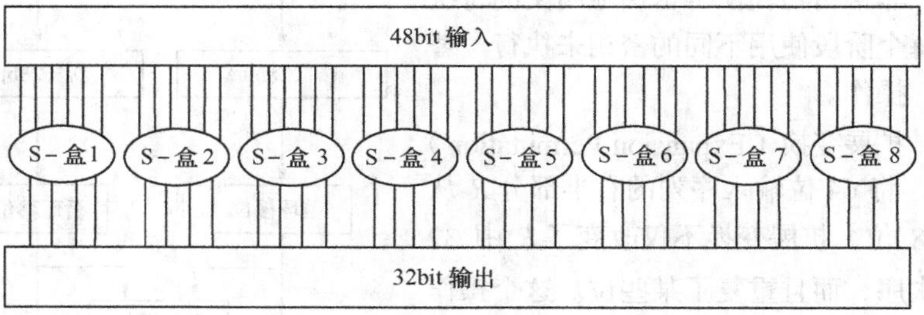

图 2-7　S-盒替换

S-盒替换（S-boxes Substitution）：每一轮加密的 48 位的轮密钥与扩展后的分组序列进行异或运算以后，得到一个 48 位的结果序列，接下来应用 S-盒对该序列进行替换运算，替换 8 个替换盒（Substitution boxes，简称 S-盒）。每一个 S-盒对应 6 位的输入序列，得到相应的 4 位输出序列。在 DES 算法中，这 8 个 S-盒是不同的（DES 的这 8 个 S-盒。占的存储空间为 256B）。48 位的输入被分为 8 个 6 位的分组，每一分组对应一个 S-盒替换操作：分组 1 由 S-盒 1 操作，分组 2 由 S-盒 2 操作，以此类推（如图 2-7 所示）。

DES 算法中，每个 S-盒对应一个 4 行、16 列的表，表中的每一项都是一个十六进制的数，相应的对应一个 4 位的序列。表 2-6 列出了所有 8 个 S-盒。

表 2-6 S-盒

S-盒 1

14	4	13	1	2	15	11	8	3	10	6	12	5	9	0	7
0	15	7	4	14	2	13	1	10	6	12	11	9	5	3	8
4	1	14	8	13	6	2	11	15	12	9	7	3	10	5	0
15	12	8	2	4	9	1	7	5	11	3	14	10	0	6	13

S-盒 2

15	1	8	14	6	11	3	4	9	7	2	13	12	0	5	10
3	13	4	7	15	2	8	14	12	0	1	10	6	9	11	5
0	14	4	11	10	4	13	1	5	8	12	6	9	3	2	15
13	8	10	1	3	15	4	2	11	6	7	12	0	5	14	9

S-盒 3

10	0	9	14	6	3	15	5	1	13	12	7	11	4	2	8
13	7	0	9	3	4	6	10	2	8	5	14	12	11	15	1
13	6	4	9	8	15	3	0	11	1	2	12	5	10	14	7
1	10	13	0	6	9	8	7	4	15	14	3	11	5	2	12

S-盒 4

7	13	14	3	0	6	9	10	1	2	8	5	11	12	4	15
13	8	11	5	6	15	0	3	4	7	2	12	1	10	14	9
10	6	9	0	12	11	7	13	15	1	3	14	5	2	8	4
3	15	0	6	10	1	13	8	9	4	5	11	12	7	2	14

S-盒 5

2	12	4	1	7	10	11	6	8	5	3	15	13	0	14	9
14	11	2	12	4	7	13	1	5	0	15	10	3	9	8	6
4	2	1	11	10	13	7	8	15	9	12	5	6	3	0	14
11	8	12	7	1	14	2	13	6	15	0	9	10	4	5	3

S-盒 6

12	1	10	15	9	2	6	8	0	13	3	4	14	7	5	11
10	15	4	2	7	12	9	5	6	1	13	14	0	11	3	8
9	14	15	5	2	8	12	3	7	0	4	10	1	13	11	6
4	3	2	12	9	5	15	10	11	14	1	7	6	0	8	13

S-盒 7

4	11	2	14	15	0	8	13	3	12	9	7	5	10	6	1
13	0	11	7	4	9	1	10	14	3	5	12	2	15	8	6
1	4	11	13	12	3	7	14	10	15	6	8	0	5	9	2
6	11	13	8	1	4	10	7	9	5	0	15	14	2	3	12

S-盒 8

13	2	8	4	6	15	11	1	10	9	3	14	5	0	12	7
1	15	13	8	10	3	7	4	12	5	6	11	0	14	9	2
7	11	4	1	9	12	14	2	0	6	10	13	15	3	5	8
2	1	14	7	4	10	8	13	15	12	9	0	3	5	6	11

输入序列以一种非常特殊的方式对应 S-盒中的某一项，通过 S-盒的 6 个位输入确定了其对应的输出序列所在的行和列的值。假定将 S-盒的 6 位的输入标记为 b_1、b_2、b_3、b_4、b_5、b_6。则 b_1 和 b_6 组合构成了一个 2 位的序列，该 2 位的序列对应一个介于 0~3 的十进制数字，该数字即表

示输出序列在对应的 S-盒中所处的行；输入序列中 $b_2 \sim b_5$ 构成了一个 4 位的序列，该 2 位的序列对应一个介于 0～15 的十进制数字，该数字即表示输出序列在对应的 S-盒中所处的列，根据行和列的值可以确定相应的输出序列。

【例 2.8】假设对应第 6 个 S-盒的输入序列为 110011。第 1 位和最后一位组合构成的序列为 11，对应的十进制数字为 3，说明对应的输出序列位于 S-盒的第 3 行；中间的 4 位组合构成的序列为 1001，对应的十进制数字为 9，说明对应的输出序列位于 S-盒的第 9 列。第 6 个 S-盒的第 3 行第 9 列处的数是 14（注意：行、列的记数均从 0 开始，而不是从 1 开始），14 对应的二进制为 1110，对应输入序列 110011 的输出序列为 1110。

S-盒的设计是 DES 分组加密算法的关键步骤，因为在 DES 算法中，所有其他的运算都是线性的，易于分析。而 S-盒是非线性运算，它比 DES 的其他任何操作能提供更好的安全性。运用 S-盒的替代过程的结果为 8 个 4 位的分组序列，它们重新合在一起形成了一个 32 位的分组。对这个分组进行下一步操作：P-盒置换。

P–盒置换（P-boxes Permutation）：经 S-盒替换运算后的 32 位输出依照 P-盒（Permutation boxes，简称 P-盒）进行置换。该置换对 32 位的输入序列进行一个置换操作，把每个输入位映射到相应的输出位，任一位不能被映射两次，也不能被略去。表 2-7 给出了 P-盒置换的具体操作。例如，输入序列的第 21 位置换到输出序列的第 4 位，而输入序列的第 4 位被置换到输出序列的第 31 位。

表 2-7　　P-盒置换

16	7	20	21	29	12	28	17	1	15	23	26	5	18	31	10
2	8	24	14	32	27	3	9	19	13	30	6	22	11	4	25

将 P-盒置换的结果与该轮输入的 64 位分组的左半部分进行异或运算后，得到本轮加密输出序列的右半部分，本轮加密输入序列的右半部分直接输出，作为本轮加密输出序列的左半部分，相应得到 64 位的输出序列。

逆初始置换：逆初始置换（Inverse Initial Permutation）是初始置换的逆过程，表 2-8 列出了逆初始置换 IP^{-1} 具体操作。需要说明的是，DES 在 16 轮加密过程中，左半部分和右半部分并没有进行交换位置的操作，而是将 R_{16} 与 L_{16} 并在一起形成一个分组作为逆初始置换的输入。这样做保证了 DES 算法加密和解密过程的一致性。

表 2-8　　末尾置换 IP^{-1}

40	8	18	16	56	24	64	32	39	7	47	15	55	23	63	31
38	6	46	14	54	22	62	30	37	5	45	13	53	21	61	29
36	4	44	12	52	20	60	28	35	3	43	11	51	19	59	27
34	2	42	10	50	18	58	26	33	1	41	9	49	17	57	25

DES 解密：DES 算法的加密过程经过了多次的替换、置换、异或和循环移动操作，整个加密过程似乎非常复杂。实际上，DES 算法经过精心选择各种操作而获得了一个非常好的性质：加密和解密可使用相同的算法，即解密过程是将密文作为输入序列进行相应的 DES 加密，与加密过程唯一不同之处是解密过程使用的轮密钥与加密过程使用的次序相反。如果加密过程中各轮的子密钥分别是 $K_1, K_2, K_3, \cdots, K_{16}$，那么解密过程中相应的解密子密钥分别是 $K_{16}, K_{15}, K_{14}, \cdots, K_1$。因此，解密过程产生各轮子密钥的算法与加密过程生成轮密钥的算法相同，与加密过程不同的是解密过程产生子密钥时，初始密钥进行循环右移操作，每产生一个子密钥，对应的初始密钥移动位数分别为 0，1，2，2，2，2，2，2，1，2，2，2，2，2，2，1。这样就可以根据初始密钥生成加密和

解密过程所需的各轮子密钥。

下面给出一个 DES 加密的例子。

【例 2.9】已知明文 m = computer，密钥 k = program，相应的 ASCII 码表示为：

m = 01100011 01101111 01101101 01110000
01110101 01110100 01100101 01110010

k = 01110000 01110010 01101111 01100111
01110010 01100001 01101101

其中 k 只有 56 位，必须加入第 8，16，24，32，40，56，64 位的奇偶校验位构成 64 位。其实加入的 8 位奇偶校验位对加密过程不会产生影响。

令 $m = m_1 m_2 \cdots m_{63} m_{64}$，$k = k_1 k_2 \cdots k_{63} k_{64}$，其中 $m_1 = 0, m_2 = 1, \cdots, m_{63} = 1, m_{64} = 0$，$k_1 = 0, k_2 = 1, \cdots, k_{63} = 1, k_{64} = 0$。

m 经过 IP 置换后得到：

L_0 = 11111111 10111000 01110110 01010111
R_0 = 00000000 11111111 00000110 10000011

密钥 k 经过置换后得到：

C_0 = 11101100 10011001 00011011 1011
D_0 = 10110100 01011000 10001110 0110

循环左移一位并经压缩置换后得到 48 位的子密钥 k_1：

k_1 = 00111101 10001111 11001101
00110111 00111111 01001000

R_0 经过扩展变换得到的 48 位序列为：

10000000 00010111 11111110
10000000 11010100 00000110

结果再和 k_1 进行异或运算，得到的结果为：

10111101 10011000 00110011
10110111 11101011 01001110

将得到的结果分成 8 组：

101111 011001 100000 110011
101101 111110 101101 001110

通过 8 个 S-盒得到 32 位的序列为：

01110110 00110100 00100110 10100001

对 S-盒的输出序列进行 P-盒置换，得到：

01000100 00100000 10011110 10011111

经过以上操作，得到经过第 1 轮加密的结果序列为：

00000000 11111111 00000110 10000011
10111011 10011000 11101000 11001000

以上加密过程进行 16 轮，最终得到加密的密文为：

01011000 10101000 01000001 10111000
01101001 11111110 10101110 00110011

需要说明的是，DES 的加密结果可以看作是明文 m 和密钥 k 之间的一种复杂函数，所以对应明文或密钥的微小改变，产生的密文序列都将会发生很大的变化。

2. DES的分析

自从DES被采用，并作为联邦数据加密标准以来，DES遭到了猛烈的批评和怀疑。首先是DES的密钥长度是56位，很多人担心这样的密钥长度不足以抵御穷举式搜索攻击；其次是DES的内部结构即S-盒的设计标准是保密的，这样使用者无法确信DES的内部结构不存在任何潜在的弱点。

S-盒是DES强大功能的源泉，8个不同的盒定义了DES的替换模式。查看DES的S-盒结构，可以发现S-盒具有非线性特征，这意味着给定一个“输入-输出”对的集合，很难预计所有S-盒的输出。S-盒的另一个很重要特征是，改变一个输入位，至少会改变两个输出位。例如，如果S-盒1的输入为010010，其输出位于行0（二进制为00）列9（二进制为1001），值为10（二进制为1010）。如果输入的一个位改变，假设改变为110010，那么输出位于行2（二进制为10）列9（二进制为1001），其值为12（二进制为1100）。比较这两个值，中间的两个位发生了改变。

事实上，后来的实践表明DES的S-盒被精心设计成能够防止诸如差分分析方法类型的攻击。另外，DES的初始方案——IBM的Lucifer密码体制具有128位的密钥长度，DES的最初方案也有64位的密钥长度，但是后来公布的DES算法将其减少到56位。IBM声称减少的原因是必须在密钥中包含8位奇偶校验位，这意味着64位的存储只能包含一个56位的密钥。

经过人们的不懈努力，对S-盒的设计已经有了一些基本的设计要求，例如，S-盒的每行必须包括所有可能输出位的组合；如果S-盒的两个输入只有1位不同，那么输出位必须至少有两位不同；如果两个输入中间的两位不同，那么输出也必须至少有两位不同。

许多密码体制都存在着弱密钥，DES也存在这样的弱密钥和半弱密钥。

如果DES的密钥k产生的子密钥满足：

$$k_1 = k_2 = \cdots = k_{16}$$

则有

$$\mathrm{DES}_k(m) = \mathrm{DES}_k^{-1}(m)$$

这样的密钥k称为DES算法的弱密钥。

DES的弱密钥有以下4种：

$$k = 01\ 01\ 01\ 01\ 01\ 01\ 01\ 01$$
$$k = 1F\ 1F\ 1F\ 1F\ 0E\ 0E\ 0E\ 0E$$
$$k = E0\ E0\ E0\ E0\ F1\ F1\ F1\ F1$$
$$k = FE\ FE\ FE\ FE\ FE\ FE\ FE\ FE$$

如果DES的密钥k和k'满足：

$$\mathrm{DES}_k(m) = \mathrm{DES}_{k'}^{-1}(m)$$

则称密钥k和k'是DES算法的一对半弱密钥。半弱密钥只交替的生成两种密钥。

DES的半弱密钥有以下6对：

$$\begin{cases} k = 01\ FE\ 01\ FE\ 01\ FE\ 01\ FE \\ k' = FE\ 01\ FE\ 01\ FE\ 01\ FE\ 01 \end{cases}$$

$$\begin{cases} k = 1F\ E0\ 1F\ E0\ 0E\ F1\ 0E\ F1 \\ k' = E0\ 1F\ E0\ 1F\ F1\ 0E\ F1\ 0E \end{cases}$$

$$\begin{cases} k = 01\ \ E0\ \ 01\ \ E0\ \ E0\ \ F1\ \ 01\ \ F1 \\ k' = E0\ \ 01\ \ E0\ \ 01\ \ F1\ \ 01\ \ F1\ \ 01 \end{cases}$$

$$\begin{cases} k = 1F\ \ FE\ \ 1F\ \ FE\ \ 0E\ \ FE\ \ 0E\ \ FE \\ k' = FE\ \ 1F\ \ FE\ \ 1F\ \ FE\ \ 0E\ \ FE\ \ 0E \end{cases}$$

$$\begin{cases} k = 01\ \ 1F\ \ 01\ \ 1F\ \ 01\ \ 0E\ \ 01\ \ 0E \\ k' = 1F\ \ 01\ \ 1F\ \ 01\ \ 0E\ \ 01\ \ 0E\ \ 01 \end{cases}$$

$$\begin{cases} k = E0\ \ FE\ \ E0\ \ FE\ \ F1\ \ FE\ \ F1\ \ FE \\ k' = FE\ \ E0\ \ FE\ \ E0\ \ FE\ \ F1\ \ FE\ \ F1 \end{cases}$$

以上 0 表示二值序列 0000，1 表示二值序列 0001，E 表示二值序列 1110，F 表示二值序列 1111。

对于 DES 的攻击，最有意义的方法是差分分析方法（Difference Analysis Method）。差分分析方法是一种选择明文攻击法，最初是由 IBM 的设计小组在 1974 年发现的，因此，IBM 在设计 DES 算法的 S-盒和换位变换时有意识地避免差分分析攻击，对 S-盒在设计阶段进行了优化，使得 DES 能够抵抗差分分析攻击。

对 DES 攻击的另一种方式是线性分析方法（Linear Analysis Method），线性分析方法是一种已知明文攻击法，由 Mitsuru Matsui 在 1993 年提出的。这种攻击需要大量的已知“明文—密文”对，但比差分分析方法的要少。

当将 DES 用于诸如智能卡等硬件装置时，通过观察硬件的性能特征，可以发现一些加密操作的信息，这种攻击方法叫做旁路攻击法（Side-Channel Attack）。例如，当处理密钥的“1”位时，要消耗更多的能量，通过监控能量的消耗，可以知道密钥的每个位；还有一种攻击是监控完成一个算法所耗时间的微秒数，所耗时间数也可以反映部分密钥的位。

DES 加密的轮数对安全性也有较大的影响。如果 DES 只进行 8 轮加密过程，则在普通的个人电脑上只需要几分钟就可以破译密码。如果 DES 加密过程进行 16 轮，应用差分分析攻击比穷尽搜索攻击稍微有效一些。然而，如果 DES 加密过程进行 18 轮，则差分分析攻击和穷尽搜索攻击的效率基本一样。如果 DES 加密过程进行 19 轮，则穷尽搜索攻击的效率还要优于差分分析攻击的效率。

总体来说，对 DES 的破译研究大体上可分为以下 3 个阶段。

第一阶段是从 DES 的诞生至 20 世纪 80 年代末，这一时期，研究者发现了 DES 的一些可利用的弱点，如 DES 中明文、密文和密钥间存在互补关系；DES 存在弱密钥、半弱密钥等，然而这些弱点都没有对 DES 的安全性构成实质性威胁。

第二阶段以差分密码分析和线性密码分析这两种密码分析方法的出现为标志。差分密码攻击的关键是基于分组密码函数的差分不均匀性，分析明文对的“差量”对后续各轮的输出的“差量”的影响，由某轮的输入差量和输出对来确定本轮的部分内部密钥。线性密码分析的主要思想是寻求具有最大概率的明文若干比特的和、密钥若干比特的和与密文若干比特的和之间的线性近似表达式，从而破译密钥的相应比特。尽管这两种密码分析方法还不能将 16 轮的 DES 完全破译，但它们对 8 轮、12 轮 DES 的成功破译彻底打破了 DES 体制“牢不可破”的神话，奏响了破译 DES 的前奏曲。

20 世纪 90 年代末，随着大规模集成电路工艺的不断发展，采用穷举法搜索 DES 密钥空间来进行破译在硬件设备上已经具备条件。由美国电子前沿基金会（EFF）牵头，密码研究所和高级无线电技术公司参与设计建造了 DES 破译机，该破译机可用两天多时间破译一份 DES 加密的密文，而整个破译机的研制经费不到 25 万美元，它采用的破译方法是强破译攻击法，这种方法是针对特定的加密算法设计出相应的硬件，来对算法的密钥空间进行穷举搜索。在 2000 年的“挑战 DES”比赛中，强破译攻击法仅用了两个小时就破译了 DES 算法，因此 20 世纪 90 年代末可以看成是 DES 被破译阶段。

DES 密码体制虽然已经被破译，但是从对密码学领域的贡献来看，DES 密码体制的提出和广泛使用，推动了密码学在理论和实现技术上的发展。DES 密码体制对密码技术的贡献可以归纳为以下几点。

（1）它公开展示了能完全适应某一历史阶段中信息安全需求的一种密码体制的构造方法。

（2）它是世界上第一个数据加密标准，它确立了这样一个原则，即算法的细节可以公开而密码的使用仍是保密的。

（3）它表明用分组密码作为对密码算法标准化这种方法是方便可行的。

（4）由 DES 的出现而引起的讨论及附带的标准化工作已经确立了安全使用分组密码的若干准则。

（5）由于 DES 的出现，推动了密码分析理论和技术的快速发展，出现了差分分析及线性分析等许多新的有效的密码分析方法。

2.4.2　分组密码的安全性及工作模式

1. 分组密码的安全性

随着密码分析技术的发展，安全性成为分组密码设计必须考虑的重要因素。前面在介绍分组密码体制 DES、AES 和 IDEA 时，对其安全性已经做了初步的分析。本节将对常见的针对分组密码的分析技术进行简单介绍。

目前，对于分组密码的分析技术主要有以下几种。

（1）穷尽搜索攻击；

（2）差分密码分析攻击；

（3）线性密码分析攻击；

（4）相关的密钥密码分析攻击。

在以上 4 种攻击方法中，线性密码分析攻击和差分密码分析攻击是两个被人们所熟悉的分组密码分析方法。

线性密码分析是对迭代密码的一种已知明文攻击，最早由 Mitsuru Matsui 在 1993 年提出，这种攻击方法使用线性近似值来描述分组密码。鉴于分组密码的非线性结构是加密安全的主要源泉，线性分析方法试图发现这些结构中的一些弱点，其实现途径是通过查找非线性的线性近似来实现。该密码分析方法的基本思想是：假设在一个明文位子集合与加密过程的最后一轮加密即将进行代换加密的输入序列位子集合之间能够找到一个概率上的线性关系。如果攻击者拥有大量的用同一组未知密钥加密的明文和相应的密文对，攻击者对每一个明文和相应的密文采用所有可能的候选密钥来对加密过程的最后一轮解密相应的密文。对每一个候选的密钥，攻击者计算包含在线性关系式中的相关状态位的异或值，然后确定上述的线性关系是否成立。如果线性关系成立，就在对应特定候选密钥的记数器上加 1。反复进行以上过程，最后得到的计数器频率距离明文和相应的密文对个数的一半最远的候选密钥最有可能含有密钥位的正确值。

以上过程意味着如果攻击者将明文的一些位和密文的一些位分别进行异或运算，然后再将这两个结果进行异或运算，能够得到一个位的值，该值是将密钥的一些位进行异或运算的结果。这就是概率为 p 的线性近似值。如果 $p \neq 1/2$，那么就可以使用该偏差，用已知的明文和相应的密文来猜测密钥的具体位置。以上过程得到的数据越多，猜测的结果就越可靠；概率越大，用同样的数据量相应的成功率就越高。

差分密码分析是对迭代密码的一种选择明文攻击，由 Eli Biham 和 Adi Shamir 于 1990 年提出，可以攻击很多分组密码。这种攻击方法是通过对那些明文有特殊差值关系的密文对进行比较分析，来攻击相应的分组密码算法。该密码分析方法的基本思想是：通过分析明文对的差值对密文对的差值的影响来恢复某些密钥位。选择具有固定差分关系的一对明文位序列，这两个明文序列可以随机选取，只要它们符合特定差分的条件，攻击者甚至可以不必知道两个明文序列的具体值。然后通过对相应的密文序列中的差分关系的分析，按照不同的概率分配给不同的密钥；选择新的满足条件的明文序列，重复以上过程。随着分析的密文序列越来越多，相应的密钥对应的概率分布也越来越清晰，最有可能的密钥序列将逐步显现出来。差分分析方法需要带有某种特性的明文和相应的密文之间的比较，攻击者寻找明文对应的某种差分的密文对，这些差分中的一部分会有较高的重现概率。差分分析方法用这种特征来计算可能的密钥概率，最后可以确定出最可能的密钥。差分分析方法需要大量的已知“明文-密文”对，使得该方法不是一个很实用的攻击方法，但它对评估分组加密算法的整体安全性很有用。

一种攻击的复杂度可以分为两个部分：数据复杂度和处理复杂度。数据复杂度是实施该攻击所需输入的数据量；处理复杂度是处理这些数据所学的计算量。差分密码分析的数据复杂度是成对加密所需的选择明文对个数的两倍，因此，差分密码分析的复杂度取决于数据复杂度。

2. 分组密码的工作模式

分组密码是将消息作为分组数据来进行加密和解密的。通常大多数消息的长度会大于分组密码的消息分组长度，这样在进行加密和解密过程中，长的消息会被分成一系列连续排列的消息分组进行处理。本小节我们讨论基于分组密码的几种工作模式，这些工作模式不仅能够增强分组密码算法的不确定性，还具有将明文消息添加到任意长度（该性质能够实现密文长度与明文长度的不对等）、对错误传播进行控制等作用。

分组密码的明文分组长度是固定的，而实际应用中待加密消息的数据量是不定的，数据格式可能是多种多样的。为了能在各种应用场合使用 DEA，1980 年 12 月，美国在 FIPS 74 和 81 中定义了 DES 算法的 4 种工作模式，这些工作模式也适用于任何的分组密码算法。4 种常用的工作模式为：

（1）电码本模式（Electronic-Codebook Mode，ECB 模式）；

（2）密码反馈模式（Cipher- Feedback Mode，CFB 模式）；

（3）密码分组链接模式（Cipher-Block-Chaining，CBC 模式）；

（4）输出反馈模式（Output-Feedback Mode，OFB 模式）。

除了上面的 4 种工作模式外，一种比较新的工作模式为：计数器模式（Counter Mode，CTR 模式）。

CTR 模式已被采纳，是 NIST 标准之一。现在，人们对 AES 算法的工作模式的研发工作正在进行中，这些 AES 的工作模式可能会包括以前 DES 的工作模式，还可能增加新的工作模式。

为了方便描述以上的工作模式，定义以下几种符号：

- $E(x)$：分组密码算法的加密过程；
- $D(y)$：分组密码算法的解密过程；
- n：分组密码算法的分组长度；

- $P_1, P_2, \cdots, P_m$：输入到工作模式中的明文消息的 m 个连续分组；
- $C_1, C_2, \cdots, C_m$：从工作模式中输出的密文消息的 m 个连续分组；
- $\mathrm{LSB}_u(A)$：消息分组 A 中最低 u 位比特的取值；例如：

$$\mathrm{LSB}_3(11001101) = 101$$

- $\mathrm{MSB}_v(A)$：消息分组 A 中最高 v 位比特的取值；例如：

$$\mathrm{MSB}_2(01001100) = 01$$

- $A \| B$：消息分组 A 和 B 的链接。

（1）ECB 模式

ECB 模式是分组密码的一个直接应用，其中加密（或解密）一系列连续排列的消息分组 $P_1, P_2, \cdots, P_m$ 的过程是将它们依次分别加密（或解密）。由于这种工作模式类似于电报密码本中指定码字的过程，因此被形象地称为电码本模式。ECB 模式定义如下：

ECB 加密：$C_i \leftarrow E(P_i),\ i = 1, 2, \cdots, m$；

ECB 解密：$P_i \leftarrow D(C_i),\ i = 1, 2, \cdots, m$。

ECB 工作模式的加密流程如图 2-8 所示。

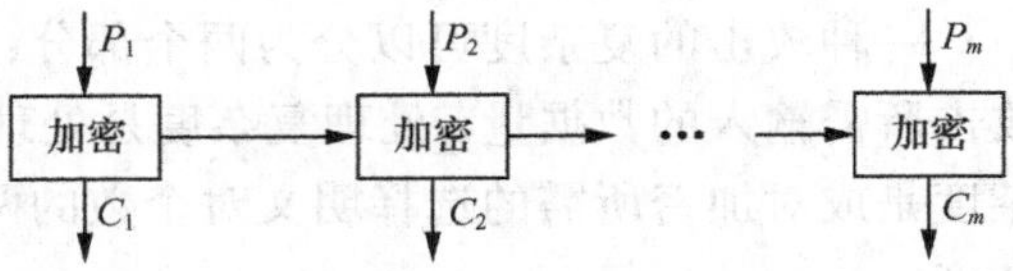

图 2-8　ECB 模式加密流程

ECB 模式中每一个明文分组都采用同一个密钥 key 来进行加密，产生出相应的密文分组。这样的加密方式使得当改变一个明文消息分组值的时候，仅仅会引起相应的密文分组取值发生变化，而其他密文分组不受影响，该性质在通信信道不十分安全的情况下会比较有利。但这种工作模式的一个明显的缺点是加密相同的明文分组会产生相同的密文分组，安全性较差。建议在大多数情况下不要使用 ECB 模式。ECB 模式在用于短数据（如加密密钥）时非常理想，因此，如果需要安全的传递 DES 密钥，ECB 是最合适的模式。

（2）CBC 模式

CBC 模式是用于一般数据加密的一个普通的分组密码算法，可以解决 ECB 的安全缺陷，使得重复的明文分组产生不同的密文分组。CBC 模式中也只是用一个密钥 key，其输出是一个 n bit 的密文分组序列，这些密文分组链接在一起使得每一个密文分组不仅依赖于其所对应的明文分组，而且依赖于所有以前的明文分组。CBC 模式定义如下：

CBC 加密：输入为：$IV, P_1, P_2, \cdots, P_m$；输出为：$IV, C_1, C_2, \cdots, C_m$；

$C_0 \leftarrow IV$；

$C_i \leftarrow E(P_i \oplus C_{i-1}) \qquad i = 1, 2, \cdots, m$。

CBC 解密：输入为：$IV, C_1, C_2, \cdots, C_m$；输出为：$IV, P_1, P_2, \cdots, P_m$；

$C_0 \leftarrow IV$；

$P_i \leftarrow D(C_i) \oplus C_{i-1} \qquad i = 1, 2, \cdots, m$。

CBC 工作模式的加密流程如图 2-9 所示。

以上加密过程中，第一个密文分组 C_1 的计算需要一个特殊的输入分组 C_0，习惯上称为初始向量 IV。IV 对于收发双方都应是已知的，为使其安全性高，IV 应像密钥一样保护起来，可使用 ECB 模式来发送 IV。IV 是一个长度为 n 的随机比特序列，每一次进行会话加密时都要使用一个新的随机序列 IV，由于初始向量 IV 可以看作是密文分组，所以其取值可以公开，但一定要是不可预知的。在加密过程中，由于 IV 的随机性，第一个密文分组 C_1 被随机化，同样，后续的输出密文分组都将被前面的密文分组随机化，因此，CBC 模式输出的是随机化的密文分组。

发送给接收者的密文消息应该包括 IV。因此，对于 m 个分组的明文消息，CBC 模式将输出 $m+1$ 个密文分组。

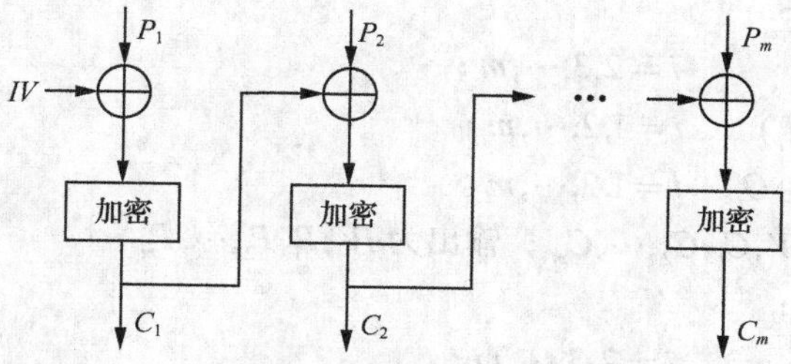

图 2-9　CBC 模式加密流程

鉴于 CBC 模式的链接机制，它适合于对长度较长的明文消息进行加密。

（3）CFB 模式

CFB 模式的特点是在加密过程中反馈后续的密文分组，这些密文分组从工作模式的输出端返回作为分组密码算法的输入。设消息的分组长度为 s，其中 $1 \leqslant s \leqslant n$。CFB 模式要求以 IV 作为初始的 n bit 随机输入分组，因为在系统中 IV 是在密文的位置中出现，所以 IV 的取值可以公开。CFB 模式定义如下：

CFB 加密：输入为 $IV, P_1, P_2, \cdots, P_m$；输出为 $IV, C_1, C_2, \cdots, C_m$；

$I_1 \leftarrow IV$；

$I_i \leftarrow \mathrm{LSB}_{n-s}(I_{i-1}) \| C_{i-1} \quad i = 2,3,\cdots,m$；

$O_i \leftarrow E(I_i) \quad i = 1,2,\cdots,m$；

$C_i \leftarrow P_i \oplus MSB_s(O_i) \quad i = 1,2,\cdots,m$。

CFB 解密：输入为 $IV, C_1, C_2, \cdots, C_m$；输出为 $IV, P_1, P_2, \cdots, P_m$；

$I_1 \leftarrow IV$；

$I_i \leftarrow \mathrm{LSB}_{n-s}(I_{i-1}) \| C_{i-1} \quad i = 2,3,\cdots,m$；

$O_i \leftarrow E(I_i) \quad i = 1,2,\cdots,m$；

$P_i \leftarrow C_i \oplus \mathrm{MSB}_s(O_i) \quad i = 1,2,\cdots,m$。

在以上的 CFB 工作模式中，分组密码算法的加密函数用在加密和解密的两端，因此分组密码算法的加密函数 $E(x)$ 可以是任意的单向变换。在 CFB 中改变一个明文分组 P_i 的取值，则其对应的密文 C_i 与其后所有的密文分组都会受到影响。

CFB 工作模式的加密流程如图 2-10 所示。

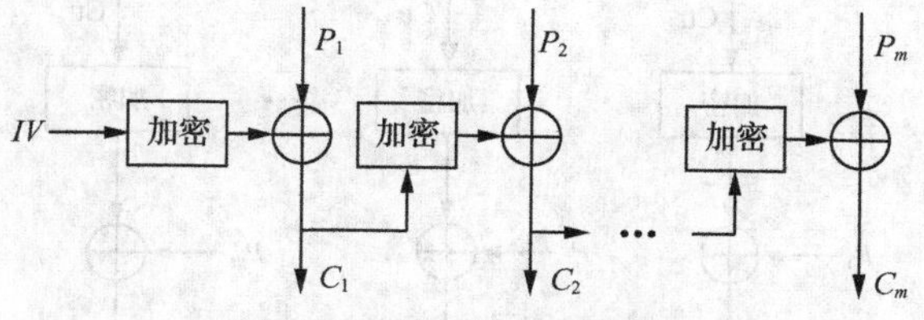

图 2-10　CFB 模式加密流程

（4）OFB 模式

OFB 模式在结构上类似于密码反馈模式。OFB 模式的特点是将分组密码算法的连续输出分组反馈回去。OFB 模式要求 IV 作为初始的 n bit 随机输入分组。因为在这种工作模式中，IV 出现在密文的位置中，所以它的取值不需要保密。OFB模式定义如下：

OFB 加密：输入为 $IV, P_1, P_2, \cdots, P_m$；输出为 $IV, C_1, C_2, \cdots, C_m$；

$$I_1 \leftarrow IV\ ;$$
$$I_i \leftarrow O_{i-1} \qquad i = 2,3,\cdots,m\ ;$$
$$O_i \leftarrow E(I_i) \qquad i = 1,2,\cdots,m\ ;$$
$$C_i \leftarrow P_i \oplus O_i \qquad i = 1,2,\cdots,m\ 。$$

OFB 解密：输入为 $IV, C_1, C_2, \cdots, C_m$；输出为 $IV, P_1, P_2, \cdots, P_m$；

$$I_1 \leftarrow IV\ ;$$
$$I_i \leftarrow O_{i-1} \qquad i = 2,3,\cdots,m\ ;$$
$$O_i \leftarrow E(I_i) \qquad i = 1,2,\cdots,m\ ;$$
$$P_i \leftarrow C_i \oplus O_i \qquad i = 1,2,\cdots,m\ 。$$

OFB 工作模式的加密流程如图 2-11 所示。

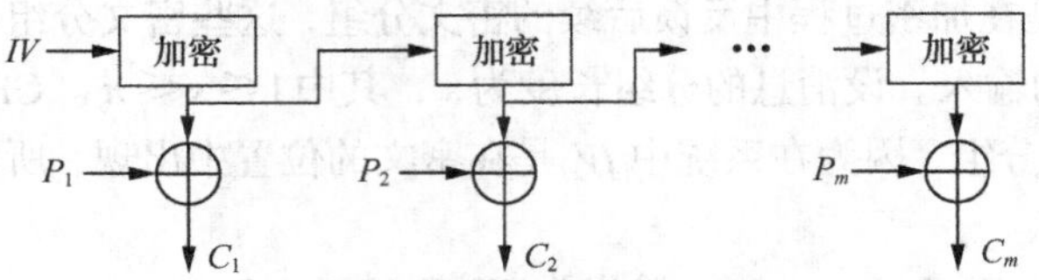

图 2-11　OFB 模式加密流程

在 OFB 模式中，加密和解密是相同的：将输入的消息分组与反馈过程生成的密钥流进行异或运算。反馈过程实际上构成了一个有限状态机，其状态完全由分组加密算法的加密密钥和 *IV* 决定。因此，如果密码分组发生了传输错误，那么只有相应位置上的明文分组会发生错误。

（5）CTR 模式

CTR 模式的特点是将计数器 Ctr 从初始值 *IV* 开始计数所得到的值发送给分组密码算法。随着计数器 Ctr 的增加，分组密码算法输出连续的分组来构成一个比特串，该比特串被用来与明文分组进行异或运算。记 $IV = \mathrm{Ctr}_1$（其他的计数器值 Ctr_i 可以由 *IV* 计算而来）。CTR 模式定义如下：

CTR 加密：输入为 $\mathrm{Ctr}_1, P_1, P_2, \cdots, P_m$；输出为 $\mathrm{Ctr}_1, C_1, C_2, \cdots, C_m$；

$$C_i \leftarrow P_i \oplus E(\mathrm{Ctr}_i) \qquad i = 1,2,\cdots,m\ 。$$

CTR 解密：输入为 $\mathrm{Ctr}_1, C_1, C_2, \cdots, C_m$；输出为 $\mathrm{Ctr}_1, P_1, P_2, \cdots, P_m$；

$$P_i \leftarrow C_i \oplus E(\mathrm{Ctr}_i) \qquad i = 1,2,\cdots,m\ 。$$

CTR 工作模式的加密流程如图 2-12 所示。

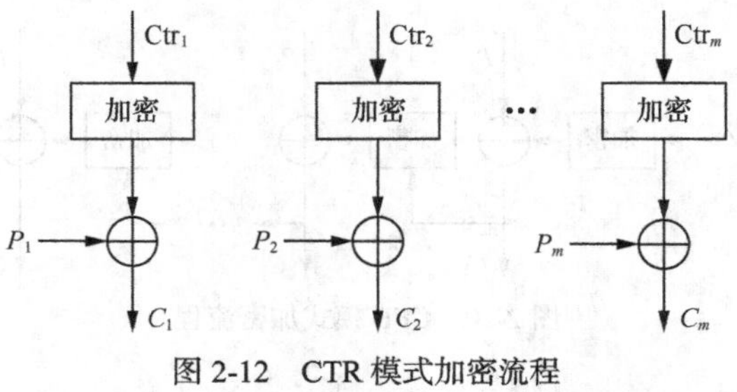

图 2-12　CTR 模式加密流程

因为没有反馈，CTR 模式的加密和解密能够同时进行，这是 CTR 模式比 CFB 模式和 OFB 模式优越的地方。

2.5 公钥密码

前面几节介绍的经典密码系统能够有效地实现数据的保密性，但面临的一个棘手问题是以密钥分配为主要内容的密钥管理（Key Management）。本章简要介绍能够有效解决密钥管理问题的公钥密码体制（Public Key Cryptography System）的基本原理，并给出常用的 RSA 公钥算法的原理和算法分析。

2.5.1 公钥密码的基本原理

运用诸如 DES 等经典密码系统进行保密通信时，通信双方必须拥有一个共享的秘密密钥来实现对消息的加密和解密，而密钥具有的机密性使得通信双方如何获得一个共同的密钥变得非常困难。通常采用人工传送的方式分配各方所需的共享密钥，或借助一个可靠的密钥分配中心来分配所需要的共享密钥。但在具体实现过程中，这两种方式都面临很多困难，尤其是在计算机网络化时代更为困难。

1976 年，两位美国密码学者 W. Diffie 和 M. Hellman 在该年度的美国国家计算机会议上提交了一篇名为 *New Directions in Cryptography* 的论文，文中首次提出了公钥密码体制的新思想，它为解决传统经典密码学中面临的诸多难题提供了一个新的思路。其基本思想是把密钥分成两个部分：公开密钥和私有密钥（简称公钥和私钥），分别用于消息的加密和解密。公钥密码体制又被称为双钥密码体制（非对称密码体制：Asymmetric Cryptography System），与之对应，传统的经典密码体制被称为单钥密码体制（对称密码体制：Symmetric Cryptography System）。

公钥密码体制中的公开密钥可被记录在一个公共数据库里，或者以某种可信的方式公开发放，而私有密钥必须由持有者妥善地秘密保存。这样，任何人都可以通过某种公开的途径获得一个用户的公开密钥，然后与其进行保密通信，而解密者只能是知道相应私钥的密钥持有者。用户公钥的这种公开性使得公钥体制的密钥分配变得非常简单，目前常用公钥证书的形式发放和传递用户公钥，而私钥的保密专用性决定了它不存在分配的问题（但需要用公钥来验证它的真实性，以防止欺骗）。

公钥密码算法的最大特点是采用两个具有一一对应关系的密钥对 $k=(pk,sk)$ 使加密和解密的过程相分离。当两个用户希望借助公钥体制进行保密通信时，发信方 Alice 用收信方 Bob 的公开密钥 pk 加密消息并发送给接收方；而接收方 Alice 使用与公钥相对应的私钥 sk 进行解密。根据公私钥之间严格的一一对应关系，只有与加密时所用公钥相对应的用户私钥才能够正确解密，从而恢复出正确的明文。由于这个私钥是通信中的收信方独有的，其他用户不可能知道，因此，只有该收信方 Bob 才能正确地恢复出明文消息，其他有意或无意获得消息密文的用户都不能解密出正确的明文，达到了保密通信的目的。

图 2-13 给出了公钥密码体制用于消息加解密的基本流程。

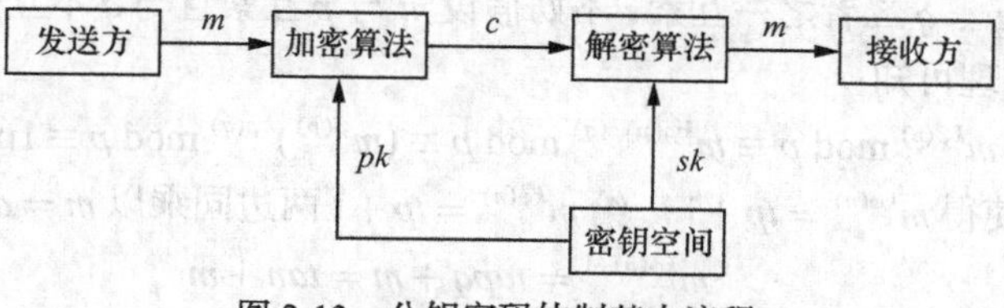

图 2-13 公钥密码体制基本流程

公钥密码体制的思想完全不同于单钥密码体制，公钥密码算法的基本操作不再是单钥密码体制中使用的替换和置换，公钥密码体制通常将其安全性建立在某个尚未解决（且尚未证实能否有效解决）的数学难题的基础上，并经过精心设计来保证其具有非常高的安全性。公钥密码算法以非对称的形式使用两个密钥，不仅能够在实现消息加解密基本功能的同时简化了密钥分配任务，而且还对密钥协商与密钥管理、数字签名与身份认证等密码学问题产生了深刻的影响。可以说公钥密码思想为密码学的发展提供了新的理论和技术基础，是密码学发展史上的一次革命。

2.5.2 RSA 算法

数论里有一个大数分解问题：计算两个素数的乘积非常容易，但分解该乘积却异常困难，特别是在这两个素数都很大的情况下。基于这个事实，1978 年美国 MIT 的 3 名数学家 R. Rivest，A. Shamir 和 L. Adleman 提出了著名的公钥密码体制：RSA 公钥算法。该算法是基于指数加密概念的，它以两个大素数的乘积作为算法的公钥来加密消息，而密文的解密必须知道相应的两个大素数。迄今为止，RSA 公钥算法是思想最简单、分析最透彻、应用最广泛的公钥密码体制。RSA 算法非常容易理解和实现，经受住了密码分析，密码分析者既不能证明也不能否定它的安全性，这恰恰说明了 RSA 具有一定的可信度。

1. RSA 算法的描述

基于大数分解问题，为了产生公私钥，首先独立地选取两个大素数 p 和 q（注：为了获得最大程度的安全性，选取的 p 和 q 的长度应该差不多，都应为长度在 100 位以上的十进制数字）。计算

$$n = p \times q \text{ 和 } \varphi(n) = \varphi(p)\varphi(q) = (p-1)(q-1)$$

这里，$\varphi(n)$ 表示 n 的欧拉函数，即 $\varphi(n)$ 为比 n 小且与 n 互素的正整数的个数。

随机选取一个满足 $1 < e < \varphi(n)$ 且 $\gcd(e, \varphi(n)) = 1$ 的整数 e，那么 e 存在模 $\varphi(n)$ 下的乘法逆元 $d = e^{-1} \bmod \varphi(n)$，$d$ 可由扩展的欧几里德算法求得。

这样我们由 p 和 q 获得了 3 个参数：n、e、d。在 RSA 算法里，以 n 和 e 作为公钥，d 作为私钥（注：p 和 q 不再需要，可以销毁，但一定不能泄露）。具体的加解密过程为如下。

加密变换：先将消息划分成数值小于 n 的一系列数据分组，即以二进制表示的每个数据分组的比特长度应小于 $\log_2^n$。然后对每个明文分组 m 进行如下的加密变换来得到密文 c：

$$c = m^e \bmod n$$

解密变换：$m = c^d \bmod n$。

RSA 算法中的解密变换 $m = c^d \bmod n$ 是正确的。

证明：数论中的欧拉定理指出，如果两个整数 a 和 b 互素，那么 $a^{\varphi(b)} \equiv 1 \bmod b$。

在 RSA 算法中，明文 m 必与两个素数 p 和 q 中至少一个互素。否则，若 m 与 p 和 q 都不互素，那么 m 既是 p 的倍数也是 q 的倍数，于是 m 也是 n 的倍数，这与 $m < n$ 矛盾。

由 $de \equiv 1 \bmod \phi(n)$ 可知，存在整数 k 使得 $de = k\phi(n) + 1$。下面分两种情形来讨论。

情形一：m 仅与 p、q 二者之一互素，不妨假设 m 与 p 互素且与 q 不互素，那么存在整数 a 使得 $m = aq$，由欧拉定理可知：

$$m^{k\varphi(n)} \bmod p \equiv m^{k\varphi(p)\varphi(q)} \bmod p \equiv (m^{\varphi(p)})^{k\varphi(q)} \bmod p \equiv 1 \bmod p$$

于是存在一个整数 t 使得 $m^{k\phi(n)} = tp + 1$。给 $m^{k\phi(n)} = tp + 1$ 两边同乘以 $m = aq$ 得到：

$$m^{k\phi(n)+1} = tapq + m = tan + m$$

由此得 $c^d = m^{ed} = m^{k\phi(n)+1} = tan + m \equiv m \bmod n$。

情形二：如果 m 与 p 和 q 都互素，那么 m 也和 n 互素，我们有：

$$c^d = m^{ed} = m^{k\varphi(n)+1} = m \times m^{k\varphi(n)} \equiv m \bmod n$$

RSA 算法实质上是一种单表代换系统。给定模数 n 和合法的明文 m，其相应的密文为 $c = m^e \bmod n$，且对于 $m' \neq m$ 必有 $c' \neq c$。RSA 算法的关键在于当 n 极大时，在不知道陷门信息的情况下，很难确定明文和密文之间的这种对应关系。

【例 2.10】选取 $p = 5$，$q = 11$，则 $n = 55$ 且 $\varphi(n) = 40$，明文分组应取为 1～54 的整数。如果选取加密指数 $e = 7$，则 e 满足 $1 < e < \varphi(n)$ 且与 $\varphi(n)$ 互素，于是解密指数为 $d = 23$。假如有一个消息 $m = 53197$，分组可得 $m_1 = 53$，$m_2 = 19$，$m_3 = 7$。分组加密得到：

$$c_1 = m_1^e \bmod n = 53^7 \bmod 55 = 37$$

$$c_2 = m_2^e \bmod n = 19^7 \bmod 55 = 24$$

$$c_3 = m_3^e \bmod n = 7^7 \bmod 55 = 28$$

密文的解密为：

$$c_1^d \bmod n = 37^{23} \bmod 55 = 53 = m_1$$

$$c_2^d \bmod n = 24^{23} \bmod 55 = 19 = m_2$$

$$c_3^d \bmod n = 28^{23} \bmod 55 = 7 = m_3$$

最后恢复出明文 $m = 53197$。

2. RSA 算法的安全性

RSA 算法的安全性完全依赖于对大数分解问题困难性的推测，但面临的问题是迄今为止还没有证明大数分解问题是一类 NP 问题。为了抵抗穷举攻击，RSA 算法采用了大密钥空间，通常模数 n 取得很大，e 和 d 也取为非常大的自然数，但这样做的一个明显缺点是密钥产生和加解密过程都非常复杂，系统运行速度比较慢。

与其他的密码体制一样，尝试每一个可能的 d 来破解是不现实的。那么分解模数 n 就成为最直接的攻击方法。只要能够分解 n 就可以求出 $\varphi(n)$，然后通过扩展的欧几里德算法可以求得加密指数 e 模 $\varphi(n)$ 的逆 d，从而达到破解的目的。目前还没有找到分解大整数的有效方法，但随着人们计算能力的不断提高和计算成本的不断降低，许多被认为是不可能分解的大整数已被成功分解。例如，模数为 129 位十进制数字的 RSA-129 已于 1994 年 4 月在 Internet 上通过分布式计算被成功分解出一个 64 位和一个 65 位的因子。更困难的 RSA-130 也于 1996 年被分解出来，紧接着 RSA-154 也被分解，据报导，158 位的十进制整数也已被分解，这意味着 512 比特模数的 RSA 已经不安全了。更危险的安全威胁来自于大数分解算法的改进和新算法的不断提出。当年破解 RSA-129 采用的是二次筛法，而破解 RSA-130 使用的算法称为推广的数域筛法，该算法使破解 RSA-130 的计算量仅比破解 RSA-129 多10%。尽管如此，密码专家们认为一定时期内 1 024～2 048 bit 模数的 RSA 还是相对安全的。

除了对 RSA 算法本身的攻击外，RSA 算法还面临着攻击者对密码协议的攻击，即利用 RSA 算法的某些特性和实现过程对其进行攻击。下面介绍一些攻击方法。

（1）共用模数攻击

在 RSA 的实现中，如果多个用户选用相同的模数 n，但有不同的加解密指数 e 和 d，这样做会使算法运行起来更简单一些，但却是不安全的。假设一个消息用两个不同的加密指数加密且共用同一个模数，如果这两个加密指数互素（一般情况下都这样），则不需要知道解密指数，任何一个加密指数都可以恢复明文。理由如下。

设 e_1 和 e_2 是两个互素的加密密钥，共用的模数为 n 。对同一个明文消息 m 加密得 $c_1 = m^{e_1} \bmod n$ 和 $c_2 = m^{e_2} \bmod n$。攻击者知道 n，e_1，e_2，c_1 和 c_2，他可以用如下方法恢复出明文 m 。

由于 e_1 和 e_2 互素，由扩展的欧几里德算法可找到满足 $re_1 + se_2 = 1$ 的 r 和 s 。由此可得：

$$c_1^r \times c_2^s \equiv m^{re_1} \times m^{se_2} \equiv m^{re_1+se_2} \equiv m^1 \equiv m \bmod n$$

明文消息 m 被恢复出来（注意：r 和 s 必有一个为负整数，上述计算需要用扩展的欧几里德算法算出 c_1 或者 c_2 在模 n 下的逆）。

（2）低加密指数攻击

较小的加密指数 e 可以加快消息加密的速度，但太小的 e 会影响 RSA 系统的安全性。在多个用户采用相同的加密密钥 e 和不同的模数 n 的情况下，如果将同一个消息（或者一组线性相关的消息）分别用这些用户的公钥加密，那么利用中国剩余定理可以恢复出明文。举例来说，取 $e = 3$，3 个用户的不同模数分别是 n_1 、n_2 和 n_3，将消息 x 用这 3 组密钥分别加密为：

$$y_1 = x^3 \bmod n_1, \quad y_2 = x^3 \bmod n_2 \text{ 和 } y_3 = x^3 \bmod n_3$$

一般来讲，应选 n_1 、n_2 和 n_3 互素，以避免通过求出它们的公因子的方式导致模数被分解。根据中国剩余定理，可由 y_1、y_2 和 y_3 求出：

$$y = x^3 \bmod n_1 n_2 n_3$$

由于 $x < n_1$，$x < n_2$，$x < n_3$，所以 $x^3 < n_1 n_2 n_3$，于是 $x = \sqrt[3]{y}$ 。

已经证明只要 $k > e(e+1)/2$，将 k 个线性相关的消息分别使用 k 个加密指数相同而模数不同的加密钥加密，则低加密指数攻击能够奏效；如果消息完全相同，那么 e 个加密钥就够了。因此，为了抵抗这种攻击，加密指数 e 必须足够大。对于较短的消息则要进行独立的随机数填充，破坏明文消息的相关性，以防止低加密指数攻击。

（3）中间相遇攻击

指数运算具有可乘性，这种可乘性有可能招致其他方式的攻击。事实上，如果明文 m 可以被分解成两项之积 $m = m_1 \times m_2$，那么：

$$m^e = (m_1 \times m_2)^e = m_1^e \times m_2^e \equiv c_1 \times c_2 \bmod n$$

这意味着明文的分解可导致密文的分解，明文分解的容易使得密文的分解也容易。密文分解将容易导致中间相遇攻击，攻击方法描述如下。

假设 $c = m^e \bmod n$，攻击者知道 m 是一个合数，且满足 $m < 2^l$，$m = m_1 \times m_2$，m_1 和 m_2 都小于 $2^{l/2}$ 。那么，由 RSA 的可乘性，我们有 $c = m_1^e \times m_2^e \bmod n$ 。

攻击者可以先创建一个有序的序列：

$$\left\{1^e, 2^e, 3^e, \cdots, (2^{\frac{l}{2}})^e\right\} \bmod n$$

然后，攻击者搜索这个有序的序列，尝试从这个有序的序列中找到两项 i^e 和 j^e 满足：

$$c/i^e \equiv j^e \bmod n\text{，其中 } i, j \in \left\{1, 2, \cdots, 2^{\frac{l}{2}}\right\}\text{。}$$

攻击者能在 $2^{\frac{l}{2}}$ 步操作之内找到 i^e 和 j^e，攻击者由此获得明文 $m = i \times j$ 。

攻击者的空间代价是需要能够提供 $2^{\frac{l}{2}} \times \log n$ bit 的存储空间，时间代价的复杂度为 $O(2^{\frac{l}{2}+1} \times (\frac{l}{2} + \log^3 n))$，明显小于 $O(2^l)$，与平方根量级约化相当。在明文消息的长度为 40～60 bit 的情况时，明文可被分解成两个大小相当的整数的概率为 18%～50%。举例来说，假设用 1 024 比特模数的 RSA 加密一个长度为 56 的比特串，如果能够提供 $2^{28} \times 1\,024 = 2^{38}$ bit（约为 32 GB）

的存储空间，经过 2^{29} 次模指数运算，就可以有很大的把握找出明文比特串，它是两个 28 bit 的整数之积。这种空间和时间的代价由一台普通的个人计算机就足够了。

这说明用 RSA 直接加密一些比较短的比特串（如 DES 等单钥体制的密钥或者长度小于 64 bit 的系统口令等）是非常危险的。

随着信息技术的发展和普及，对信息保密的需求将日益广泛和深入，密码技术的应用也将越来越多地融入到人们的日常工作、学习和生活中。鉴于密码学有着广阔的应用前景和完善的理论研究基础，可以相信，密码学一定能够不断地发展和完善，为信息安全提供坚实的理论基础和支撑，为信息技术的发展提供安全服务和技术保障。

本章总结

密码技术已经从早期实现信息的保密性发展到可以提供信息的完整性、真实性、不可否认性等属性功能，成为信息安全的核心技术，其在信息认证、信息隐藏、访问控制和网络安全技术中有着广泛的应用。

本章首先简要回顾了密码技术的发展历史，介绍了密码技术涉及的数学基础知识，密码学中的基本概念和模型，给出了古典密码技术的典型算法——代换密码和置换密码体制，这两种密码体制中包含了设计实现现代密码算法的两个基本操作——置乱和替换操作。在此基础上，重点介绍了现代密码技术中被广泛应用的分组密码算法——DES 算法的基本框架和加密流程，同时介绍了一种典型的公钥密码算法——RSA 算法的基本原理，并对其相关性能进行了简单的分析。

本章仅仅介绍了密码技术中最基本的理论和方法，密码技术一直在发展变化，近几年，密码技术在安全性、实用性等方面的研究均取得了很大进展，为信息安全的实现提供了很好的技术支撑。

思考与练习

1. 古典密码技术对现代密码体制的设计有哪些借鉴？
2. 衡量密码体制安全性的基本准则有哪些？
3. 谈谈公钥密码在实现保密通信中的作用。
4. 验证 RSA 算法中解密过程的有效性。

第3章 信息认证技术

信息认证技术涉及身份认证和消息认证两个方面。本章首先概要介绍信息认证的基本概念，Hash函数和消息认证码，数字签名的基本概念和典型算法，身份识别的基本概念和几种典型的身份识别协议，在此基础上，重点介绍了在信息认证中被广泛使用的一种技术——公钥基础设施（PKI）的组成和基本功能。

本章的知识要点、重点和难点包括：Hash函数的概念、数字签名的基本原理和典型算法、身份识别的典型方法和身份识别协议、PKI的组成及各组成部分的功能。

3.1 概 述

在信息安全领域中，常见的信息保护手段大致可以分为保密和认证两大类。信息的可认证性是信息安全的一个重要方面。认证的目的有两个：一是验证信息的完整性，即验证信息在传送或存储过程中未被窜改、重放或延迟等；二是验证信息发送者是真的，而不是冒充的。认证是防止敌手对系统进行主动攻击（如伪造、篡改信息等）的一种重要技术。实现信息认证涉及的主要技术包括：信息的完整性检验、数字签名技术和身份识别技术等。

目前的信息认证技术包括对用户身份的认证和对消息的认证两种方式。

身份认证技术主要用于鉴别用户的身份是否合法和真实。在真实世界中，验证一个人的身份主要通过3种方式：一是根据你所知道的信息来证明身份（What you know），假设某些信息只有某人知道，如暗号等，通过询问这个信息就可以确认此人的身份。二是根据你所拥有的物品来证明身份（What you have），假设某一物品只有某人才有，如介绍信、身份证、印章等，通过出示该物品也可以确认个人的身份。三是直接根据你独一无二的身体特征来证明身份（Who you are），如面貌等。基于这种经验，在虚拟的数字世界中，用户身份认证包括以下几种方式。

（1）基于用户名/密码（What you know）的认证；

（2）基于智能卡等硬件（What you have）的认证；

（3）基于生物特征（Who you are）的认证。

消息认证技术主要用于验证所收到的消息确实是来自真正的发送方且未被修改的消息，它包含两层含义：一是验证信息的发送者是真正的而不是冒充的，即数据起源认证；二是验证信息在传送过程中未被篡改、重放或延迟等。消息认证的检验内容应包括：认证报文的信源和信宿，报文内容是否遭到偶然或有意篡改，报文的序号是否正确，报文的到达时间是否在指定的期限内。

前面我们已经介绍了，针对密码系统的攻击分为两类：一类是被动攻击，攻击者只是对截获的密文进行分析，不影响接收方正常接收发送来的信息；另一类是主动攻击，敌手通过采用删除、增添、重放、伪造等手段主动向系统注入假消息。

为了保证信息的可认证性，一个安全的认证体制应该至少满足以下要求。

（1）已定的接收者能够检验和证实消息的合法性、真实性和完整性。

（2）消息的发送者对所发的消息不能抵赖，有时也要求消息的接收者不能否认所收到的消息。

（3）除了合法的消息发送者外，其他人不能伪造合法的消息。

认证体制中通常存在一个可信中心或可信第三方，用于仲裁，颁发证书或管理某些机密信息。

3.2　哈希函数和消息完整性

在实际的通信保密中，除了要求实现数据的保密性之外，对传输数据安全性的另一个基本要求是保证数据的完整性（Integrality）。Hash 函数的主要功能是提供有效的数据完整性检验，本节简要介绍 Hash 函数的基本原理和迭代 Hash 函数的基本结构。

3.2.1　哈希函数

1. 基本概念

数据的完整性是指数据从发送方产生后，经过传输或存储以后，未被以未授权的方式修改的性质。密码学中的 Hash 函数在现代密码学中扮演着重要的角色，该函数虽然与计算机应用领域中的 Hash 函数有关，但两者之间存在着重要的差别。

Hash 函数（也称散列函数）是一个将任意长度的消息序列映射为较短的、固定长度的一个值的函数。密码学上的 Hash 函数能够保障数据的完整性，它通常被用来构造数据的“指纹”（即函数值），当被检验的数据发生改变的时候，对应的“指纹”信息也将发生变化。这样，即使数据被存储在不安全的地方，我们也可以通过数据的“指纹”信息来检测数据的完整性。

设 H 是一个 Hash 函数，x 是消息，不妨假设 x 是任意长度的二元序列，相应的“指纹”定义为 $y=H(x)$，Hash 函数值通常也称为消息摘要（Message Digest）。一般要求消息摘要是相当短的二元序列，常用的消息摘要是 160 位。

如果消息 x 被修改为 x'，则可以通过计算消息摘要 $y'=H(x')$ 并且验证 $y'=y$ 是否成立来确认数据 x 是否被修改的事实。如果 $y'\neq y$，则说明消息 x 被修改，从而达到检验消息完整性的目的。对于 Hash 函数的安全要求，通常采用下面的 3 个问题来进行判断。如果一个 Hash 函数对这 3 个问题都是难解的，则认为该 Hash 函数是安全的。

用 X 表示所有消息的集合（有限集或无限集），Y 表示所有消息摘要构成的有限集合。

定义 3.1　原像问题（Preimage Problem）：设 $H:X\rightarrow Y$ 是一个 Hash 函数，$y\in Y$。是否能够找到 $x\in X$，使得 $H(x)=y$。

如果对于给定的消息摘要 y，原像问题能够解决，则 (x,y) 是有效的。不能有效解决原像问题的 Hash 函数称为单向的或原像稳固的。

定义 3.2　第二原像问题(Second Preimage Problem)：设 $H:X\rightarrow Y$ 是一个 Hash 函数，$x\in X$。是否能够找到 $x'\in X$，使得 $x'\neq x$，并且 $H(x')=H(x)$。

如果第二原像问题能够解决，则 $(x',H(x))$ 是有效的二元组。不能有效解决第二原像问题的 Hash 函数称为第二原像稳固的。

定义 3.3 碰撞问题（Collision Problem）：设 $H: X \to Y$ 是一个 Hash 函数。是否能够找到 $x, x' \in X$，使得 $x' \neq x$，并且 $H(x') = H(x)$。

对于碰撞问题的有效解决并不能直接产生有效的二元组，但是，如果 (x, y) 是有效的二元组，并且 x', x 是碰撞问题的解，则 (x', y) 也是一个有效的二元组。不能有效解决碰撞问题的 Hash 函数称为碰撞稳固的。

实际应用中的 Hash 函数可分为简单的 Hash 函数和带密钥的 Hash 函数。一个带密钥的 Hash 函数通常用来作为消息认证码（Message Authentication Code）。假定 Alice 和 Bob 有一个共享的密钥 k，通过该密钥可以产生一个 Hash 函数 H_k。对于消息 x，Alice 和 Bob 都能够计算出相应的消息摘要 $y = H_k(x)$。Alice 通过公共通信信道将二元组 (x, y) 发送给 Bob。当 Bob 接收到 (x, y) 后，它可以通过检验 $y = H_k(x)$ 是否成立来确定消息 x 的完整性。如果 $y = H_k(x)$ 成立，说明消息 x 和消息摘要 y 都没有被篡改。

2. 迭代的 Hash 函数

本节讨论一种可以将有限定义域上的 Hash 函数延拓到具有无限定义域上的 Hash 函数的方法——迭代 Hash 函数。1979 年，Merkle 基于数据压缩函数 *compress* 建议了一个 Hash 函数的通用模式。压缩函数 *compress* 接受两个输入：m 位长度的压缩值和 t 位的数据值 y，并生成一个 m 位的输出。Merkle 建议的内容是，数据值由消息分组组成，对所有数据分组进行迭代处理。

在本节中，我们假设 Hash 函数的输入和输出都是位串。我们把位串的长度记为 $|x|$，把位串 x 和 y 的串联记为 $x \| y$。下面给出一种构造无限定义域上 Hash 函数 H 的方式，该方式通过将一个已知的压缩函数 $compress: \{0,1\}^{m+t} \to \{0,1\}^m$ $(m \geqslant 1, t \geqslant 1)$ 扩展为可以具有无限长度输入的 Hash 函数 H 来达到目的，通过这种方法构造的 Hash 函数称为迭代 Hash 函数。其系统结构如图 3-1 所示。

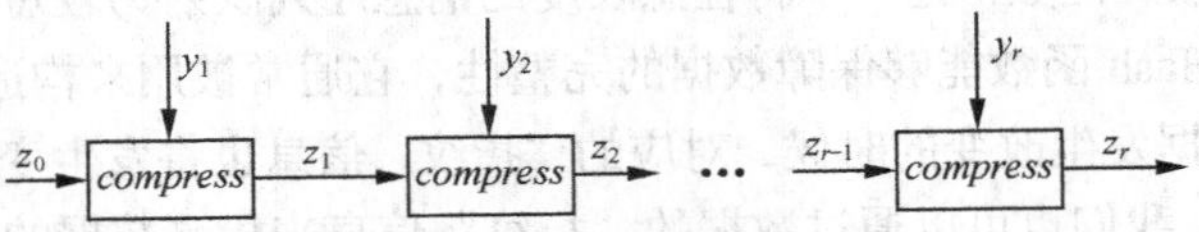

图 3-1 迭代 Hash 函数系统结构

基于压缩函数 *compress* 构造迭代 Hash 函数包括以下 3 步。

（1）预处理：输入一个消息 x，其中 $|x| \geqslant m + t + 1$，基于 x 构造相应的位串 y（$|y| \equiv 0 \bmod t$）的过程如下：

$$y = y_1 \| y_2 \| \cdots \| y_r$$

其中 $|y_i| = t$，$1 \leqslant i \leqslant r$，$r$ 为消息分组的个数。

（2）迭代压缩：设 z_0 是一个公开的初始位串，$|z_0| = m$。具体的迭代过程如下：

$$z_1 \leftarrow compress(z_0 \| y_1)$$

$$z_2 \leftarrow compress(z_1 \| y_2)$$

$$\vdots$$

$$z_r \leftarrow compress(z_{r-1} \| y_r)$$

最终得到长度是 m 的位串 z_r。

（3）后处理：设 $g:\{0,1\}^m \to \{0,1\}^t$ 是一个公开函数，定义 $H(x)=g(z_r)$。则有：

$$H:\bigcup_{i=m+t+1}^{\infty}\{0,1\}^i \to \{0,1\}^t$$

在上述预处理过程中常采用以下方式实现：

$$y = x\|\mathrm{pad}(x)$$

其中 $\mathrm{pad}(x)$ 是填充函数，一个典型的填充函数是在消息 x 后填入 $|x|$ 的值，并填充一些额外的比特，使得所得到的比特串 y 的长度是 t 的整数倍。在预处理阶段，必须保证映射 $x \mapsto y$ 是单射（如果映射 $x \mapsto y$ 不是一一对应的，就可能找到 $x \neq x'$ 使得 $y = y'$，则有 $H(x)=H(x')$，从而设计的 H 将不是碰撞稳固的），同是保证 $|x\|\mathrm{pad}(x)|$ 是 t 的整数倍。

基于压缩函数 *compress* 构造迭代 Hash 函数的核心技术是设计一种无碰撞的压缩函数 *compress*，而攻击者对算法的攻击重点也是 *compress* 的内部结构。由于迭代 Hash 函数和分组密码一样是由 *compress* 压缩函数对消息 x 进行若干轮压缩处理过程组成的，所以对 *compress* 的攻击需通过对各轮之间的位模式的分析来进行，分析过程常常需要先找到 *compress* 的碰撞。由于 *compress* 是压缩函数，其碰撞是不可避免的，因此在设计 *compress* 时就应保证找出其碰撞在计算上是不可行的。

目前使用的 Hash 函数大多数都是迭代 Hash 函数，例如被广泛使用的 MD5、安全 Hash 算法（SHA-1）等。

3.2.2 消息认证码

在消息传递的过程中，需要考虑以下两个方面的问题：一方面，为了可以抵抗窃听等被动攻击，需要应用数据加密技术对传输消息的内容进行保护；另一方面，需要应用消息鉴别技术来防止攻击者的主动攻击。消息鉴别是一个过程，该过程不仅能够用来鉴别接收方 Bob 收到的消息的真实性和完整性，鉴别消息的顺序和时间性，而且能够与数字签名技术相结合，来防止通信双方中的某一方对所传输消息的否认和抵赖。因此，消息鉴别技术对于开放的网络环境中的信息系统安全尤为重要。

消息认证码（Message Authentication Codes，MAC）是实现消息鉴别的理论基础，MAC 具有与前面讨论的单向 Hash 函数相同的特性，所不同的是 MAC 还包含有密钥。一个 MAC 算法一般由一个秘密密钥 k 和参数化的一簇函数 H_k 构成，该簇函数应该具有如下特性。

（1）容易计算。对于一个已知函数 H，给定一个密钥 k 和一个消息 x，$H_k(x)$ 的计算过程应该容易实现。这个计算结果被称为消息认证码。

（2）压缩。H_k 能够把有限长度的任意消息序列 x 映射成为一个固定长度的输出 $H_k(x)$。

（3）强抗碰撞性。攻击者 Oscar 要找到两个不同的消息 x 和 y，使得 $H_k(x)=H_k(y)$ 在计算上是不可行的。

利用 MAC 进行消息鉴别的基本方法是：假设通信双方具有共享密钥 k，而且函数 H_k 公开，发送方 Alice 首先对要发送的消息 x，使用密钥 k 计算得到 $MAC = H_k(x)$，其中 MAC 的取值只与消息和密钥 k 有关。Alice 将计算结果 MAC 附在消息 x 后面得到 $x' = x\|MAC$，然后将消息 x' 作为一个整体发送给接收者 Bob。接收者 Bob 收到消息 x' 后，使用共享密钥 k 对其中的消息部分 x，

计算 $H_k(x)$，将计算结果与收到的消息中的 MAC 部分进行比较，如果两者相等，则可以得到以下结论。

（1）接收者 Bob 收到的消息 x 没有被篡改。

（2）消息 x' 确实来自发送者 Alice。

上述消息鉴别的过程如图 3-2 所示。

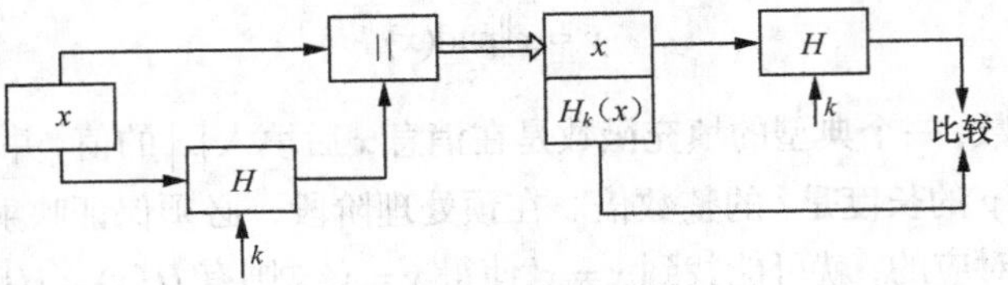

图 3-2　消息鉴别流程

MAC 需要使用密钥，这类似于加密，但区别是 MAC 函数不要求加密过程可逆，因为它不需要解密过程，这个性质使得 MAC 比加密算法更难于破解。同时，H_k 函数具有压缩、强抗碰撞性等性质，使得它更相似于 Hash 函数。因此，在实际应用中，人们往往使用带密钥的单向 Hash 函数作为函数 H_k。

将单向 Hash 函数变成 MAC 的一个简单办法是应用对称加密算法对消息摘要进行加密。但这种方法需要在发送消息和消息摘要的同时将加密算法使用的加密密钥通过安全的信道发送，这样做降低了算法的实用性。

构造 MAC 的常用方法是把密钥作为 Hash 函数的输入消息的一部分，使得产生的消息摘要不仅与消息序列有关，而且与附加的密钥有关，从而在一个不带密钥的 Hash 函数中介入一个密钥。但这样做往往是不安全的，下面通过实例给予说明。

设 $H(x)$ 是不带密钥的迭代结构的 Hash 函数，k 是一个密钥，其长度为 m 位。现在来构造一个新的带密钥的 Hash 函数 $H_k(x)$。为了描述简单，假定 $H(x)$ 没有预处理过程和输出变换过程。输入的消息序列记为 x，则 x 的长度应该是 t 的倍数，建立 Hash 函数的压缩函数记为 $compress:\{0,1\}^{m+t}\rightarrow\{0,1\}^m$。

我们给出在已知一组有效的消息 x 和相应的消息认证码 $H_k(x)$，且无需知道密钥 k 的情况下，来构造一个有效的消息认证码的过程。设 x' 是一个长度为 t 的位串，现在考虑消息序列 $x\|x'$。

产生消息摘要 $H_k(x\|x')$ 的过程如下：

$$H_k(x\|x')=compress(H_k(x)\|x')$$

因为 $H_k(x)$ 和 x' 都是已知的，所以攻击者在无需知道密钥 k 的情况下，也能构造出有效的消息认证码 $(x\|x',H_k(x\|x'))$。应用上述方法构造的带密钥的 Hash 函数存在安全问题。

根据以上分析可知，构造消息认证码不能够简单地将密钥参数和消息 x 进行拼接，然后直接计算相应的 Hash 函数值来处理。根据消息 x 和密钥 k 计算消息认证码需要更复杂的处理过程，下面介绍两种广泛使用的消息认证码。

1. 基于分组密码的 MAC

目前被广泛使用的 MAC 算法是基于分组密码的 MAC 算法。下面以 DES 分组密码为例，来说明构造 MAC 算法的过程。消息分组的长度取为 64 位，MAC 算法的密钥取为 DES 算法的加密密钥。

给定消息序列 x 和 56 位的密钥 k，构造相应的 MAC 的过程如下。

（1）填充和分组：对消息序列 x 进行填充，将消息序列 x 分成 t 个长度为 64 位的分组。记为：

$$x = x_1 \| x_2 \| x_3 \| \cdots \| x_t$$

（2）分组密码的计算：应用 DES 分组加密算法的计算过程如下：

$$H_1 \leftarrow DES_k(x_1)$$
$$H_2 \leftarrow DES_k(x_2 \oplus H_1)$$
$$H_3 \leftarrow DES_k(x_3 \oplus H_2)$$
$$\vdots$$
$$H_t \leftarrow DES_k(x_t \oplus H_{t-1})$$

（3）可选择输出：使用第二个密钥 $k', k' \neq k$，计算相应的 $H(x)$的过程如下：

$$H_t' \leftarrow DES_{k'}^{-1}(H_t)$$

$$H(x) \leftarrow DES_k(H_t')$$

通过以上过程最终得到消息 x 的 MAC 为 $H(x)$。

在以上计算 MAC 的过程中，第 3 步可选择输出过程相当于对最后一个消息分组进行了三重 DES 加密，该操作能够有效减少 MAC 受到穷举密钥搜索攻击的威胁。由于三重 DES 加密过程只是在可选择输出过程进行，没有在整个分组密码计算过程采用，因此不会影响中间过程的效率。

当然，上述算法也存在一些问题，如应用 DES 算法进行数据的加密只能得到 64 位的消息分组，因此，最终计算得到的消息摘要长度只有 64 位，对于安全性要求较高的应用环境，这样的消息摘要长度就显得太小了。另外，由于 DES 的加密速度较慢，导致相应的 MAC 算法效率较低，对算法的实时性应用会带来不便。由于存在以上问题，人们开始将基于分组密码的 MAC 算法的研究转移到 AES，因为 AES 算法具有更长的消息分组，计算速度也相当快，因而能够部分克服应用 DES 算法的缺点。

上述算法的基本流程如图 3-3 所示。

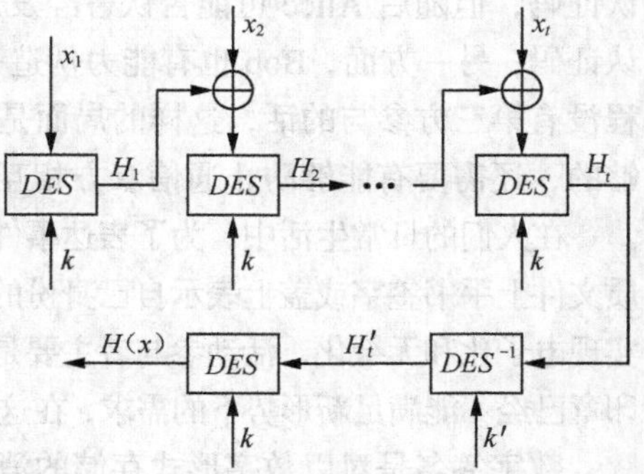

图 3-3 基于 DES 的 MAC 计算流程

2. 基于序列密码的 MAC

考虑到基于异或运算的流密码的位运算会直接导致作为基础明文的可预测变化，对流密码进行数据完整性保护显得更为重要。一般的 Hash 函数每次处理的是消息序列的一个分组，而为流密码设计的 MAC 算法每次处理的是消息的一个位。

给定长度为 m 位的消息序列 x，构造相应的 MAC 的过程如下：

（1）建立关联多项式：建立与消息序列 $x = x_{m-1}x_{m-2}\cdots x_1x_0$ 相关联的多项式 $P_x(t) = x_0 + x_1t + \cdots + x_{m-1}t^{m-1}$。

（2）密钥的选择：随机选择一个 n 次的二进制不可约多项式 $q(t)$，同时随机选择一个 n 位的密钥 k。MAC 的密钥由 $q(t)$ 和 k 组成。

（3）计算过程：计算 $h(x) = coef(P_x(t) \cdot t^n \bmod q(t))$，这里 $coef$ 表示取 $P_x(t) \cdot t^m$ 除以 $q(t)$ 所得到

的次数为$n-1$次的余式多项式的系数，计算结果对应n位的序列。

（4）MAC：消息序列x的MAC定义为：$H(x) \leftarrow h(x) \oplus k$。

通过以上过程后得到消息x的MAC为$H(x)$。

在上面的MAC计算过程中，对于不同的消息序列，不可约多项式$q(t)$可以重复使用，但对于不同的消息序列，相应的随机密钥k要随时更新，以保证算法的安全性。

任何一个基于Hash函数的MAC算法的安全性都在某种方式下依赖于所使用的Hash函数的安全性。MAC的安全性一般表示为伪造成功的概率，该概率等价于对使用的Hash函数进行以下攻击中的一种。

（1）即使对攻击者来说z_0是随机的、秘密的和未知的，攻击者能够计算出压缩函数的输出。

（2）即使z_0是随机的、秘密的和未知的，攻击者能够找到Hash函数的碰撞。

在以上两种情况下，对应的MAC算法都是不安全的。

3.3 数字签名

公钥密码体制不仅能够有效解决密钥管理问题，而且能够实现数字签名（Digital Signature），提供数据来源的真实性、数据内容的完整性、签名者的不可否认性以及匿名性等信息安全相关的服务和保障。数字签名对网络通信的安全以及各种用途的电子交易系统（如电子商务、电子政务、电子出版、网络学习、远程医疗等）的成功实现具有重要作用。本节简要介绍数字签名的基本原理，给出常用的RSA签名以及数字签名标准DSS。

3.3.1 数字签名的概念

Hash函数和消息认证码能够帮助合法通信的双方不受来自系统外部的第三方攻击和破坏，但却无法防止系统内通信双方之间的互相抵赖和欺骗。当Alice和Bob进行通信并使用消息认证码提供数据完整性保护，一方面，Alice确实向Bob发送消息并附加了用双方共享密钥生成的消息认证码，但随后Alice可能否认曾经发送了这条消息，因为Bob完全有能力生成同样消息及消息认证码；另一方面，Bob也有能力伪造一个消息及认证码并声称此消息来自Alice。如果通信的过程没有第三方参与的话，这样的局面是难以仲裁的。因此，安全的通信仅有消息完整性认证是不够的，还需要有能够防止通信双方相互作弊的安全机制，数字签名技术正好能够满足这一需求。

在人们的日常生活中，为了表达事件的真实性并使文件核准、生效，常常需要当事人在相关的纸质文件上手书签字或盖上表示自己身份的印章。在数字化和网络化的今天，大量的社会活动正在逐步实现电子化和无纸化，活动参与者主要是在计算机及其网络上执行活动过程，因而传统的手书签名和印章已经不能满足新形势下的需求，在这种背景下，以公钥密码理论为支撑的数字签名技术应运而生。

数字签名是对以数字形式存储的消息进行某种处理，产生一种类似于传统手书签名功效的信息处理过程。它通常将某个算法作用于需要签名的消息，生成一种带有操作者身份信息的编码。通常我们将执行数字签名的实体称为签名者，所使用的算法称为签名算法，签名操作生成的编码称为签名者对该消息的数字签名。消息连同其数字签名能够在网络上传输，可以通过一个验证算法来验证签名的真伪以及识别相应的签名者。

类似于手书签名，数字签名至少应该满足3个基本要求。

（1）签名者任何时候都无法否认自己曾经签发的数字签名；

（2）收信者能够验证和确认收到的数字签名，但任何人都无法伪造别人的数字签名；

（3）当各方对数字签名的真伪产生争议时，通过仲裁机构（可信的第三方）进行裁决。

数字签名与手书签名也存在许多差异，大体上可以概括为以下几点。

（1）手书签名与被签文件在物理上是一个整体，不可分离；数字签名与被签名的消息是可以互相分离的比特串，因此需要通过某种方法将数字签名与对应的被签消息绑定在一起。

（2）在验证签名时，手书签名是通过物理比对，即将需要验证的手书签名与一个已经被证实的手书签名副本进行比较，来判断其真伪。验证手书签名的操作也需要一定的技巧，甚至需要经过专门训练的人员和机构（如公安部门的笔迹鉴定中心）来执行。而数字签名却能够通过一个严密的验证算法准确地被验证，并且任何人都可以借助这个公开的验证算法来验证一个数字签名的真伪。安全的数字签名方案还能够杜绝伪造数字签名的可能性。

（3）手书签名是手写的，会因人而异，它的复制品很容易与原件区分开来，从而容易确认复制品是无效的；数字签名的拷贝与其原件是完全相同的二进制比特串，或者说是两个相同的数值，不能区分谁是原件，谁是复制品。因此，我们必须采取有效的措施来防止一个带有数字签名的消息被重复使用。例如，Alice 向 Bob 签发了一个带有她的数字签名的数字支票，允许 Bob 从 Alice 的银行账户上支取一笔现金，那么这个数字支票必须是不能重复使用的，即 Bob 只能从 Alice 的账户上支取指定金额的现金一次，否则 Alice 的账户很快就会一无所有，这个结局是 Alice 不愿意看到的。

从上面的对比可以看出，数字签名必须能够实现与手书签名同等的甚至更强的功能。为了达到这个目的，签名者必须向验证者提供足够多的非保密信息，以便验证者能够确认签名者的数字签名；但签名者又不能泄露任何用于产生数字签名的机密信息，以防止他人伪造他的数字签名。因此，签名算法必须能够提供签名者用于签名的机密信息与验证者用于验证签名的公开信息，但两者的交叉不能太多，联系也不能太直观，从公开的验证信息不能轻易地推测出用于产生数字签名的机密信息。这是对签名算法的基本要求之一。

一个数字签名体制一般包含两个组成部分，即签名算法（Signature Algorithm）和验证算法（Verificaton Algorithm）。签名算法用于对消息产生数字签名，它通常受一个签名密钥的控制，签名算法或者签名密钥是保密的，由签名者掌握；验证算法用于对消息的数字签名进行验证，根据签名是否有效验证算法能够给出该签名为“真”或者“假”的结论。验证算法通常也受一个验证密钥的控制，但验证算法和验证密钥应当是公开的，以便需要验证签名的人能够方便地验证。

数字签名体制（Signature Algorithm System）是一个满足下列条件的五元组(M,S,K,SIG,VER)，其中：

- M 代表消息空间，它是某个字母表中所有串的集合；
- S 代表签名空间，它是所有可能的数字签名构成的集合；
- K 代表密钥空间，它是所有可能的签名密钥和验证密钥对(sk,vk)构成的集合；
- SIG 是签名算法，VER 是验证算法。对于任意的一个密钥对$(sk,vk)\in K$，对于每一个消息 $m\in M$ 和签名 $s\in S$，签名变换 SIG：$M\times K|_{sk}\rightarrow S$ 和验证变换 VER：$M\times S\times K|_{vk}\rightarrow\{true, false\}$ 是满足下列条件的函数：

$$VER_{vk}(m,s)=\begin{cases}\text{true}, & s=SIG_{sk}(m)\\ \text{false}, & s\neq SIG_{sk}(m)\end{cases}$$

由上面的定义可以看出，数字签名算法与公钥加密算法在某些方面具有类似的性质，甚至在某些具体的签名体制中，两者的联系十分紧密，但是从根本上来讲，它们之间还是有本质的不同。

例如，对消息的加解密一般是一次性的，只要在消息解密之前是安全的就行了；而被签名的消息可能是一个具体法定效用的文件，如合同等，很可能在消息被签名多年以后才需要验证它的数字签名，而且可能需要多次重复验证此签名。因此，签名的安全性和防伪造的要求应更高一些，而且要求签名验证速度比签名生成速度还要快一些，特别是联机的在线实时验证。

综合数字签名应当满足的基本要求，数字签名应具备一些基本特性，这些特性可以分为功能特性和安全特性两大方面，分别描述如下。

数字签名的功能特性是指为了使数字签名能够实现我们需要的功能要求而应具备的一些特性，这类特性主要包括以下几点。

（1）依赖性。数字签名必须依赖于被签名消息的具体比特模式，不同的消息具有不同的比特模式，因而通过签名算法生成的数字签名也应当是互不相同的。也就是说，一个数字签名与被签消息是紧密相关、不可分割的，离开被签消息，签名不再具有任何效用。

（2）独特性。数字签名必须是根据签名者拥有的独特信息来产生，包含了能够代表签名者特有身份的关键信息。唯有这样，签名才不可伪造，也不能被签名者否认。

（3）可验证性。数字签名必须是可验证的，通过验证算法能够确切地验证一个数字签名的真伪。

（4）不可伪造性。伪造一个签名者的数字签名不仅在计算上不可行，而且希望通过重用或者拼接的方法伪造签名也是行不通的。例如，希望把一个签名者在过去某个时间对一个消息的签名用来作为该签名者在另一时间对另一消息的签名，或者希望将签名者对多个消息的多个签名组合成对另一消息的签名，都是不可行的。

（5）可用性。数字签名的生成、验证和识别的处理过程必须相对简单，能够在普通的设备上快速完成，甚至可以在线处理，签名的结果可以存储和备份。

除了上述功能特性之外，数字签名还应当具备一定的安全特性，以确保它提供的功能是安全的，能够满足我们的安全需求，实现预期的安全保障。上面的不可伪造性也可以看作是安全特性的一个方面，除此之外，数字签名至少还应当具备如下安全特性。

（1）单向性。类似于公钥加密算法，数字签名算法也应当是一个单向函数，即对于给定的数字签名算法，签名者使用自己的签名密钥 sk 对消息 m 进行数字签名是计算上容易的，但给定一个消息 m 和它的一个数字签名 s，希望推导出签名者的签名密钥 sk 是计算上不可行的。

（2）无碰撞性。即对于任意两个不同的消息 $m \neq m'$，它们在同一个签名密钥下的数字签名 $SIG_{sk}(m) = SIG_{sk}(m')$ 的概率是可以忽略的。

（3）无关性。即对于两个不同的消息 $m \neq m'$，无论 m 与 m' 存在什么样的内在联系，希望从某个签名者对其中一个消息的签名推导出对另一个消息的签名是不可能的。

数字签名算法的这些安全特性从根本上消除了成功伪造数字签名的可能性，使一个签名者针对某个消息产生的数字签名与被签消息的搭配是唯一确定的，不可篡改，也不可伪造。生成数字签名的唯一途径是将签名算法和签名密钥作用于被签消息，除此之外别无他法。

3.3.2 数字签名的实现方法

现在的数字签名方案大多是基于某个公钥密码算法构造出来的。这是因为在公钥密码体制里，每一个合法实体都有一个专用的公私钥对，其中的公开密钥是对外公开的，可以通过一定的途径去查询；而私有密钥是对外保密的，只有拥有者自己知晓，可以通过公开密钥验证其真实性，因此，私有密钥与其持有人的身份一一对应，可以看作是其持有人的一种身份标识。恰当地应用发信方私有密钥对消息进行处理，可以使收信方能够确信收到的消息确实来自其声称的发信者，同时，发信者也不能对自己发出的消息予以否认，即实现了消息认证和数字签名的功能。

图 3-4 给出了公钥算法用于消息认证和数字签名的基本原理。

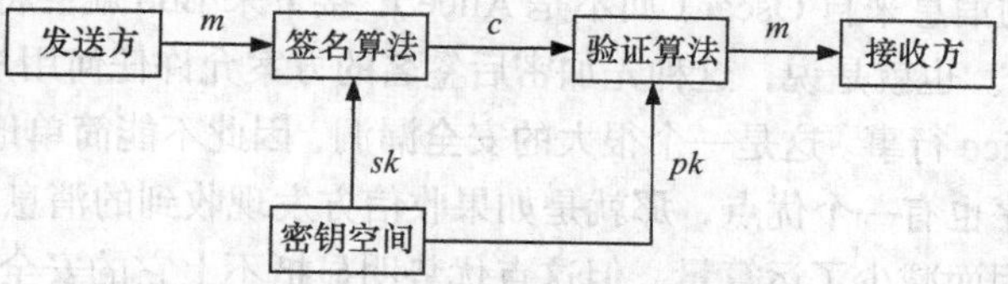

图 3-4 基于公钥密码的数字签名体制

在图 3-4 中，发信方 Alice 用自己的私有密钥 sk_A 加密消息 m，任何人都可以轻易获得 Alice 的公开秘密 pk_A，然后解开密文 c，因此，这里的消息加密起不了信息保密的作用。可以从另一个角度来认识这种不保密的私钥加密，由于用私钥产生的密文只能由对应的公钥来解密，根据公私钥一一对应的性质，别人不可能知道 Alice 的私钥，如果收信方 Bob 能够用 Alice 的公钥正确地还原明文，表明这个密文一定是 Alice 用自己的私钥生成的，因此 Bob 可以确信收到的消息确实来自 Alice，同时，Alice 也不能否认这个消息是自己发送的；另一方面，在不知道发信者私钥的情况下不可能篡改消息的内容，因此，收信者还可以确信收到的消息在传输过程中没有被篡改，是完整的。也就是说，图 3-4 表示的这种公钥算法使用方式不仅能够证实消息来源和发信者身份的真实性，还能保证消息的完整性，即实现了前面所说的数字签名和消息认证的效果。

在上述认证方案中，虽然传送的消息不能被篡改，但却很容易被窃听，因为任何人都可以轻易取得发信者的公钥来解密消息。为了同时实现保密和认证的能力，可以将发信方的私钥加密和收信方的公钥加密结合起来，进行双重加解密。

基于公钥密码的加密和签名体制的基本流程如图 3-5 所示。

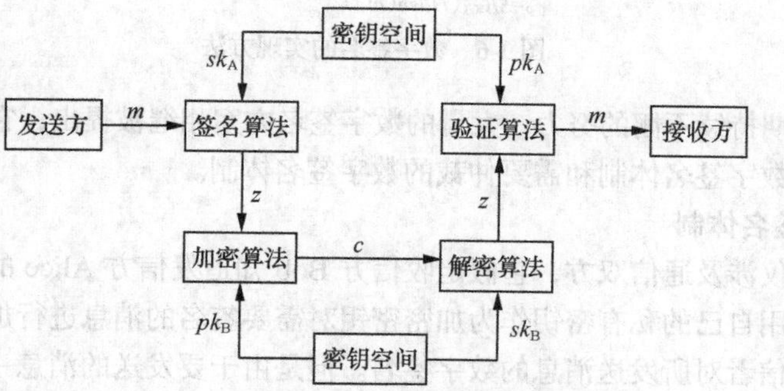

图 3-5 基于公钥密码的加密和签名体制

在图 3-5 中，发信方 Alice 先用自己的私钥 sk_A 加密待发送消息，对消息作签名处理，然后再用对方 Bob 的公钥 pk_B 对签名后的消息加密，以达到保密的目的；收信方 Bob 收到消息后先用自己的私钥 sk_B 解密消息，再用对方 Alice 的公钥 pk_A 验证签名，只有签名通过验证的消息，收信者才会接受，其中，$z = E_{sk_A}(m)$，$c = E_{pk_B}(z) = E_{pk_B}(E_{sk_A}(m))$。

也许有人会想象改变图 3-5 中发信方 Alice 对消息双重“加密”的顺序，即先使用 Bob 的公钥 pk_B 加密，再使用 Alice 的私钥 sk_A 签名，然后将收信方 Bob 解密的顺序也做相应修改。这样做，似乎同样可以实现消息的保密性和认证性，但是如果真的按这样的顺序来处理的话，可能会有很大的安全隐患。这是因为在这种先加密后签名的方案中，发信方产生的密文，也就是在信道上传

输的密文是 $c = E_{sk_A}(E_{pk_B}(m))$，任何人（不妨说是 Oscar）都可以用 Alice 的公钥 pk_A 来解密 c 得到 $E_{pk_B}(m)$，然后再用自己的私钥 sk_X 来加密 $E_{pk_B}(m)$ 产生 $E_{sk_X}(E_{pk_B}(m))$，并仍然发送给 Bob，那么 Bob 就会以为他收到的消息来自 Oscar（而不是 Alice），接下来 Bob 就会将原本要发送给 Alice 的消息转而发送给 Oscar。也就是说，这种先加密后签名的方案允许任何用户（Oscar）伪装成合法用户 Alice，并假冒 Alice 行事。这是一个很大的安全漏洞，因此不能简单地采用这样的处理顺序。当然，这样的处理顺序也有一个优点，那就是如果收信方发现收到的消息不能通过签名验证，就不用再对其解密了，因而减少了运算量，但这点优势明显抵不上它的安全隐患。

在实际应用中，对消息进行数字签名，可以选择对分组后的原始消息直接签名，但考虑到原始消息一般都比较长，可能以千比特为单位，而公钥算法的运行速度却相对较低，因此通常先让原始消息经过 Hash 函数处理，再签名得到 Hash 码（即消息摘要）。在验证数字签名时，也是针对 Hash 码来进行的。通常，验证者先对收到的消息重新计算它的 Hash 码，然后用签名验证密钥解密收到数字签名，再将解密的结果与重新计算的 Hash 码比较，以确定签名的真伪。显然，当且仅当签名解密的结果与重新计算的 Hash 码完全相同时，签名为真。一个消息的 Hash 码通常只有几十到几百比特，例如 SHA-1 能对任何长度的消息进行 Hash 处理，得到 160bit 的消息摘要。因此，经过 Hash 处理后再对消息摘要签名能大大地提高签名和验证的效率，而且 Hash 函数的运行速度一般都很快，两次 Hash 处理的开销对系统影响不大。

具体数字签名实现方法的基本原理如图 3-6 所示。

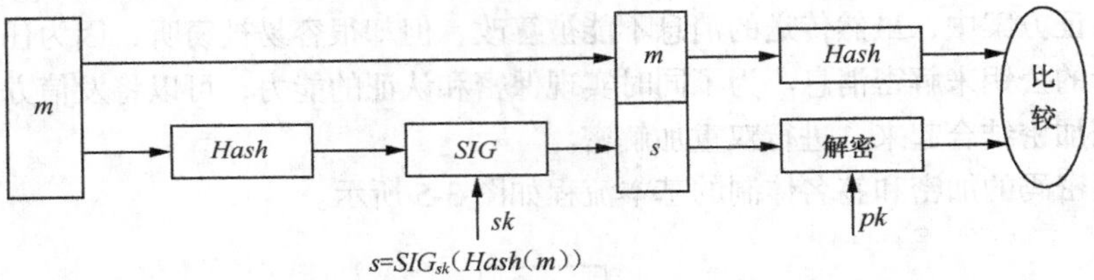

图 3-6　数字签名的实现方法

经过学者们长期持续不懈的努力，大量的数字签名方案相继被提出，它们大体上可以分成两大类方案，即直接数字签名体制和需要仲裁的数字签名体制。

1. 直接数字签名体制

直接数字签名仅涉及通信双方，它假定收信方 Bob 知道发信方 Alice 的公开密钥，在发送消息之前，发信方使用自己的私有密钥作为加密密钥对需要签名的消息进行加密处理，产生的“密文”就可以当作发信者对所发送消息的数字签名。但是由于要发送的消息一般都比较长，直接对原始消息进行签名的成本以及相应的验证成本都比较高且速度慢，因此发信者常常先对需要签名的消息进行 Hash 处理，然后再用私有密钥对所得的 Hash 码进行上述的签名处理，所得结果作为对被发送消息的数字签名。显然，这里用私有密钥对被发送消息或者它的 Hash 码进行加密变换，其结果并没有保密作用，因为相应的公开密钥众所周知，任何人都可以轻而易举地恢复原来的明文消息，这样做的目的只是为了数字签名。

虽然上述直接数字签名体制的思想简单可行，且易于实现，但它也存在一个明显的弱点，即直接数字签名方案的有效性严格依赖于签名者私有密钥的安全性。一方面，如果一个用户的私有密钥不慎泄密，那么在该用户发现他的私有密钥已泄密并采取补救措施之前，必然会遭受其数字签名有可能被伪造的威胁，更进一步，即使该用户发现自己的私有密钥已经泄密并采取了适当的补救措施，但仍然可以伪造其更早时间（实施补救措施之前）的数字签名，这可以通过对数字签名附加一个较早的时间戳（实施补救措施之前的任何时刻均可）来实现。另一方面，如果因为某种原因签名者在签名后想否认他曾经对某个消息签过名，他可以故意声称他的私有密钥早已泄密，并被盗用来伪造了该签名。方案本身无力阻止这种情况的发生，因此在直接数字签名方案中，签名者有作弊的机会。

2. 可仲裁的数字签名体制

为了解决直接数字签名体制存在的问题，可以引入一个可信的第三方作为数字签名系统的仲裁者。每次需要对消息进行签名时，发信者先对消息执行数字签名操作，然后将生成的数字签名连同被签消息一起发送给仲裁者；仲裁者对消息及其签名进行验证，通过仲裁者验证的数字签名被签发一个证据来证明它的真实性；最后，消息、数字签名以及签名真实性证据一起被发送给收信者。在这样的方案中，发信者无法对自己签名的消息予以否认，而且即使一个用户的签名密钥泄密也不可能伪造该签名密钥泄密之前的数字签名，因为这样的伪造签名不可能通过仲裁者的验证。然而正所谓有得必有失，这种可仲裁的数字签名体制比那种直接的数字签名体制更加复杂，仲裁者有可能成为系统性能的瓶颈，而且仲裁者必须是公正可信的中立者。

3.3.3 几种数字签名方案

1. RSA 数字签名算法

RSA 签名体制是 Diffie 和 Hellman 提出数字签名思想后的第一个数字签名体制，它是由 Rivest、Shamir 和 Adleman3 人共同完成的，该签名体制来源于 RSA 公钥密码体制的思想，将 RSA 公钥体制按照数字签名的方式运用。

RSA 数字签名算法的系统参数的选择与 RSA 公钥密码体制基本一样，首先要选取两个不同的大素数 p 和 q，计算 $n=p\times q$。再选取一个与 $\varphi(n)$ 互素的正整数 e，并计算出 d 满足 $e\times d\equiv 1 \bmod \varphi(n)$，即 d 是 e 模 $\varphi(n)$ 的逆。最后，公开 n 和 e 作为签名验证密钥，秘密保存 p、q 和 d 作为签名密钥。RSA 数字签名体制的消息空间和签名空间都是 Z_n，分别对应于 RSA 公钥密码体制的明文空间和密文空间，而密钥空间为 $K=\{n,p,q,e,d\}$，与 RSA 公钥密码体制相同。

当需要对一个消息 $m\in Z_n$ 进行签名时，签名者计算：

$$s=SIG_{sk}(m)=m^d \bmod n$$

得到的结果 s 就是签名者对消息 m 的数字签名。

验证签名时，验证者通过下式判定签名的真伪：

$$VER_{pk}(m,s)=\text{true}\Leftrightarrow m\equiv s^e \bmod n$$

这是因为，类似于 RSA 公钥密码体制的解密计算，有 $s^e \bmod n=(m^d)^e \bmod n=m^{ed} \bmod n\equiv m$。

可见，RSA 数字签名的处理方法与 RSA 加解密的处理方法基本一样，不同之处在于，签名时签名者要用自己的私有密钥对消息“加密”，而验证签名时验证者要使用签名者的公钥对签名者的数字签名“解密”。

对 RSA 数字签名算法进行选择密文攻击可以实现 3 个目的，即消息破译、骗取仲裁签名和骗取用户签名，简述如下。

消息破译。攻击者对通信过程进行监听，并设法成功收集到使用某个合法用户公钥 e 加密的密文 c。攻击者想恢复明文消息 m，即找出满足 $c=m^e \bmod n$ 的消息 m，他可以按如下方法处理。

第一步，攻击者随机选取 $r<n$ 且 $\gcd(r,n)=1$，计算 3 个值：$u=r^e \bmod n$，$y=u\times c \bmod n$ 和 $t=r^{-1} \bmod n$；

第二步，攻击者请求合法用户用其私钥 d 对消息 y 签名，得到 $s=y^d \bmod n$；

第三步，由 $u=r^e \bmod n$ 可知 $r=u^d \bmod n$，所以 $t=r^{-1} \bmod n=u^{-d} \bmod n$。因此，攻击者容易计算出：

$$t\times s \bmod n=u^{-d}y^d \bmod n=u^{-d}u^d c^d \bmod n=c^d \bmod n=m^{ed} \bmod = m，$$

即得到了原始的明文消息。

骗取仲裁签名。仲裁签名是仲裁方（即公证人）用自己的私钥对需要仲裁的消息进行签名，起到仲裁的作用。如果攻击者有一个消息需要仲裁签名，但由于公证人怀疑消息中包含不真实的成分而不愿意为其签名，那么攻击者可以按下述方法骗取仲裁签名。

假设攻击者希望签名的消息为 m，那么他随机选取一个值 x，并用仲裁者的公钥 e 计算 $y=x^e \bmod n$。再令 $M=m\times y \bmod n$，并将 M 发送给仲裁者要求仲裁签名。仲裁者回送仲裁签名 $M^d \bmod n$，攻击者即可计算：

$$(M^d \bmod n)\times x^{-1} \bmod n=m^d\times y^d\times x^{-1} \bmod n=m^d\times x^{ed}\times x^{-1} \bmod n=m^d \bmod n$$

立即得到消息 m 的仲裁签名。

骗取用户签名。这实际上是指攻击者可以伪造合法用户对消息的签名。例如，说如果攻击者能够获得某合法用户对两个消息 m_1 和 m_2 的签名 $m_1^d \bmod n$ 和 $m_2^d \bmod n$，那么他马上就可以伪造出该用户对新消息 $m_3=m_1\times m_2$ 的签名 $m_3^d \bmod n=m_1^d\times m_2^d \bmod n$。因此，当攻击者希望某合法用户对一个消息 m 进行签名但该签名者可能不愿意为其签名时，他可以将 m 分解成两个（或多个）更能迷惑合法用户的消息 m_1 和 m_2，且满足 $m=m_1\times m_2$，然后让合法用户对 m_1 和 m_2 分别签名，攻击者最终获得该合法用户对消息 m 的签名。

容易看出，上述选择密文攻击都是利用了指数运算能够保持输入的乘积结构这一缺陷（称为可乘性）。因此一定要记住，任何时候都不能对陌生人提交的消息直接签名，最好先经过某种处理，如先用单向 Hash 函数对消息进行 Hash 运算，再对运算结果签名。

以上这些攻击方法都是利用了模幂运算本身具有的数学特性来实施的。还有一种类似的构成 RSA 签名体制安全威胁的攻击方法，这种方法使任何人都可以伪造某个合法用户的数字签名，方法如下。

伪造者 Oscar 选取一个消息 y，并取得某合法用户（被伪造者）的 RSA 公钥 (n,e)，然后计算 $x=y^e \bmod n$，最后伪造者声称 y 是该合法用户对消息 x 的 RSA 签名，达到了假冒该合法用户的目的。这是因为，该合法用户用自己的私钥 d 对消息 x 合法签名的结果正好就是 y，即：

$$SIG_{sk}(x)=x^d \bmod n=(y^e)^d \bmod n=y^{ed} \bmod n\equiv y$$

因此从算法本身不能识别伪造者的假冒行为。如果伪造者精心挑选 y，使 x 具有明确的意义，那么造成的危害将是巨大的。

2. DSS 的数字签名算法

DSS 数字签名标准使用的算法称为数字签名算法 DSA（Digital Signature Algorithm），它是在 ElGamal 和 Schnorr 两个方案基础上设计出来的，本书省略了有关 Schnorr 签名方案的介绍。

DSA 的系统参数包括：

- 一个长度为 ℓ bit 的大素数 p，ℓ 的大小在 512～1024 之间，且为 64 的倍数。
- $(p-1)$ 即 $\varphi(p)$ 的一个长度为 160bit 的素因子 q。
- 一个 q 阶元素 $g \in Z_p^*$。g 可以这样得到，任选 $h \in Z_p^*$，如果 $h^{(p-1)/q} \bmod p > 1$，则令 $g = h^{(p-1)/q} \bmod p$，否则重选 $h \in Z_p^*$。
- 一个用户随机选取的整数 $a \in Z_p^*$，并计算出 $y = g^a \bmod p$。
- 一个 Hash 函数 H：$\{0,1\}^* \mapsto Z_p$。这里使用的是安全的 Hash 算法 SHA-1。

这些系统参数构成 DSA 的密钥空间 $K = \{p,q,g,a,y,H\}$，其中 (p,q,g,y,H) 为公开密钥，a 是私有密钥。

为了生成对一个消息 m 的数字签名，签名者随机选取一个秘密整数 $k \in Z_q$，并计算出：

$$\gamma = (g^k \bmod p) \bmod q$$

$$\delta = k^{-1}(H(m) + a\gamma) \bmod q$$

则 $s = (\gamma, \delta)$ 就是消息 m 的数字签名，即 $SIG_a(m,k) = (\gamma, \delta)$。由此可见，DSA 的签名空间为 $Z_q \times Z_q$，签名的长度比 ElGamal 体制短。图 3-7 给出了 DSA 数字签名算法的基本框图。

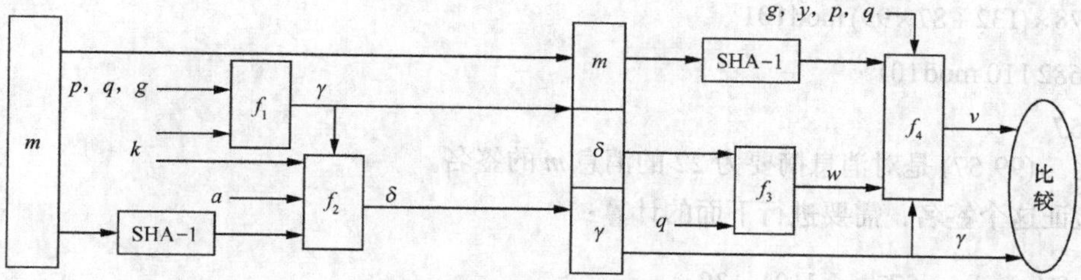

图 3-7　DSA 数字签名算法

验证 DSA 数字签名时，验证者知道签名者的公开密钥是 (p,q,g,y,H)，对于一个消息—签名对 $(m,(\gamma,\delta))$，验证者计算下面几个值并判定签名的真实性。

$$w = \delta^{-1} \bmod q$$

$$u_1 = H(m)w \bmod q$$
$$u_2 = \gamma w \bmod q$$

$$v = (g^{u_1} y^{u_2} \bmod p) \bmod q$$

$$VER(m,(\gamma,\delta)) = \text{true} \Leftrightarrow v = \gamma$$

这是因为，如果 (γ,δ) 是消息 m 的有效签名，那么

$$\begin{aligned} v &= (g^{u_1} y^{u_2} \bmod p) \bmod q \\ &= (g^{H(m)\delta^{-1}} g^{a\gamma\delta^{-1}} \bmod p) \bmod q \\ &= (g^{(H(m)+a\gamma)\delta^{-1}} \bmod p) \bmod q \\ &= (g^k \bmod p) \bmod q \\ &= \gamma \end{aligned}$$

【例 3.1】取 $q=101$， $p=78q+1=7\,879$。由于 3 是 Z^{*}_{7879} 的一个生成元，因此取：

$g=3^{78}\bmod 7\,879=170$。

g 是 $Z^{*}_{7\,879}$ 上的一个 q 阶元素。假设签名者的私有密钥为 $a=87$，那么：

$y=g^{a}\bmod p=170^{87}\bmod 7\,879=3\,226$

现在，假如该签名者要对一个消息摘要为 $SHA-1(m)=132$ 的消息 m 签名，并且签名者选择的秘密随机数为 $k=79$，签名者需要计算：

$k^{-1}\bmod q=79^{-1}\bmod 101=78$

$\gamma=(g^{k}\bmod p)\bmod q$

$=(170^{79}\bmod 7879)\bmod 101$

$=907\bmod 101$

$=99$

$\delta=k^{-1}(H(m)+a\gamma)\bmod q$

$=78\times(132+87\times 99)\bmod 101$

$=682\,110\bmod 101$

$=57$

因此，$(99,57)$ 是对消息摘要为 22 的消息 m 的签名。

要验证这个签名，需要进行下面的计算：

$w=\delta^{-1}\bmod q=57^{-1}\bmod 101=39$

$u_1=H(m)w\bmod q=132\times 39\bmod 101=98$

$u_2=\gamma w\bmod q=99\times 39\bmod 101=23$

所以：

$v=(g^{u_1}y^{u_2}\bmod p)\bmod q$

$=(170^{98}\times 3\,226^{23}\bmod 7879)\bmod 101$

$=99$

$=\gamma$

结果表明，以上签名和验证过程是有效的。

3.4 身份识别

我们生活的现实世界是一个真实的物理世界，每个人都拥有独一无二的物理身份。而今我们也生活在数字世界中，一切信息都是由一组特定的数据表示，当然也包括用户的身份信息。如果没有有效的身份认证管理手段，访问者的身份就很容易被伪造，使得任何安全防范体系都形同虚设。因此，在计算机和互联网络世界里，身份认证是一个最基本的要素，也是整个信息安全体系的基础。

3.4.1　身份识别的概念

身份认证是证实客户的真实身份与其所声称的身份是否相符的验证过程。目前，计算机及网络系统中常用的身份认证技术主要有以下几种。

用户名/密码方式：用户名/密码是最简单也是最常用的身份认证方法，是基于“What you know”的验证手段。每个用户的密码是由用户自己设定的，只有用户自己才知道。只要能够正确输入密码，计算机就认为操作者就是合法用户。实际上，由于许多用户为了防止忘记密码，经常采用诸如生日、电话号码等容易被猜测的字符串作为密码，或者把密码抄在纸上放在一个自认为安全的地方，这样很容易造成密码泄露。即使能保证用户密码不被泄露，由于密码是静态的数据，在验证过程中需要在计算机内存中和网络中传输，而每次验证使用的验证信息都是相同的，很容易被驻留在计算机内存中的木马程序或网络中的监听设备截获。因此，从安全性上讲，用户名/密码方式一种是极不安全的身份认证方式。

智能卡认证：智能卡是一种内置集成电路的芯片，芯片中存有与用户身份相关的数据，智能卡由专门的厂商通过专门的设备生产，是不可复制的硬件。智能卡由合法用户随身携带，登录时必须将智能卡插入专用的读卡器读取其中的信息，以验证用户的身份。智能卡认证是基于“What you have”的手段，通过智能卡硬件不可复制的性能来保证用户身份不会被仿冒。然而由于每次从智能卡中读取的数据是静态的，通过内存扫描或网络监听等技术还是很容易截取到用户的身份验证信息，因此还是存在安全隐患。

动态口令：动态口令技术是一种让用户密码按照时间或使用次数不断变化、每个密码只能使用一次的技术。它采用一种叫作动态令牌的专用硬件，内置电源、密码生成芯片和显示屏，密码生成芯片运行专门的密码算法，根据当前时间或使用次数生成当前密码并显示在显示屏上。认证服务器采用相同的算法计算当前的有效密码。用户使用时只需要将动态令牌上显示的当前密码输入客户端计算机，即可实现身份认证。由于每次使用的密码必须由动态令牌来产生，只有合法用户才持有该硬件，所以只要通过密码验证就可以认为该用户的身份是可靠的。而用户每次使用的密码都不相同，即使黑客截获了一次密码，也无法利用这个密码来仿冒合法用户的身份。动态口令技术采用一次一密的方法，有效保证了用户身份的安全性。但是如果客户端与服务器端的时间或次数不能保持良好的同步，就可能发生合法用户无法登录的问题。并且用户每次登录时需要通过键盘输入一长串无规律的密码，一旦输错就要重新操作，使用起来非常不方便。

USB Key 认证：基于 USB Key 的身份认证方式是近几年发展起来的一种方便、安全的身份认证技术。它采用软硬件相结合、一次一密的强双因子认证模式，很好地解决了安全性与易用性之间的矛盾。USB Key 是一种 USB 接口的硬件设备，它内置单片机或智能卡芯片，可以存储用户的密钥或数字证书，利用 USB Key 内置的密码算法实现对用户身份的认证。基于 USB Key 身份认证系统主要有两种应用模式：一是基于冲击/响应的认证模式，二是基于 PKI 体系的认证模式。

生物特征认证：基于生物特征的身份识别技术主要是指通过可测量的身体或行为等生物特征进行身份认证的一种技术，是基于“Who you are”的身份认证手段。生物特征是指唯一的可以测量或可自动识别和验证的生理特征或行为方式。人的任何生物特征只要满足下面的条件，原则上就可以作为生物特征用于身份认证。

① 普遍性，每个人都具有；

② 唯一性，任何两个人都不一样；

③ 稳定性，至少在一段时间内是不会改变的；

④ 可采集性，该生物特征可以定量测量。

根据生物特征的的来源可以将其分为身体特征和行为特征两类，身体特征包括：指纹、掌型、视网膜、虹膜、人体气味、脸型、手的血管和DNA等；行为特征包括：签名、语音和行走步态等。从理论上说，生物特征认证是最可靠的身份认证方式，因为它直接使用人的物理特征来表示每一个人的数字身份，不同的人具有不同的生物特征，因此几乎不可能被仿冒。但是，近年来随着基于生物特征的身份识别技术被广泛应用，相应的身份伪造技术也随之发展，对其安全性提出了新的挑战。

由于以上这些身份识别方法均存在一些安全问题，接下来我们主要讨论基于密码技术和Hash函数设计的安全的用户身份识别协议。

从实用角度考虑，要保证用户身份识别的安全性，识别协议至少要满足以下条件：

（1）识别者A能够向验证者B证明他的确是A。

（2）在识别者A向验证者B证明他的身份后，验证者B没有获得任何有用的信息，B不能模仿A向第三方证明他是A 。

目前已经设计出了许多满足这两个条件的识别协议。例如，Schnorr身份识别协议、Okanmto身份识别协议、Guillou-Quisquater身份识别协议和基于身份的识别协议等。这些识别协议均是询问-应答式协议。询问-应答式协议的基本过程是：验证者提出问题（通常是随机选择一些随机数，称作口令），由识别者回答，然后验证者验证其真实性。一个简单的询问-应答式协议的例子如下。

（1）识别者A通过用户名和密码向验证者B进行注册；

（2）验证者B发给识别者A一个随机号码（询问）；

（3）识别者A对随机号码进行加密，将加密结果作为答复，加密过程需要使用识别者A的私钥来完成（应答）；

（4）验证者B证明识别者A确实拥有相关密钥（密码）。

对于攻击者Oscar来说，以上询问-应答过程具有不可重复性，因为当Oscar冒充识别者A与验证者B进行联系时，将得到一个不同的随机号码（询问），由于Oscar无法获知识别者A的私钥，因此他就无法伪造识别者A的身份信息。

以上例子中的身份验证过程是建立在识别者A和验证者B之间能够互相信任的基础上的，如果识别者A和验证者B之间缺乏相互信任，则以上验证过程将是不安全的。考虑到实际应用中识别者A和验证者B之间往往会缺乏信任，因此，在基于询问-应答式协议设计身份识别方案时，要保证识别者A的加密私钥不被分享。

根据攻击者采取攻击方式的不同，目前，对身份认证协议的攻击包括：假冒、重放攻击、交织攻击、反射攻击、强迫延时和选择文本攻击。

（1）假冒：一个识别者A1声称是另一个识别者A2的欺骗。

（2）重放攻击：针对同一个或者不同的验证者，使用从以前执行的单个协议得到的信息进行假冒或者其他欺骗。对存储的文件，类似的重放攻击是重新存储攻击，攻击过程使用早期的版本来代替现有文件。

（3）交织攻击：对从一个或多个以前的或同时正在执行的协议得来的信息进行有选择的组合，从而假冒或者进行其他欺骗，其中的协议包括可能由攻击者自己发起的一个或者多个协议。

（4）反射攻击：从正在执行的协议将信息发送回该协议的发起者的交织攻击。

（5）强迫延时：攻击者截获一个消息，并在延迟一段时间后重新将该消息放入协议中，使协议继续执行，此时强迫延时发生（这里需要注意的是，延时的消息不是重放消息）。

（6）选择文本攻击：是对询问-应答协议的攻击，其中攻击者有策略地选择询问消息以尝试获得识别者的密钥信息。

3.4.2　身份识别协议

1. Schnorr 身份识别方案

1991 年，Schnorr 提出了一种基于离散对数问题的交互式身份识别方案，能够有效验证识别者 A 的身份。该身份识别方案不仅具有计算量小、通信数据量少、适用于智能卡等优点，而且识别方案融合了 ELGamal 协议及 Fiat-Shamir 协议等交互式协议的特点，具有较好的安全性和实用性，被广泛应用于身份识别的各个领域。

Schnorr 身份识别方案首先需要一个信任中心 TA（Trusted Authoroty）为识别者 A 颁发身份证书。信任中心首先确定以下参数。

（1）选择两个大素数 p 和 q，其中 $q|(p-1)$；

（2）选择 $\alpha \in Z_p^*$，其中 α 的阶为 q；

（3）选择身份识别过程中要用到的 Hash 函数 h；

（4）确定身份识别过程中用到的公钥加密算法的公钥 a 和私钥 b。该过程通过识别者 A 选定加密私钥 $b \in Z_q^*$，同是计算相应的加密公钥 $a = (\alpha^b)^{-1} \bmod p$ 实现。

对于需要进行身份识别的每一个用户，均需要先到信任中心 TA 进行身份注册，由信任中心颁发相应的身份证书，具体注册过程为：TA 首先对申请者的身份进行确认，在此基础上，对每一位申请者指定一个识别名称 $Name$，$Name$ 中包含有申请者的个人信息（如：姓名、职业、联系方式等）和身份识别信息（如：指纹信息、DNA 信息等）。TA 应用选定的 Hash 函数对用户提供的 $Name$ 和加密公钥 a 计算其 Hash 函数值 $h(Name,a)$，并对计算结果进行签名，得到 $s = Sign_{TA}(Name,a)$。

在 TA 进行以上处理的基础上，具体的识别者 A 和验证者 B 之间的身份识别过程描述如下。

（1）识别者 A 选择随机整数 $k \in Z_q^*$，并计算 $\gamma = \alpha^k \bmod p$；

（2）识别者 A 发送 $C(A) = (Name,a,s)$ 和 γ 发送给验证者 B；

（3）验证者 B 应用信任中心 TA 公开的数字签名验证算法 Ver_{TA}，验证签名 $Ver_{TA}(Name,a,s)$ 的有效性；

（4）验证者 B 选择一个随机整数 r，$1 \leqslant r \leqslant 2^t$，并将其发给识别者 A，其中 t 为 Hash 函数 h 的消息摘要输出长度；

（5）识别者 A 计算 $y = (k + br) \bmod q$，将计算结果 y 发送给验证者 B；

（6）验证者 B 通过计算 $\gamma \equiv \alpha^y a^r \bmod p$ 来验证身份信息的有效性。

以上 Schnorr 身份认证协议中，参数 t 被称为安全参数，它的目的是防止攻击者 Oscar 伪装成识别者 A 来猜测验证者 B 选取的随机整数 r。如果攻击者能够知道随机整数 r 的取值，则他可以选择任何的 y，并计算 $\gamma \equiv \alpha^y a^r \bmod p$，攻击者 Oscar 将在识别过程的第（2）步将自己计算得到的 γ 发送给验证者 B，当验证者 B 将选择的参数 r 发送给 Oscar 时，Oscar 可以将自己已经经过计算的 y 值发送给验证者 B，以上提供的数据将能够通过第（6）步的验证过程，Osacr 从而成功地实现伪造识别者 A 的身份认证信息。因此，为了保证以上身份认证协议的安全性，Schnorr 建议 Hash 函数 h 的消息摘要长度不小于 72bit。

Schnorr 提出的身份认证协议实现了在识别者 A 的加密私钥信息不被验证者 B 知道的情况下，识别者 A 能够向验证者 B 证明他知道加密私钥 b 的值，证明过程通过身份认证协议的第（5）步来实现，具体方案是通过识别者 A 应用加密私钥 b，计算 $y=(k+br) \bmod q$，回答验证者 B 选取的随机整数 r 来完成。整个身份认证过程中，加密私钥 b 的值一直没有被泄露，所以，这种技术被称为知识的证明。

为了保证 Schnorr 身份认证协议的计算安全性，加密参数的选取过程中，参数 q 要求长度不小于 140bit，参数 p 的长度则要求至少要达到 512bit。对于参数 α 的选取，可以先选择一个 Z_p 上的本原元 $g \in Z_p$，通过计算 $\alpha = g^{(p-1)/q} \bmod p$ 得到相应的参数 α 的取值。

对 Schnorr 身份认证协议的攻击涉及离散对数问题的求解问题，由于当参数 p 满足一定的长度要求时，Z_p 上的离散对数问题在计算上是不可行的，保证了 Schnorr 身份认证协议的安全性。

需要说明的是一点是，Schnorr 身份认证协议的实现必须存在一个信任中心 TA 负责管理所有用户的身份信息，每一位需要进行身份认证的用户首先要到信任中心进行身份注册，只有经过注册的合法用户，才可以通过以上协议进行身份认证。但是在整个身份的认证过程中，信任中心 TA 不需要进行参与。

2. Okamoto 身份识别方案

Okamoto 身份识别协议是 Schnorr 协议的一种改进方案。

Okamoto 身份识别协议也需要一个信任中心 TA，TA 首先确定以下参数。

（1）选择两个大素数 p 和 q；

（2）选择两个参数 $\alpha_1, \alpha_2 \in Z_p$，且 α_1 和 α_2 的阶均为 q；

（3）TA 计算 $c=\log_{\alpha_1} \alpha_2$，保证任何人要得到 c 的值在计算上是不可行的；

（4）选择身份识别过程中要用到的 Hash 函数 h。

信任中心 TA 向用户 A 颁发证书的过程描述如下。

（1）TA 对申请者的身份进行确认，在此基础上，对每一位申请者指定一个识别名称 $Name$；

（2）识别者 A 秘密地选择两个随机整数 $m_1, m_2 \in Z_q$，并计算 $v=\alpha_1^{-m_1}\alpha_2^{-m_2} \bmod p$，将计算结果发给信任中心 TA；

（3）信任中心 TA 计算 $s=Sign_{\mathrm{TA}}(Name, v)$ 对信息进行签名。将结果 $C(A)=(Name, v, s)$ 作为认证证书颁发给识别者 A。

在 TA 进行以上处理的基础上，Okamoto 身份识别协议中，识别者 A 和验证者 B 之间的过程描述如下。

（1）识别者 A 选择两个随机数 $r_1, r_2 \in Z_q$，并计算 $X=\alpha_1^{r_1}\alpha_2^{r_2} \bmod p$；

（2）识别者 A 将他的认证证书 $C(A)=(Name, v, s)$ 和计算结果 X 发送给验证者 B；

（3）验证者 B 应用信任中心 TA 公开的数字签名验证算法 Ver_{TA}，计算 $Ver_{\mathrm{TA}}(Name, v, s)$ 来验证签名的有效性；

（4）验证者 B 选择一个随机数 e，$1 \leqslant e \leqslant 2^t$，并将 e 发给识别者 A；

（5）识别者 A 计算 $y_1=(r_1+m_1e) \bmod q$，$y_2=(r_2+m_2e) \bmod q$，并将 y_1 和 y_2 发给验证者 B；

（6）验证者 B 通过计算 $X=\alpha_1^{y_1}\alpha_2^{y_2}v^e \bmod p$ 来验证身份信息的有效性。

Okamoto 身份认证协议与 Schnorr 身份认证协议的主要区别在于：当选择的计算参数保证 Z_p

上的离散对数问题是安全的，则可以证明 Okamoto 身份认证协议就是安全的。该证明过程的基本思想是：识别者 A 通过执行该认证协议多项式次向攻击者 Oscar 识别自己，假定 Oscar 能够获得识别者 A 的秘密指数 α_1 和 α_2 的某些信息，那么将可以证明识别者 A 和攻击者 Oscar 一起能够以很高的概率在多项式时间内计算出离散对数 $c=\log_{\alpha_1}\alpha_2$，这和我们认为离散对数问题是安全的假设相矛盾。因此就证明了 Oscar 通过参加协议一定不能获得关于识别者 A 的指数的任何信息。

3. Guillou-Quisquater 身份识别方案

Guillou-Quisquater 身份认证协议的安全性基于 RSA 公钥密码体制的安全性。该协议的建立过程也需要一个信任中心 TA，TA 首先确定以下参数：

（1）选择两个大素数 p 和 q，计算 $n=pq$，公开 n，保密 p 和 q；

（2）随机选择一个大素数 b 作为安全参数，同时选择一个公开的 RSA 加密指数；

（3）选择身份识别过程中要用到的 Hash 函数 h。

信任中心 TA 向用户 A 颁发证书的过程描述如下。

（1）TA 对申请者的身份进行确认，在此基础上，对每一位申请者指定一个识别名称 $Name$；

（2）识别者 A 秘密地选择一个随机整数 $m\in Z_n$，计算 $v=(m^{-1})^b \bmod n$，并将计算结果发给信任中心 TA；

（3）TA 对 $(Name,v)$ 进行签名得到 $s=Sign_{\mathrm{TA}}(Name,v)$，信任中心 TA 将证书 $C(A)=(Name,v,s)$ 发给识别者 A。

在 TA 进行以上处理的基础上，Guillou-Quisquater 身份认证协议中，识别者 A 和验证者 B 之间的过程描述如下。

（1）识别者 A 选择一个随机整数 $r\in Z_n$，计算 $X=r^b \bmod n$，并将他的证书 $C(A)$ 和 X 发送给验证者 B；

（2）验证者 B 通过计算 $Ver_{\mathrm{TA}}(Name,v,s)=\mathrm{TRUE}$ 来验证信任中心 TA 签名的有效性；

（3）验证者 B 选择一个随机整数 $e\in Z_b$，并将其发给识别者 A；

（4）识别者 A 计算 $y=rm^e \bmod n$，并将其发送给验证者 B；

（5）验证者 B 通过计算 $X=v^e y^b \bmod n$ 来验证身份信息的有效性。

Guillou-Quisquater 身份认证协议的安全性与 RSA 公钥密码体制一样，均是基于大数分解的困难性问题，该性质能够保证 Guillou-Quisquater 身份认证协议是计算安全的。

3.5 公钥基础设施

公钥基础设施（Public Key Infrastructure，PKI）是一种遵循既定标准的密钥管理平台，它能够为所有网络应用提供加密和数字签名等密码服务及所必需的密钥和证书管理体系。简单来说，PKI 就是利用公钥理论和技术建立的提供安全服务的基础设施。PKI 技术是信息安全技术的核心，也是电子商务的关键和基础技术。

在 X.509 标准中，为了区别于权限管理基础设施（Privilege Management Infrastructure，PMI），将 PKI 定义为支持公开密钥管理并能支持认证、加密、完整性和可追究性服务的基础设施。这个概念与第一个概念相比，不仅叙述 PKI 能提供的安全服务，更强调 PKI 必须支持公开密钥的管理。也就是说，仅仅使用公钥技术还不能叫做 PKI，还应该提供公开密钥的管理。因为 PMI 仅使用公钥技术但并不管理公开密钥，所以，PMI 就可以单独进行描述而不至于跟公钥证书等概念混淆。

X.509 中从概念上分清 PKI 和 PMI 有利于标准的叙述。然而，由于 PMI 使用了公钥技术，PMI 的使用和建立必须先有 PKI 的密钥管理支持。也就是说，PMI 不得不把自己与 PKI 绑定在一起。当我们把两者合二为一时，PMI + PKI 就完全落在 X.509 标准定义的 PKI 范畴内。根据 X.509 的定义，PMI + PKI 仍旧可以叫做 PKI，而 PMI 完全可以看成 PKI 的一个部分。

美国国家审计总署在 2001 年和 2003 年的报告中都把 PKI 定义为由硬件、软件、策略和人构成的系统，当完善实施后，能够为敏感通信和交易提供一套信息安全保障，包括保密性、完整性、真实性和不可否认。尽管这个定义没有提到公开密钥技术，但到目前为止，满足上述条件的也只有公钥技术构成的基础设施。

PKI 具有以下优点。

① 采用公开密钥密码技术，能够支持可公开验证并无法仿冒的数字签名，从而在支持可追究的服务上具有不可替代的优势。这种可追究的服务也为原发数据完整性提供了更高级别的担保。支持可以公开地进行验证，或者说任意的第三方可验证，能更好地保护弱势个体，完善平等的网络系统间的信息和操作的可追究性。

② 由于密码技术的采用，保护机密性是 PKI 最得天独厚的优点。PKI 不仅能够为相互认识的实体之间提供机密性服务，同时也可以为陌生的用户之间的通信提供保密支持。

③ 由于数字证书可以由用户独立验证，不需要在线查询，原理上能够保证服务范围的无限制扩张，这使得 PKI 能够成为一种服务巨大用户群的基础设施。PKI 采用数字证书方式进行服务，即通过第三方颁发的数字证书证明末端实体的密钥，而不是在线查询或在线分发。这种密钥管理方式突破了过去安全验证服务必须在线的限制。

④ PKI 提供了证书的撤销机制，从而使得其应用领域不受具体应用的限制。撤销机制提供了在意外情况下的补救措施，在各种安全环境下都可以让用户更加放心。另外，因为有撤销技术，不论是永远不变的身份、还是经常变换的角色，都可以得到 PKI 的服务而不用担心被窃后身份或角色被永远作废或被他人恶意盗用。为用户提供“改正错误”或“后悔”的途径是良好工程设计中必须的一环。

⑤ PKI 具有极强的互联能力。不论是上下级的领导关系，还是平等的第三方信任关系，PKI 都能够按照人类世界的信任方式进行多种形式的互联互通，从而使 PKI 能够很好地服务于符合人类习惯的大型网络信息系统。PKI 中各种互联技术的结合使建设一个复杂的网络信任体系成为可能。PKI 的互联技术为消除网络世界的信任孤岛提供了充足的技术保障。

3.5.1 PKI 组成

PKI 技术是信息安全技术的核心，也是电子商务的关键和基础技术。PKI 的基础技术包括加密、数字签名、数据完整性机制、数字信封和双重数字签名等。一个完整的 PKI 系统必须具有权威认证中心（Certificate Authority，CA）、注册中心（Registration Authority，RA）、数字证书库、密钥备份与恢复系统、证书撤销处理系统、PKI 应用接口系统 API 等基本构成部分，构建 PKI 也将围绕着这几个系统来着手构建。

认证中心 CA：在 PKI 体系中，认证中心 CA 是整个 PKI 体系中各方都承认的一个值得信赖的、公正的第三方机构。CA 负责产生、分配并管理 PKI 结构下的所有用户的数字证书，把用户的公钥和用户的其他信息捆绑在一起，在网上验证用户的身份，同时 CA 还负责证书撤销列表 CRL 的登记和发布。由于 CA 是一个各方都信任的机构，他签发的数字证书也是大家都信任的，从而保证了证书所代表的通信双方身份的可信性。

注册中心 RA：注册中心 RA 是 CA 的证书发放、管理的延伸。RA 负责证书申请者的信息录入、审核以及证书的发放等任务，同时，对发放的证书完成相应的管理功能。RA 一般都是由一个独立的注册机构来承担，它接受用户的注册申请，审查用户的申请资格，并决定是否同意 CA 给其签发数字证书。RA 并不给用户签发证书，只是对用户进行资格审查。因此，RA 可以设置在直接面对客户的业务部门，如银行的营业部、机构认证部门等。当然，对于一个规模较小的 PKI 应用系统来说，可以把注册管理的职能由认证中心 CA 来完成，这样就不需要设立独立运行的 RA。PKI 国际标准推荐由一个独立的 RA 来完成注册管理的任务，这样可以增强应用系统的安全性。

数字证书库：是一种网上公共信息库，用于存储已签发的数字证书及公钥，用户可由此获得所需的其他用户的证书及公钥。构造数字证书库的常用方法是采用支持轻量级目录访问协议（Lightweight Directory Access Protocal，LDAP）的目录服务系统，用户或相关的应用通过 LDAP 接口来访问数字证书库。PKI 系统必须保证数字证书的完整性和真实性，防止伪造、篡改证书。

密钥备份及恢复系统：如果用户丢失了用于解密数据的密钥，则数据将无法被解密，这将造成合法数据丢失。为避免这种情况，PKI 提供备份与恢复密钥的机制。但须注意，密钥的备份与恢复必须由可信的机构来完成。并且，密钥备份与恢复只能针对解密密钥，签名私钥为确保其唯一性而不能够做备份。

证书撤销处理系统：证书撤销处理系统是 PKI 的一个必备的组件。与日常生活中的各种身份证件一样，证书有效期以内也可能需要作废，原因可能是密钥介质丢失或用户身份变更等。为实现这一点，PKI 必须提供撤销证书的一系列机制。PKI 中撤销证书是通过维护一个证书撤销列表（Certificate Revocation List，CRL）来实现的。PKI 系统将撤销的证书列入 CRL，当用户需要验证数字证书的有效性和真实性时，由 CA 负责检查证书是否在 CRL 中。

PKI 应用接口系统 API：PKI 的价值在于使用户能够方便地使用加密、数字签名等安全服务，因此一个完整的 PKI 必须提供良好的应用接口系统，使得各种各样的应用能够以安全、一致、可信的方式与 PKI 交互，确保安全网络环境的完整性和易用性。

3.5.2 CA 认证

（1）数字证书

数字证书如同日常生活中使用的身份证明，它是持有者在网络上证明自己身份的凭证。在一个电子商务系统中，所有参与活动的实体都必须用数字证书来证明自己的身份。数字证书是一个经过证书授权中心数字签名的、包含有公钥拥有者信息以及公钥的文件。一方面，数字证书可以用来向系统中的其他实体证实自己的身份；另一方面，由于每份证书都携带着证书持有者的公钥，所以数字证书也可以向接受者证明某人或某个机构对公钥的拥有权，同时也起着公钥分发的作用。

（2）数字证书的格式

X.509 定义的数字证书包括 3 部分：证书内容、签名算法和使用签名算法对证书内容所作的签名。X.509 数字证书的基本内容如图 3-8 所示。

证书版本号
证书序列号
签名算法标识
证书签发机构
证书有效期
证书对应的主体
证书主体的公钥算法
证书签发机构唯一标识符
证书主体唯一标识符
扩展项

图 3-8 X.509 数字证书

X.509 数字证书中各项的具体内容如下。

证书版本号：用于识别数字证书版本号，版本号可以是 V1、V2 和 V3，目前常用的是 V3。

证书序列号：是由 CA 分配给数字证书的唯一的数字类型的标识符，当数字证书被撤销时，将此证书序列号放入由 CA 签发的证书撤销列表 CRL。

签名算法标识：用来标识对证书进行签名的算法和算法包含的参数，X.509 规定，这个算法同证书格式中出现的签名算法必须是同一个算法。

证书签发机构：签发数字证书的 CA 的名称。

证书有效期：证书启用和废止的日期和时间，表明证书在该时间段内有效。

证书对应的主体：证书持有者的名称。

证书主体的公钥算法：包括证书主体的签名算法、需要的参数和公钥参数。

证书签发机构唯一标识：该项为可选项。

证书主体唯一标识：该项为可选项。

扩展项：X.509 证书的 V3 版本还规定了证书的扩展项。公钥证书的标准扩展可以分为 4 类。

① 密钥信息扩展

标准扩展给出了 4 类提供关于密钥对和证书进一步使用的信息的扩展。

- CA 密钥标识符：该域指定 CA 签名密钥对的唯一标识符。当 CA 有多个密钥对时，该标识符对验证证书签名很有用。
- 证书持有者密钥标识符：该标识符的功能和授权密钥标识符极为相似，主要用来标识和证书的公钥相对应的密钥对。该标识符在 CA 的安全域内多次更新其密钥对时特别有用。
- 密钥用途：该扩展项用来指定密钥的实际用途。密钥的实际用途包括：认证、证书签名、CRL 签名、数字签名、密钥传输时的对称密钥加密、数据加密和 Diffle-Hellman 密钥协议。
- 私有密钥使用有效期：该扩展项指定证书持有者签名密钥对的私有密钥的有效期。解密私钥没有这项要求。

② 政策信息扩展

政策信息扩展为 CA 提供了一种解释和使用一类特定的证书的方法，主要包括两类扩展。

- 证书使用政策：证书使用政策规定了证书签发的原则。证书使用政策用对象标识符来表示，需要向国际标准组织注册。在一个证书里，可以指定多个证书使用策略，并且要求这些证书使用策略不能互相冲突。
- 政策映射：证书使用政策适用于用户证书和 CA 的交叉认证证书，而政策映射仅用于交叉认证证书。当 CA 验证另一个 CA 的公钥时，该 CA 就产生了一个交叉认证证书。

③ 证书持有者以及 CA 属性扩展

证书持有者及 CA 属性的扩展提供一种识别证书持有者及 CA 身份信息的机制。

- 证书持有者别名：证书持有者扩展指定一个或多个证书的持有者唯一确定的名字，允许的名字形式有：电子邮件地址、因特网域名、IP 地址、Web 统一地址标识符等。这种信息主要用来支持其他应用，如电子邮件，在这种应用中用户的名字必须唯一。
- 签发者别名：签发者别名用来指定 CA 的一个或者多个唯一确定的名字，可能的形式和证书持有者的相同。
- 证书持有者目录属性：证书持有者目录属性主要提供包含在证书中的 X.500 目录属性，提供了除证书持有者 X.500 名字和证书持有者别名外的身份信息。

④ 证书路径限制扩展

证书路径限制扩展主要为 CA 提供一种控制和限制在证书交叉认证中对可信任的第三方的扩展机制。

- 基本限制：基本限制仅表明证书的持有者是最终用户还是认证机构。如果证书是认证机构的证书，此证书就是一个交叉证书。交叉证书可以指定可接受的证书链的长度，如果长度仍为1，那么该认证机构验证终端用户公钥证书以及在该证书中指定的认证机构签发的CRL。
- 名字限制：名字限制用在交叉证书中。在交叉认证环境中用来限制可信任的域名。基本限制限制了可信任链的长度，而名字限制提供了定义可信任链的复杂机制。名字限制允许签发交叉证书的认证机构指定在证书链中可以接受的域名。
- 政策限制：政策限制扩展也用于交叉证书中。该扩展为管理者指定交叉证书中可以使用的政策提供了方便。政策限制扩展可以指定是否所有的证书都必须使用同一个政策，或者在处理一个证书链时是否禁止某些政策映射。

（3）证书认证中心

证书认证中心CA的主要功能是签发证书和管理证书，具体包括用户注册、证书签发、证书吊销、密钥销毁、密钥恢复、密钥更新、证书使用和安全管理等。以下对其进行详细介绍。

① 用户注册

用户要使用CA提供的服务，首先需要进行注册。注册的方式有多种形式，如果用户有证书，可以使用证书证明自己的身份；用户也可以通过安全通道在线注册。这里介绍使用PIN进行注册的方式，其基本过程如下。

第一步：申请证书的用户向RA提供个人信息，包括电子邮件地址、用户密码等。

第二步：RA对用户的个人信息进行审核。审核通过后，先为用户产生一个PIN，然后计算电子邮件地址的Hash值，把这个Hash值作为密钥对PIN加密。把电子邮件地址、用户密码和加密后的PIN保存。用户申请证书、吊销证书及申请恢复密钥时，都以这3项作为验证用户身份的依据。

第三步：RA把PIN通过电子邮件发送给申请证书的用户。

第四步：用户接收到该PIN后，妥善保管。

以上注册过程中，用到了用户的电子邮件地址，如果用户输入不合法或者不存在的电子邮件地址信息，将不能接收到PIN，因此，也无法申请证书，RA管理员会将这类用户的信息删除。这样可以避免恶作剧者多次申请注册，造成数据库中存在大量无用记录。

② 证书签发

从证书的最终使用者来看，数字证书可以分为系统证书和用户证书。系统证书指CA系统自身的证书，包括CA中心的证书、业务受理点的证书以及CA系统操作员的证书；用户证书从应用的角度可以将其分为个人用户证书、企业用户证书和服务器证书。一个完整的CA中心应该能够签发以上各类证书。

从证书的用途来看，数字证书可以分为签名证书和加密证书。签名证书用于对用户信息进行签名，以保证信息的不可否认性；加密证书用于对用户传送的信息进行加密，以保证信息的真实性和完整性。CA需要为加密证书备份私钥，而签名证书无需备份私钥。

证书的签发流程包括：申请人提交证书请求、RA对证书请求进行审核、CA生成数字证书、数字证书的发布、下载并安装数字证书。

③ 证书撤销

由于在诸如私钥泄露、证书包含信息改变、使用终止等情况下，证书必须被撤销。每一个CA均可以产生一个证书撤销列表CRL。CRL可以定期产生，也可以在每次有证书作废请求后产生。CRL生成后发布到目录服务器上。

CRL的获得方式有多种，如CA产生CRL后，自动发送到下属实体。大多数情况下，由使用证书的各个 PKI 实体从目录服务器获得相应的 CRL。

使用 CRL 也存在不足。由于证书认证机构可能不经常发布 CRL，周期性的证书撤销列表有时是令人难以接受的，因为业务伙伴可能需要几天的时间才能收到有关证书撤销的通知，从而增加了破坏安全的可能。另外，由于证书撤销列表数量庞大，用户基数很大，因此导致 CRL 越变越大，最终导致每次发布 CRL 时都会大量消耗网络带宽和用户端的处理能力。

④ 密钥恢复

如果用户的证书是加密证书，或者用户要求备份私钥，则应该备份与用户证书中的公钥相对应的私钥。如果用户私钥丢失或者被破坏，CA 可以应用恢复私钥为用户恢复私钥。恢复过程如下：用恢复私钥 recoverkey 对加密私钥 encryptedkey 的内容进行解密，得到私钥保护密钥（随机数 k），最后将 k 和数据库中的 encryptedCert 域的内容交给申请密钥恢复的用户。

⑤ 密钥更新

任何密钥都不能无限期地使用，它应当能够自动失效。在密钥泄露的情况下，将产生新的密钥和新的证书；在并未泄露的情况下，密钥也应该定期更换。这种更换的方式也有多种。PKI 体系中的各个实体可以在不同时间更换密钥。相应的每个证书都有一个有效截止时间，与签发者和被签发者的密钥作废时间中较早者保持一致。

如果 CA 和其下属的密钥同时达到有效截止日期，则 CA 和其下属同时更换密钥，CA 用自己的新私钥为下属成员的新公钥签发证书。

如果 CA 和其下属的密钥不是同时达到有效截止日期，当用户的密钥到期后，CA 将用它当前的私钥为用户的新公钥签发证书，而到达 CA 密钥的截止日期时，CA 用新私钥为所有用户的当前公钥重新签发证书。

⑥ 证书使用

证书获取：证书获取可以有多种方式，如发送者发送签名信息时附加发送自己的证书；以另外的单独信息发送证书；可以通过访问证书发布的目录服务器来获得证书；或者直接从证书相关的实体处获得。

验证：在电子商务系统中，证书的持有者可以是个人用户、企事业单位、商家、银行等。无论是电子商务的哪一方，在使用证书验证数据时，都遵循同样的验证流程。一个完整的验证流程如下。

- 将客户端发来的数据解密。
- 将解密后的数据分解成原始数据、签名数据和客户证书 3 部分。
- 用 CA 根证书验证客户证书的签名完整性。
- 检查客户证书是否有效。
- 检查客户证书是否撤销。
- 验证客户证书结构中的证书用途。
- 客户证书验证原始数据的签名完整性。
- 如果以上各项内容均通过验证，则接收该数据。

⑦ 安全管理

CA 认证中心的安全防范机制除了需要考虑基本安全外，还需要重点考虑 CA 中心的密钥安全。因为数字证书的安全性和可靠性主要依靠 CA 认证中心的数字签名来保证，而 CA 的数字签名是使用自身的私钥来签名的，所以 CA 的密钥安全非常重要，一旦密钥泄露，将引起整个信息体制的崩溃。

为此，对 CA 中心的密钥采取的安全措施，需要遵从以下原则：选择模长较长的密钥；使用硬件加密模块；使用专用硬件产生密钥对；密钥分享的控制原则；建立对密钥进行备份和恢复的机制。

3.5.3　PKI 功能

一个典型、完整、有效的 PKI 应用系统至少应该具备以下功能。

- 公钥密码证书管理。
- 黑名单的发布和管理。
- 密钥的备份和恢复。
- 自动更新密钥。
- 自动管理历史密钥。
- 支持交叉认证。

（1）CA 的功能

- 签发自签名的根证书。
- 审核和签发其他 CA 系统的交叉认证证书。
- 向其他 CA 系统申请交叉认证证书。
- 受理和审核各 RA 机构的申请。
- 为 RA 机构签发证书。
- 接收并处理各 RA 服务器的证书业务请求。
- 证书的审批、发放、更新。
- 接收用户的证书撤销请求。
- 产生和发布证书撤销列表 CRL。
- 管理系统的用户资料。
- 管理系统的证书资料。
- 维护系统的证书作废表。
- 密钥备份。
- 历史数据整理归档。

（2）RA 的功能

- 受理用户的证书业务。
- 审核用户身份。
- 向 CA 中心申请签发证书。
- 将证书和私钥写入 IC 卡后分发给各个受理中心和用户。
- 管理本地在线证书状态协议服务器，并提供证书状态的实时查询。
- 管理本地用户资料。

（3）证书管理

证书管理的内容大致可以分为证书的存取、证书验证、证书链校验和交叉认证等。

① 证书的存取

PKI 体系中使用证书存取库来发布和存放所有用户的数字证书并提供目录服务，当然，证书存取库中还存放着证书撤销列表等信息。目前，大多数数字证书选择轻量目录访问协议服务器作为证书存储库，供用户查询和下载。同时也使用在线证书状态协议服务器进行实时的证书状态验证。

② 证书验证

证书验证管理的内容包括：验证该证书的签名者的签名，检查证书的有效期以确保证书仍然有效，检查该证书的预备用途是否符合 CA 在该证书中指定的所有策略限制，确认该证书没有被 CA 撤销。

③ 证书链校验

在 PKI 体系中，CA 是有层次结构的。在 n 级 PKI 体系中，在信任体系的最高层是根认证中心（Root CA），一般它只有一个，并且自己给自己签发证书。Root CA 的下级是 2 级认证中心（Second CA），它可以有多个，其证书由根认证中心签发。2 级认证中心的下一级是 3 级认证中心（Third CA），它负责为 4 级认证中心签发证书，以此类推，直到 n 级认证中心，它负责为最终用户签发证书。此时，从证书的层次上看，从下到上构成了一条证书链。现在假设在一个 2 级 PKI 应用系统中，用户 A 的证书由 2 级认证中心 C 签发，而用户 B 的证书由 2 级认证中心 D 签发。如果用户 A 不信任用户 B，就需要验证用户 B 的证书。这时，用户 A 首先获取为用户 B 签发证书的 2 级认证中心 D 的证书，并利用其公开的公钥校验用户 B 的证书上的数字签名的有效性。如果用户 A 对 2 级认证中心 D 的身份也不信任，还需要获取为 2 级认证中心 D 签发证书的根认证中心的证书，并利用其公钥校验 2 级认证中心 D 的证书的数字签名的有效性。

④ 交叉认证

利用交叉认证技术可以扩展 CA 的信任范围，它允许不同信任体系中的认证中心建立起可信的相互依赖关系，从而使各自签发的证书可以相互认证和校验。需要指出的是，交叉认证也是可以撤销的，因此进行交叉认证时，同样需要校验交叉证书是否已经撤销。

（4）密钥管理

在 PKI 体系中，密钥的管理主要包括密钥产生、密钥备份和恢复、密钥更新、密钥销毁和归档处理等。PKI 要求每个用户拥有两个公私密钥对，其中一对密钥用于数据加密和解密，另一对密钥用于数字签名和验证。这样要求主要是为了支持数字签名的不可否认性，但这些密钥在密钥管理中的要求是不一样的。

① 密钥产生

用于加密和解密的密钥对，可以在任何一个可信的第三方机构产生，也可以在客户端产生。如果在异地产生该密钥对，必须能够保证将其安全地传输到客户端。用于签名和校验的密钥对，必须在客户端产生。但当用户获得该密钥对后，第三方机构必须销毁该密钥对中用于签名的私钥，并且该私钥只能由用户本身唯一拥有，严禁在网络中传输，或者存放于网络中的其他地方。但用于校验的公钥可以在网络中传输，也可以随处发布。

② 密钥备份和恢复

PKI 要求应用系统提供密钥备份与恢复功能。当用户的密钥口令忘记时，或存储用户密钥的设备损坏时，可以利用此功能恢复原来的密钥对，从而使原来的加密信息可以正确解密。但并不是用户的所有密钥都需要备份，也不是任何机构都可以备份密钥。需要备份的密钥是用于加密和解密的密钥对，而用于签名和校验的密钥对不能进行备份，否则将无法保证签名的不可否认性。另外，可以备份密钥的应该是可信的第三方机构，如 CA、专用的备份服务器等。

③ 密钥更新

密钥的使用存在有效期，当密钥到期时，用户应该到本地的 CA 认证中心申请并更新证书，同时将旧的证书撤销。

④ 密钥销毁和归档处理

当用于加密和解密的密钥对成功更新后，原来使用的密钥对必须进行归档处理，以保证原来的加密信息可以正确地解密。但用于签名和校验的密钥成功更新后，原来的密钥对中用于签名的私钥必须安全地销毁；而原来密钥对中用于校验的公钥则可以进行归档处理，以便将来对原有签名信息进行校验。需要强调的是，为了确保 PKI 体系的安全性，根证书和下属各级证书的私钥必须确保安全，同时具有严格的备份手段以便遭到破坏后能够恢复。另外，根证书的备份过程，必须多人同时参与，任何一个管理员都不能独立完成备份过程，根证书和下属各级证书必须有备用证书，以便在紧急情况下使用。

本章总结

信息认证技术是实现在线信息交互和信任的前提和基础，在电子商务等领域有着广泛的应用。本章概要介绍信息认证涉及的一些基本概念，在此基础上，着重介绍了 Hash 函数的基本概念、基本结构和基于 Hash 函数的消息认证码，Hash 函数又称消息摘要，在消息完整性检验、数字签名技术中有着广泛的应用。

本章还介绍了基于公钥密码的数字签名体制的基本概念和典型算法，以及几种典型的基于数字签名算法的身份识别协议，并对其相关性能进行了简单分析和评价，本节介绍的算法和协议在现有的信息安全技术中均有着广泛的应用。

PKI 技术是当前最重要、最流行的一种信息认证技术，它是利用公钥密码技术构建的网络安全基础设施，它以通用的方法为信息系统的实现提供支撑，本节对 PKI 的基本组成和各部分的功能进行了重点介绍。

思考与练习

1. 评价 Hash 函数安全性的原则是什么？
2. 公钥认证的一般过程是怎样的？
3. 数字签名标准 DSS 中 Hash 函数有哪些作用？
4. 以电子商务交易平台为例，谈谈 PKI 在其中的作用。
5. 在 PKI 中，CA 和 RA 的功能各是什么？

第4章 信息隐藏技术

信息隐藏技术包括隐写术和数字水印两种技术。本章首先对信息隐藏的发展历史、涉及的基本概念、技术特点和分类进行了简要介绍，在此基础上，重点介绍了隐秘技术中的两种基本实现——空域隐秘技术和变换域隐秘技术，数字水印的基本模型以及基于空域和变换域的数字水印实现技术，同时简要介绍了信息隐藏的常见攻击。

本章的知识要点、重点和难点包括：信息隐藏的分类和技术特点、空域和变换域隐秘技术实现的基本原理、数字水印的基本模型及实现原理。

4.1 基本概念

4.1.1 什么是信息隐藏

信息隐藏又称信息伪装，就是通过减少载体的某种冗余，如空间冗余、数据冗余等，来隐藏敏感信息，达到某种特殊的目的。信息隐藏打破了传统密码学的思维范畴，从一个全新的视角审视信息安全。与传统的加密相比，信息隐藏的隐蔽性更强，在信息隐藏中，可以把这两项技术结合起来，先将秘密信息进行加密预处理，然后再进行信息隐藏，则秘密信息的保密性和不可觉察性的效果更佳。

信息隐藏是一门古老的技术，它从古到今一直被人们所使用，如古代的藏头诗、钞票印刷及军事情报传递等。而近几年，随着 Internet 的迅速发展，使得网络多媒体变成现实，各种电子图书和影视作品随处可见。利用信息隐藏的方法来传递重要的消息，将秘密信息隐藏在其他信息中，如隐藏在一段普通谈话的声音文件中，或隐藏在一幅风景的数字照片中，这样攻击者难以发现哪些不同的多媒体文件中藏有重要的信息，因而也就无法进行攻击。由于电子数据很容易任意拷贝，加上 Internet 快捷传播，使得一些有版权作品迅速出现了大量的非法拷贝，大大损害了作者和出版商的利益，打击了出版商的积极性。为了打击盗版、维护出版商的利益，急需一种解决方案。正由于信息隐藏技术能达到的特殊目的，也使它在数字作品的版权保护中得到了广泛的利用，数字水印就是通过在多媒体数据中嵌入某些关于作品的信息（如作者、制造商、发行商等）以达到版权保护的目的。

信息隐藏主要分为隐写术（Steganography）和数字水印（Digital Watermark）两个分支。

隐写术是关于信息隐藏的最古老的分支，其应用可以追溯到古希腊。关于隐写术的现代科学研究一般认为开始于 Simmons 提出的囚犯问题，问题的引出是有两个关在不同房间中囚犯 Alice 和 Bob 试图协商一个逃跑计划，他们可以通过一个公开的信道通信，但通信的过程和内容受到看守者 Wendy 的监视，一旦 Wendy 发现他们发送可疑的信息，就会把 Alice 和 Bob 分别关入隔离的监狱中。问题是 Alice 和 Bob 如何通过公开信道发送秘密信息而不引起 Wendy 的怀疑。由此可见，隐写术和密码术的区别在于密码术旨在隐藏信息的内容，而隐写术的目的在于隐藏信息的存在。

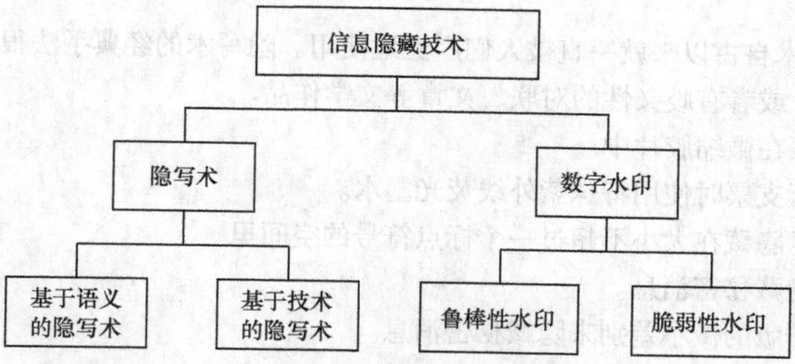

图 4-1　信息隐藏技术的分类

数字水印（Digital Watermark）技术是指用信号处理的方法在数字化的多媒体数据中嵌入隐蔽的标记，这种标记通常是不可见的，只有通过专用的检测器或阅读器才能提取。数字水印技术的发展为解决数字产品的侵权问题提供了一个有效的解决途径。数字水印技术通过在数字作品中加入一个不可察觉的标识信息（版权标识或序列号等），需要时可以通过算法提出标识信息来进行验证，作为指证非法复制的证据，从而实现对数字产品的版权保护。目前，数字水印已经发展成为信息隐藏技术的一个重要研究方向。

4.1.2　信息隐藏技术的发展

1. 传统的信息隐藏技术

数字化的信息隐藏技术是一门全新的技术，但是它的思想来自于古老的隐写术。大约在公元前 440 年，隐写术就已经被应用于战争中的保密通信等很多领域。当时，两个部落之间要进行保密通信，首先让一个剃头匠将一条机密消息写在一个奴隶的光头上，然后等到奴隶的头发长起来之后，将奴隶送到另一个部落，从而实现了这两个部落之间的秘密通信。类似的方法直到 20 世纪初，仍然被德国间谍所使用。

在我国古代，信息隐藏的发展很大程度上得益于战争中隐蔽通信的需要。我国古代有文字可考的最早的信息隐藏见于《六韬》中对“阴符”的记载，“阴符”是古代战争中采用的高度保密的通信方式，其办法是先制造形制、花纹不同的兵符，每一种表示一种固定的含义，这种含义须事先约定好，只有当事人可以理解，若被敌方截获，他们也不会知道其中的含义。我国古代还有一种信息隐藏技术——“阴书”，“阴书”其用法与阴符相似，但“阴书”所要传达的情报内容要多，一般情况下，将所要传递的书信分解为 3 封，只有 3 封信合在一起，才能了解其内容，发信者将 3 封信交给 3 个信使从不同道路送去，除非敌方将 3 个信使全捉住才能知晓信中的内容，否则只抓住一个或两个信使根本不可能了解到信的内容。

相比较于军事应用，我国古代非军事领域中常见的信息隐藏方式就是藏头诗。读过《水浒传》的人都知道“吴用智赚玉麒麟”的故事：吴用扮成一个算命先生，悄悄来到卢俊义庄上，利用卢俊义正为躲避“血光之灾”的惶恐心里，口占四句卦歌，并让他端书在家宅的墙壁上。这四句卦歌是：

芦花丛中一扁舟，

俊杰俄从此地游。

义士若能知此理，

反躬难逃可无忧。

吴用在这四句卦歌里，巧妙地把“卢俊义反”4 个字暗藏于四句之首，实现了简单的信息隐藏功能。

实际上，隐写术自古以来就一直被人们广泛地使用。隐写术的经典手法很多，例如：

① 用藏头诗，或者有歧义性的对联、文章等文学作品。

② 把消息隐藏在微缩胶片中。

③ 在印刷旅行支票时使用特殊紫外线荧光墨水。

④ 把秘密消息隐藏在大小不超过一个标点符号的空间里。

⑤ 在乐谱中隐藏秘密消息。

⑥ 通过文字排版的微小差别来隐藏秘密消息。

2. 数字信息隐藏技术的发展

虽然人们对于信息隐藏技术的研究可以追溯到古老的隐写术，但是直到 1992 年，国际上才有研究者首次正式提出对信息隐藏开展学术研究。其中，国际信息隐藏学术会议（International Information Hiding Workshops，IHW）是国际信息隐藏学术领域的专门学术会议，该学术交流活动迄今为止已举行了十余届，1996 年，第一届国际信息隐藏学术会议在英国剑桥大学举行（Cambridge，IHW1996），这次会议的成功召开标志着信息隐藏学的诞生。

我国的信息隐藏学术研讨会是由我国信息科学领域的何德全、周仲义、蔡吉人三位院士与有关研究单位联合发起的。1999 年 12 月 11 日，由北京电子技术应用研究所组织，召开了我国第一届“信息隐藏学术研讨会”，截止到 2012 年，该研讨会已经成功举办了十届，2013 年 10 月，还将在西安举办第十一届“全国信息隐藏暨多媒体信息安全学术大会”。历次研讨会的交流内容涵盖了信息隐藏的主要研究方向，具体包括：信息隐藏理论、模型与方法，匿名通信、阈下通道或潜信道，隐密术、隐密分析与攻击（Steganography and Steganalysis），数字水印及其攻击（Digital Watermarking and Attack），知识产权的数字水印保护，信息隐藏的安全性问题，信息隐藏与密码学的结合及信息隐藏的其他问题，研讨会所收录的论文代表了国内信息隐藏学术研究的较高水平，研讨会的召开为推动信息隐藏技术的发展和学术交流提供了良好的平台。

经过多年的努力，信息隐藏技术的研究已经取得了很大的进展，信息隐藏技术现在已经实现了使隐藏有其他信息的信息不但能够经受人的感觉检测和仪器设备的检测，而且还能够抵抗各种人为的蓄意攻击。但总的来说，信息隐藏技术尚未发展到完善的可实用的阶段，仍然有不少技术性问题需要解决。另外，信息隐藏技术发展到现在，也还没有完全找到自己的理论依据，没有形成完整的理论体系，许多人还在用香农的信息论理论对其进行解释。

随着技术的不断提高，对理论指导的期待也越来越迫切，特别是在一些关键问题难以解决的时候，更需要从理论的高度对信息隐藏技术进行系统研究。因此，目前使用密码技术仍然是网络上的主要信息安全传输手段，信息隐藏技术在理论研究、技术成熟度和实用性方面都还无法与密码技术相比，但在迫切需要解决的数字多媒体版权保护等方面，信息隐藏技术发挥的作用是不可替代的。

4.1.3 信息隐藏的特点

根据信息隐藏需要达到的特殊目的，分析和总结信息隐藏各种方法特点，信息隐藏技术通常具有以下特点。

（1）不破坏载体的正常使用。由于不破坏载体的正常使用，就不会轻易引起别人的注意，能达到信息隐藏的效果。同时，这个特点也是衡量是否是信息隐藏的标准。

（2）载体具有某种冗余性。通常好多对象都在某个方面满足一定条件的情况下，具有某些程度的冗余，如空间冗余、数据冗余等，寻找和利用这种冗余就成为信息隐藏的一个主要工作。

（3）载体具有某种相对的稳定量。本特点只是针对具有健壮性（Robustness）要求的信息隐藏应用，如数字水印等。寻找载体对某个或某些应用中的相对不变量，如果这种相对不变量在满足正常条件的应用时仍具有一定的冗余空间，那么这些冗余空间就成为隐藏信息的最佳位置。

（4）具有很强的针对性。任何信息隐藏方法都具有很多附加条件，都是在某种情况下，针对某类对象的一个应用。因为这个特点，各种检测和攻击技术才有了立足之地。

4.1.4　信息隐藏的分类

对信息隐藏可以进行如下分类。

（1）按载体类型分类

根据隐藏载体类型的不同，信息隐藏技术可以分为以下类型：

① 基于文本的信息隐藏技术。

② 基于图像的信息隐藏技术。

③ 基于声音和视频的信息隐藏技术。

（2）按密钥分类

根据信息隐藏和提取过程中采用的密钥类型，可以将信息隐藏技术分为以下类型：

① 对称隐藏算法：嵌入和提取采用相同的密钥。

② 公钥隐藏算法：嵌入和提取采用不同的密钥。

（3）按嵌入域分类

根据信息嵌入域的不同，信息隐藏技术可以分为以下类型：

① 空域隐藏技术：也称为时域隐藏技术，是用待隐藏的信息替换载体信息中的冗余部分。一种简单的空域替换方法是用待隐藏信息位替换载体信息中的一些最不重要位（Least Significant Bit LSB），提取过程中，只有知道隐藏信息嵌入的位置才能成功提取隐藏信息，从而实现对敏感信息的隐藏功能。这种方法较为简单，但鲁棒性较差。

② 变换域隐藏技术：基于变换域的信息隐藏技术首先对载体信息进行变换运算，然后把待隐藏的信息嵌入到载体信息的一个变换空间（如频域）中，嵌入过程完成后，再将载体信息进行逆变换，还原到空域中，从而实现对待隐藏信息进行隐藏的目的。在变换域中嵌入的信号能量可以分布到空域的所有像素上，而且，变换域隐藏技术具有更好的鲁棒性，可以和数据压缩标准等兼容，便于实际应用。

（4）按提取的特点分类

根据隐藏信息提取过程的特点，信息隐藏技术可以分为以下类型：

① 盲隐藏：在提取隐藏信息时不需要利用原始载体数据的隐藏技术。

② 非盲隐藏：在提取隐藏信息时需要原始载体数据参与计算的隐藏技术。

（5）按保护对象分类

根据保护对象的不同，信息隐藏技术主要分为以下类型。

① 隐写术：隐写术的目的是在不引起任何怀疑的情况下秘密传送信息，因此它的主要要求是不被检测到和大容量等。例如，在利用数字图像实现秘密消息隐藏时，就是在合成器中利用人的视觉冗余把待隐藏的消息加密后嵌入数字图像中，使人无法从图像的外观上发现有什么变化。加密操作是把嵌入图像中的内容变为伪随机序列，使数字图像的各种统计值不发生明显的变化，从而增加检测的难度，当然还可以采用校验码和纠错码等方法提高抗干扰的能力，而通过公开信道接收到隐写文档的一方则用分离器把隐蔽的消息分离出来。在这个过程中必须充分考虑到在公开信道中被检测和干扰的可能性。相对来说，隐写术已经是一种比较成熟的信息隐藏技术。

② 数字水印技术：数字水印是指嵌在数字产品中的数字信号，可以是图像、文字、符号、数字等一切可以作为标识和标记的信息，其目的是进行版权保护、所有权证明、指纹和完整性保护等，因此，数字水印要求具有鲁棒性和不可感知性等性能。

③ 数据隐藏和数据嵌入：数据隐藏和数据嵌入通常用在不同的上下文环境中，它们一般指隐写术，或者指介于隐写术和水印之间的应用。在这些应用中，嵌入数据的存在是公开的，但不必要保护它们。如嵌入数据的辅助信息等内容，它们是可以公开得到的信息，与版权保护和控制等功能无关。

④ 指纹和标签：指纹和标签是指数字水印的特定用途。有关数字产品的创作者和购买者的信息作为水印信息嵌入。每个水印都是一系列编码中唯一的一个编码，即水印中的信息可以唯一地确定每一个数字产品的拷贝，因此，称它们为指纹或者标签。

4.2 信息隐藏技术

隐藏算法的结果应该具有较高的安全性和不可察觉性，并要求有一定的隐藏容量。隐写术和数字水印在隐藏的原理和方法等方面基本上是相同的，不同的是他们的目的，隐写术是为了秘密通信，而数字水印是为了证明所有权，因而数字水印技术在健壮性方面的要求更严格一些。

信息隐藏的算法主要分为两类：空间域算法和变换域算法。空间域方法通过改变载体信息的空间域特性来隐藏信息；变换域方法通过改变数据（主要指图像、音频、视频等）变换域的一些系数来隐藏信息。

数字水印技术通过将数字、序列号、文字、图像标志等信息嵌入媒体中，在嵌入的过程中对载体进行尽量小的修改，以达到最强的鲁棒性，当嵌入水印后的媒体受到攻击后仍然可以恢复水印或者检测出水印的存在。数字水印技术出现较晚，Van Schyndel 在 ICIP'94 会议上发表了 *A digital watermarking* 的论文标志着这一技术的开始。

4.2.1 隐秘技术

1. 空域隐秘技术

在各种媒介中有很多方法可以用于隐藏信息，这些方法包括使用 LSB 编码、用图像处理或者压缩算法对图像的属性进行修改等。基本的替换系统，就是试图用秘密信息比特替换掉伪装载体中不重要的部分，以达到对秘密信息进行编码的目的。如果接收者知道秘密信息嵌入的位置，他就可以提取出秘密信息。由于在嵌入过程中仅仅对不重要的部分进行了修改，发送者可以假定这种修改不会引起攻击者的注意。

（1）最不重要位（LSB）替换

位平面工具包括应用 LSB 插入和噪音处理之类的方法，这些方法在信息伪装中很常见，而且很容易用于图像和声音数据。伪装载体中能隐藏大量的秘密信息，即使隐藏后对载体数据有影响，人们也几乎察觉不到。

LSB 方法的嵌入过程包括选择一个载体元素的子集合，然后在子集合上执行替换操作，对子集合中元素的最低比特位进行替换，实现对秘密信息嵌入操作，当然，在不影响隐藏效果的情况下，也可以对子集合中的多个低比特位进行替换操作。提取过程首先选取相同的子集合，通过抽取子集合中低比特位的数据即可恢复出秘密信息。由于 LSB 方法的隐藏信息位于载体数据的低比特位，抗干扰等能力较差，导致该方法的鲁棒性较差。

【例 4.1】图像隐藏效果实例。

为了进一步说明基于 LSB 替换的信息隐藏效果，图 4-2 以灰度图像为例，给出基于低比特位替换的图像隐藏和恢复效果。

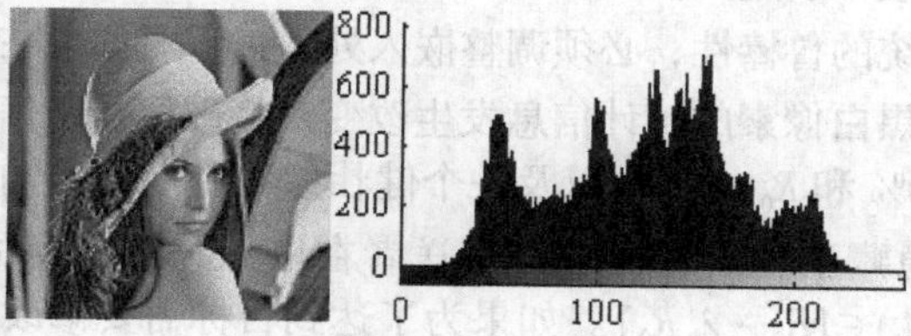

模板图像及灰度直方图

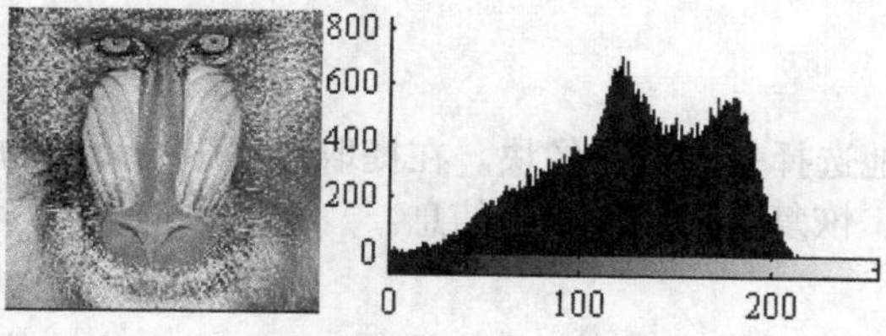

待隐藏图像及灰度直方图

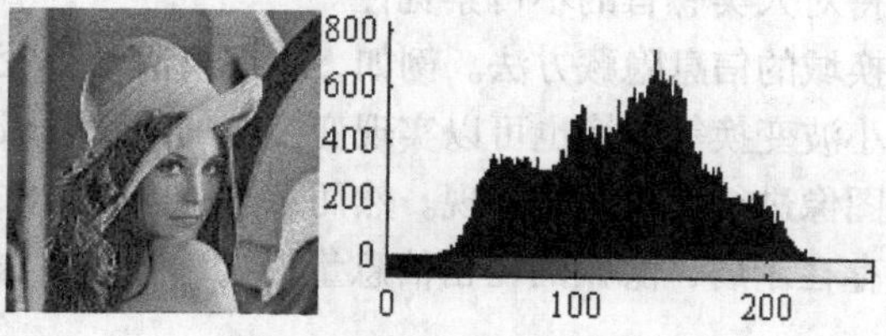

隐藏结果图像及灰度直方图

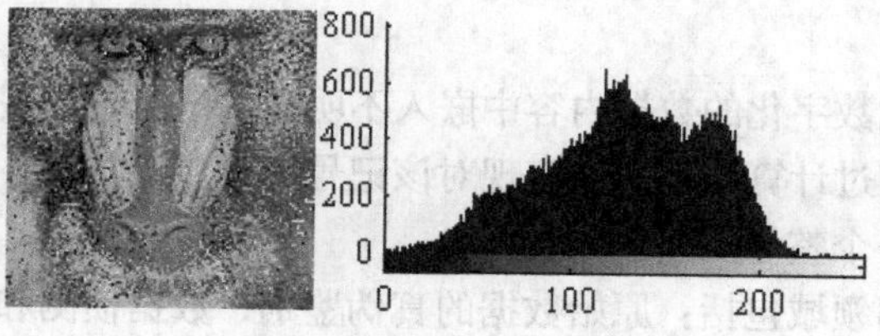

恢复图像及灰度直方图

图 4-2　图像隐藏和恢复效果

图 4-2 的实验结果表明，对模板图像的低比特位进行操作，可以实现信息隐藏的目的，其中隐藏效果和恢复效果主要取决于隐藏参数，当然也和图像自身的灰度分布有关。

（2）二进制图像中的信息隐藏

二进制图像以黑白像素来表示图像的内容信息，可以利用图像中黑白像素的分布统计特性实现信息隐藏。

Zhao 和 Koch 提出了一种基于黑白图像的信息隐藏方法，该方法使用一个特定图像区域中黑像素（或白像素）的个数来编码密码信息。对于给定的二进制黑白图像，将图像分成矩形图像区域 A_i，令 $P_0(A_i)$ 和 $P_1(A_i)$ 分别表示黑白像素在图像块 A_i 中所占的百分比。信息隐藏的基本过程是：当某个图像块 A_i 中 $P_1(A_i) > 50\%$，则在该图像块中嵌入信息 1；当图像块 A_i 中 $P_0(A_i) > 50\%$，则在该图像块嵌入信息 0。在以上的嵌入过程中，根据需要隐藏的秘密信息的 0,1 分布情况，为了达到希望的嵌入关系，需要修改某些二值图像像素的值。修改的原则是对那些邻近像素有相反的颜色的像素中进行修改；在具有鲜明对比性的二值图像中，应该对黑白像素的边界进行修改。所有的这些规则是为了保证修改不引起人们的注意为目标而设计的。

为了保证信息隐藏系统的鲁棒性，必须调整嵌入处理过程。如果在传输过程中一些像素改变了颜色，导致该分块区域黑白像素的统计信息发生改变，将破坏秘密信息的恢复结果。因此，有必要引入两个阈值 $R_1 > 50\%$ 和 $R_0 < 50\%$ 以及一个健壮参数λ，λ是传输过程中能改变颜色的像素百分比。为了保证信息隐藏系统的鲁棒性，发送者在嵌入秘密信息的处理过程中，需要保证 $P_1(A_i) \in [R_1, R_1 + \lambda]$ 或 $P_0(A_i) \in [R_0 - \lambda, R_0]$。如果为了达到目标需要修改的像素个数太多，就把这个图像块标记为无效，修正 $P_1(A_i)$ 满足下面两个条件之一：

$$P_0(A_i) < R_0(A_i) - 3\lambda$$

$$P_1(A_i) > R_1(A_i) + 3\lambda$$

然后以比特 i 伪随机地选择另一个图像块。在提取过程中，无效的图像块被跳过，有效的图像块根据 $P_1(A_i)$ 进行解码，恢复出隐藏的秘密信息。

2. 变换域隐秘技术

变换域方法是在载体图像的显著区域隐藏信息，不仅比 LSB 方法能够更好地抵抗各种信息处理攻击方式，而且能够保持对人类感官的不可察觉性。

目前，有许多基于变换域的信息隐藏方法。例如，使用离散余弦变换（DCT）作为手段在图像中嵌入秘密信息，使用小波变换等变换也可以实现变换域的信息隐藏。变换过程可以在整个图像上进行，也可以对整个图像进行分块操作实现。然而，这种隐藏方法在图像中隐藏的秘密信息量和可获得的鲁棒性之间存在矛盾，隐藏的秘密信息量越大，隐藏方法的鲁棒性越差。

4.2.2 数字水印技术

1. 基本概念

数字水印技术是指在数字化的数据内容中嵌入不明显的记号。被嵌入的记号通常是不可见的或者不可察觉的，但是通过计算操作能够实现对该记号的提取和检测。水印信息与原始数据紧密结合并隐藏其中，成为一个整体。

数字水印的主要应用领域包括：原始数据的真伪鉴别、数据侦测和跟踪、数字产品版权保护等。在数字产品版权保护应用领域中，不仅要求数字水印算法能够实现对数字产品的版权保护功能，而且要求加入水印后的数字信息必须具有与原始数据相同的应用价值。因此，数字图像的内嵌水印具有下列特点。

① 透明性：加入水印后的图像的视觉质量不能有明显下降，也就是说，加入水印后的图像与原始图像相比，很难发现二者的差别。

② 鲁棒性：加入图像中的水印信息必须能够承受施加于载体图像的变换操作，不会因为变换处理而丢失，水印信息经过检验提取后应该清晰可辨。

③ 安全性：数字水印应该能够抵御各种蓄意的攻击，必须能够唯一地标识原始图像的相关信息，任何第三方都不能伪造他人的水印图像。

2. 数字水印模型

（1）数字水印嵌入模型

数字水印嵌入算法是在采用密钥信息的基础上将水印信息 $W=\{w(k)\}$ 嵌入原始掩体信号 $X_0=\{x_0(k)\}$ 当中，这样就得到嵌有水印信息的隐藏信息，数字水印的嵌入过程如图 4-3 所示。一般的水印嵌入规则可描述为：$x_0(k)'=x_0(k)\oplus h(k)w(k)$，其中 $\oplus$ 为某种操作，也可能包括合适的截断操作或量化操作；$H=\{h(k)\}$ 称为 d 维（声音一维，图像二维，视频三维）的水印嵌入掩码。

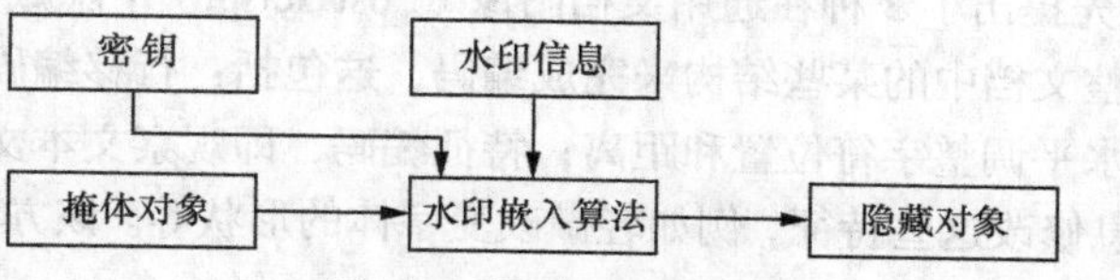

图 4-3 水印嵌入模型

（2）数字水印提取和检测模型

水印提取算法则借助于密钥从隐藏对象中提取出水印信号，基于图 4-3 给出的数字水印嵌入模型，相应的数字水印提取过程如图 4-4 所示。

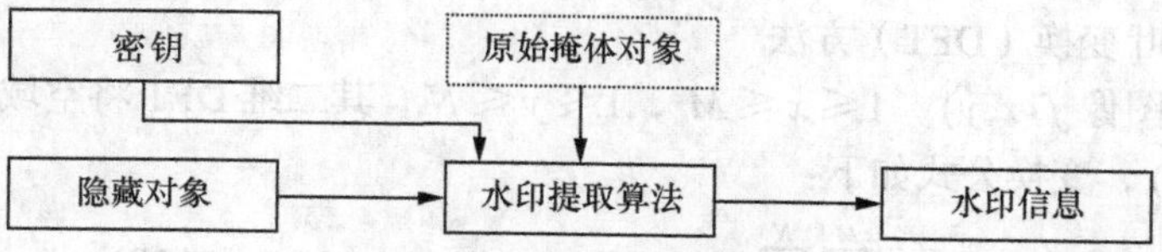

图 4-4 水印提取模型

水印检测算法则借助于密钥从隐藏对象中检测出水印信号，其检测流程如图 4-5 所示。

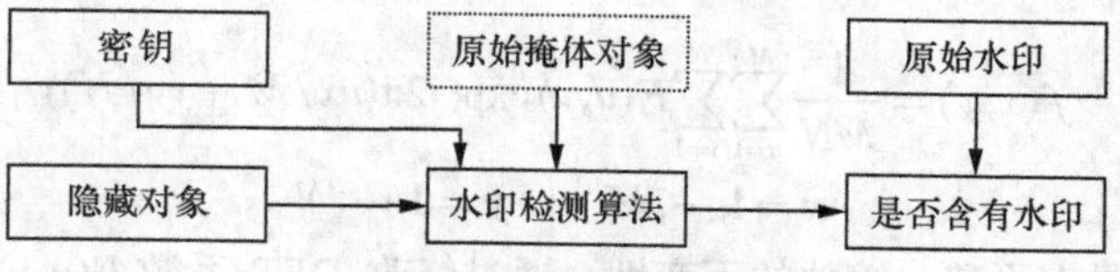

图 4-5 水印检测过程

水印检测过程可以定义为 S，已知原始图像 I 和含水印图像 I_W，W' 为提取出的水印，则有：$W'=S(I,I_W)$。

水印检测系统应具有良好的可靠性和计算效率。通常容易发生两类错误：第一类错误（纳伪）是数据中不存在水印，检测结果为存在水印，即虚警；第二类错误（弃真）是数据中存在水印，检测结果为不存在水印，即漏报。

3. 空域算法

接下来我们介绍几种典型的空域数字水印算法。较早的信息隐藏算法从本质上来说都是在空间域（Spatial Domain）上的，隐藏信息直接加载在数据上，载体数据在嵌入信息前不需要经过任何处理。

（1）最低有效位（LSB）方法

LSB（Least Significant Bit）算法是空间域水印算法的代表算法，该方法是利用原数据的最低几位来隐藏信息（具体取多少位，以人的听觉或视觉系统无法察觉为原则，一般对于图像来说，最低两比特位的修改不会给人的视觉造成很强的修改感觉）。对于数字图像，就是通过修改表示数字图像颜色（或者颜色分量）的较低位平面，即通过调整数字图像中对感知不重要的像素低比特位来表达水印的信息，达到嵌入水印信息的目的。

LSB 方法的优点是算法简单，嵌入和提取时不需耗费很大的计算量，计算速度通常比较快，而且很多算法在提取信息时不需要原始图像。但采用此方法实现的水印是很脆弱的，无法经受一些无损和有损的信息处理，不能抵抗如图像的几何变形、噪声污染和压缩等处理。

（2）文档结构微调方法

由 Brassil 等人首先提出了 3 种在通用文档图像（Post Script）中隐藏特定二进制信息的技术，隐藏信息通过轻微调整文档中的某些结构来完成编码，这包括：行移编码，即垂直移动文本行的位置；字移编码，即水平调整字符位置和距离；特征编码，即观察文本文档并选择其中一些特征量，根据要嵌入的信息修改这些特征，例如轻微改变字体的形状等。该方法仅适用于文档图像类。

4. 变换域算法

目前，变换域（Transformation Domain）方法正日益普遍，因为在变换域嵌入的水印通常都具有很好的健壮性，对图像压缩、常用的图像滤波以及噪声叠加等均有一定的抵抗力。并且一些水印算法还结合了当前的图像和视频压缩标准（如 JPEG、MPEG 等），因而有很大的实际意义。

（1）离散傅里叶变换（DFT）方法

对于二维数字图像 $f(x,y)$，$1 \leqslant x \leqslant M$，$1 \leqslant y \leqslant N$，其二维 DFT 将空域的图像转换成频域的 DFT 系数 $F(u,v)$，变换公式如下：

$$F(u,v)=\sum_{x=1}^{M}\sum_{y=1}^{N} f(x,y)\exp(-\mathrm{j}2\pi(ux/M+vy/N))$$

$$u=1,\cdots,M \qquad v=1,\cdots,N$$

逆变换的公式如下：

$$f(x,y)=\frac{1}{MN}\sum_{u=1}^{M}\sum_{v=1}^{N}F(u,v)\exp(\mathrm{j}2\pi(ux/M+vy/N))$$

$$x=1,\cdots,M \qquad y=1,\cdots,N$$

离散傅里叶变换具有平移、缩放的不变性。通过修改 DFT 系数 $F(u,v)$ 使其具有某种特征来嵌入隐藏的信息，通过逆变换得到含隐藏信息的图像。提取时，对含隐藏信息的图像进行 DFT 变换，通过嵌入使 DFT 系数 $F(u,v)$ 具有的某种特征来提取出所隐藏的信息。

（2）离散余弦变换（DCT）方法

仍以数字图像为例。数字图像可看作是一个二元函数在离散网格点处的采样值，并可以表示为一个非负矩阵。

二维离散余弦变换定义如下：

$$F(u,v)=\alpha(u)\alpha(v)\sum_{x=0}^{N-1}\sum_{y=0}^{N-1}f(x,y)\cos[\frac{(2x+1)u\pi}{2N}]\cos[\frac{(2y+1)v\pi}{2N}]$$

逆变换定义为：

$$F(x,y)=\sum_{u=0}^{N-1}\sum_{v=0}^{N-1}\alpha(u)\alpha(v)F(u,v)\cos[\frac{(2x+1)u\pi}{2N}]\cos[\frac{(2y+1)v\pi}{2N}]$$

$$\alpha(0)=\sqrt{\frac{1}{N}}\text{且}\alpha(m)=\sqrt{\frac{2}{N}},1\leqslant m\leqslant N$$

其中，$f(x,y)$ 为图像的像素值，$F(u,v)$ 为图像做 DCT 变换后的系数。

一般通过改变 DCT 的中频系数来嵌入要隐藏的信息。选择在中频分量编码是因为在高频编码易于被各种信号处理方法所破坏，而在低频编码则由于人的视觉对低频分量很敏感，对低频分量的改变易于被察觉。

（3）离散小波变换（DWT）方法

与传统的 DCT 变换相比，小波变换是一种变分辨率的、将时域与频域相联合的分析方法，时间窗的大小随频率自动进行调整，更加符合人眼视觉特性。小波分析在时、频域同时具有良好的局部性，为传统的时域分析和频域分析提供了良好的结合。目前，小波分析已经广泛应用于数字图像和视频的压缩编码、计算机视觉、纹理特征识别等领域。由于小波分析在图像处理上的许多特点可以与信息隐藏的研究内容相结合，因此这种分析方法在信息隐藏和数字水印领域的应用也越来越受到广大研究者的重视，目前已有许多比较典型的基于离散小波变换的数字水印算法。

与空间域的方法比较，变换域的方法具有以下优点。

（1）在变换域中嵌入的水印信号能量能够分布到空间域的所有像素上，有利于保证隐藏信息的不可见性。

（2）在变换域，人类视觉系统（VHS）的某些特性（如频率掩蔽效应）可以更方便地结合到水印编码过程中，因而其隐蔽性更好。

（3）变换域的方法可与国际数据压缩标准兼容，从而易实现在压缩域（Compressed Domain）内的水印算法，同时，也能抵抗相应的有损压缩。

4.3 信息隐藏的攻击

信息隐藏的研究分为隐藏技术和隐藏攻击技术两部分。隐藏技术主要研究向载体对象中嵌入秘密信息，而隐藏攻击技术则主要研究对隐藏信息的检测、破解秘密信息或通过对隐藏对象处理从而破坏隐藏的信息和阻止秘密通信。

信息隐藏攻击者的主要目的为：

（1）检测隐藏信息的存在性。

（2）估计隐藏信息的长度和提取隐藏信息。

（3）在不对隐藏对象做大的改动的前提下，删除或扰乱隐藏对象中的嵌入信息。

一般称前两种为主动攻击，最后一种为被动攻击。对不同用途的信息隐藏系统，其攻击者的目的也不尽相同。

对含有水印的图像的常见攻击方法可以分为有意攻击和无意攻击两大类。

数字水印必须对一些无意义的攻击具有鲁棒性，也就是说对那些能保持感官相似性的数字处理操作具备鲁棒性。这些操作包括：剪切变换，亮度和对比度修改，增强和模糊等滤波算法，放大、缩小和旋转操作，有损压缩以及噪声干扰等。

通常假设检测水印的过程不能获得原始数据。下面是有意攻击的分类。

① 伪造水印的抽取：盗版者对于特定数字产品 P 生成的一个信号 S，使得检测算子 D 输出一个肯定的结果，而且 S 是一个从来没有嵌入到数字产品 P 中的水印信号，但是盗版者将信号 S 作为自己的水印信息。但是，如果水印算法 W 是不可逆的，并且信号 S 并不能与某个密钥联系，即伪造的水印信号 S 是无效的水印。有效性和不可逆性的条件导致有效的伪造水印的抽取几乎是不可能的。

② 伪造的肯定检测：盗版者应用一定的程序找到某个密钥 Key，能够使得水印检测程序输出肯定的结果，并且用该密钥表明对数字产品的所有权。但是，当水印能够以很高的确定度检测时，该攻击方法就不再可行。

③ 统计学上的水印抽取：大量的数字图像用同一个密钥加入水印信息，不应该能用统计估计方法除去水印信息，这种统计学上的可重获性可以通过使用依赖于产品的水印技术来防止。

④ 多重水印：攻击者可能会应用基本框架的特性来嵌入他自己的水印信息，从而不管攻击者还是产品的原始所有者都能用自己的密钥来检测出各自的水印信息。为了有效抵御这种攻击方式，原始数字产品所有者必须在发布产品前保存一份嵌有他自己水印信息的数字产品作为备份，当出现检测出多重水印信息的情况时，版权所有者可以用备份产品来检测发布出去的产品是否被加了多重水印。

我们必须认识到面向版权保护的鲁棒性水印技术是一个具有相当难度的研究内容，实践表明，到目前为止，还没有一个数字水印算法能够真正经得起攻击。下面给出实际应用中几种典型的攻击方式：

① 鲁棒性攻击：攻击者可以通过各种信号处理的操作，在不损害图像使用价值的前提下减弱、去除或者破坏水印，还有一种方式是面向水印嵌入和检测算法进行分析，这种方法针对具体的水印嵌入和检测算法的弱点来实现攻击。攻击者可以找到嵌入不同水印的统一原始图像的不同版本，产生一个新的图像，这种攻击方法在大部分情况下只要经过简单的平均处理，就可以有效地逼近原始图像，消除水印信息。

② 表示攻击：这种攻击方式并不一定要去除水印信息，它的目标是对数据进行操作和处理，使得检测过程不能有效检测到水印信息的存在。例如针对网络上的自动侵权探测软件 Webcrawler，该软件的一个弱点就是当被检测的图像尺寸较小时，检测过程会认为图像太小，不可能包含水印。针对该弱点，可以将含有水印信息的图像进行分割处理，使每一块图像的尺寸小于软件的检测下限，使得检测软件无法有效检测到水印信息，而在使用图像时将分割的图像进行拼接即可。这种攻击方法不仅不会改变图像的质量，而且能有效躲避水印提取和检测。

③ 解释攻击：这种攻击方式在面对检测到的水印信息时，通过捏造出的证据来证明水印信息是无效的。一种有效的攻击方式是攻击者先设计出一个自己的水印信息，然后从水印图像中去除该水印信息，将得到的图像标记为虚假的原始图像，这样，攻击者就可以通过在水印图像中提取自己的水印信息和展示虚假的原始图像来证明自己的版权。

④ 法律攻击：攻击者根据版权保护相关领域法律法规的漏洞，对数字版权作品实施非授权的使用等攻击的方式。

实践经验告诉我们，信息隐藏技术始终是在隐藏和攻击的斗争中发展壮大的。安全部门利用隐写术进行秘密通信，防止机密流失，保护国家和人民利益的同时，一些不法之徒也在利用隐写术，做着非法勾当，危害国家和社会。为了更好地了解罪犯活动信息，更有利地与罪犯作斗争，就需要进行信息隐藏分析技术的研究，即信息隐藏检测技术。利用信息隐藏检测技术来对一些能够进行信息隐藏的貌似正常的数据进行过滤，防患于未然。出版商在利用数字水印保护数字作品版权的同时，盗版者也在千方百计地想办法来去除版权标记，为了更好地保护版权，更好地测试一些水印算法的抗攻击能力，并开发出更健壮的水印算法，就必须对各种攻击方法进行研究，即信息隐藏攻击技术。反过来，一些信息隐藏攻击技术也成为衡量水印算法健壮性的标准。

本章总结

信息隐藏技术的发展历史悠久，但现代信息隐藏技术仅起源于 20 世纪 90 年代，现代信息隐藏技术借助于数字多媒体作为隐藏信息的载体数据，由于人类感知系统对数字多媒体的一些信息变化不敏感，可以以此将一定用途的信息隐藏在其他数字多媒体信息中，实现信息的隐藏。本章重点介绍了隐秘技术中的两种基本实现——空域隐秘技术和变换域隐秘技术，这些隐秘技术均是通过利用可公开的信息隐藏保密信息，获得对信息安全性的保障。数字水印可以分为鲁棒性水印和脆弱性水印，根据实现方式也分为基于空域的数字水印技术和基于变换域的数字水印技术，数字水印技术将防伪信息和被保护数据相融合，因此，通过数字水印可以实现对数字产品的版权认证等功能。

思考与练习

1. 结合实际应用，谈谈你对数字水印脆弱性和鲁棒性关系的认识。
2. 评价隐藏效果的指标有哪些？性能如何？

第5章 操作系统与数据库安全

本章主要讨论保护计算机操作系统和基于操作系统的其他信息系统的安全，主要内容涉及操作系统安全技术和数据库安全技术。首先介绍了操作系统的基本功能和特征，并对当前主要的操作系统及其性能进行了介绍，以此为基础，重点介绍了操作系统包含的安全机制以及操作系统中实现的安全机制。同时，本章还介绍了数据库安全的基本概念，面临的安全威胁和安全需求，以及实现数据库安全的主要技术。

本章的知识要点、重点和难点包括：操作系统的主要功能、操作系统的安全机制、主要操作系统采取的安全机制、数据库面临的安全威胁和需求、实现数据库安全的技术。

5.1 操作系统概述

5.1.1 基本概念

现代计算机系统都是由硬件和软件两大部分组成的。计算机硬件部分是指计算机物理装置本身，即包括处理机、存储器、输入/输出设备和各种通信设备，即硬件构成了系统本身和用户使用计算机的物质基础和工作环境。软件部分是指所有程序和数据的集合，它们由硬件来执行，用以完成某种特定的任务。

计算机系统中的硬件和各种软件构成一个层次关系，硬件部分是核心，通常称为裸机。从功能上看，裸机是有局限性的。软件的作用是在硬件的基础上对硬件的性能进行扩充和完善。计算机中的软件通常可分为系统软件和应用软件。系统软件与具体的应用领域无关，它主要用于计算机的管理、维护、控制和运行，并对运行的程序进行翻译、装载等服务工作。系统软件本身又可分为3部分，即操作系统、语言处理程序和支撑软件。应用软件是用户为解决某一特定问题而编制的程序。在各种软件中，一部分软件的运行往往需要另一部分软件作为基础，新增加的软件是对原有软件的扩充和完善，因此，在裸机外面每增加一个软件层后就变成了一台功能更强的机器，称为“虚拟机”。

图5-1所示为计算机硬件和软件构成的层次关系。

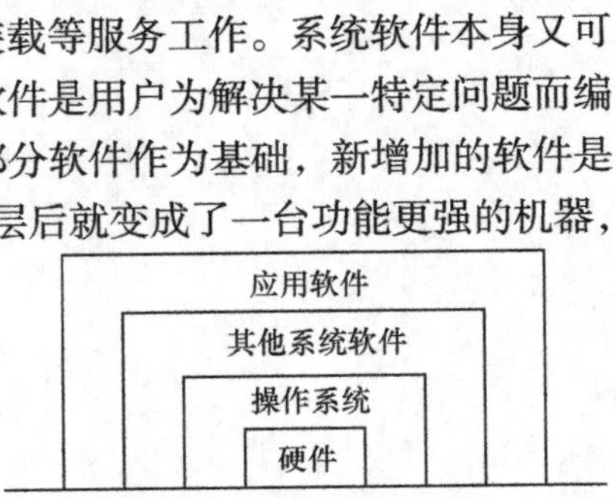

图5-1　操作系统的地位

从图5-1可以看出，操作系统是最接近裸机的软件层，它是对硬件的首次扩充，也是其他各种软件的运行基础。总之，操作系统（Operating System，OS）是计算机系统中最重要的一个系统软件，由一系列系统程序模块的集合组成。它们管理和控制整个计算机系统中软硬件资源，并合理地组织计算机工作流程以便有效地利用资源，为使用者提供一个功能强大、方便实用、安全完整的工作环境，从而在最低层的软硬件基础上为计算机使用者建立、提供一个统一的操作接口。

5.1.2 作用和目的

从用户的角度来看，引入操作系统是为了给用户使用计算机提供一个良好的工作界面，用户无需了解许多有关硬件和系统软件的细节，就能方便灵活地使用计算机。因此，操作系统是用户与计算机硬件之间的接口（Interface）。

从资源管理的角度来看，操作系统是计算机系统资源的管理者。用户使用计算机实际上是使用计算机系统的软硬件资源，操作系统的主要目的之一就是帮助用户管理系统资源，更好地为用户服务。

从任务组织的角度看，引入操作系统是为了合理地组织计算机工作流程，以提高资源的利用率。

从软件的角度看，操作系统是计算机系统中最重要的软件，是程序和数据的集合。

综上所述：操作系统是一组有效控制和管理计算机硬件和软件资源、合理组织计算机工作流程并方便用户使用计算机的程序的集合。它是配置在计算机上的第一层软件，是对硬件功能的首次扩充。

5.1.3 操作系统的基本功能

计算机系统的主要硬件资源有处理机、存储器和外部设备。软件资源主要是以文件的形式保存在外存储器中。因而形成了操作系统的 5 大功能：即处理机管理、存储管理、设备管理、文件管理和用户接口。

（1）处理机管理。处理机管理主要是对处理机的分配和运行进行管理。在传统的操作系统中，处理机的分配和运行都是以进程为基本单位，因此，通常将处理机管理归结为对进程的管理。

（2）存储管理。存储器管理主要是为多道程序的运行提供良好的环境，它的任务是对内部存储器进行分配、保护和扩充。

（3）设备管理。设备指的是计算机系统中除 CPU 和内存以外的所有输入/输出设备。操作系统的设备管理主要是对这些设备提供相应的设备驱动程序、初始化程序和设备控制程序等，使用户不必详细了解设备及接口的技术细节，就可方便地对这些设备进行操作。

（4）文件管理。操作系统将所有的软件资源都以文件的形式存放在外存储器（磁盘）中，操作系统对软件资源管理就是对文件的管理。

5.1.4 操作系统的特征

各种类型的操作系统虽然都有各自的特点，但它们都具有如下共同的基本特征。

（1）并发性。并发性是指两个或多个事件在同一时间间隔内发生。在多道程序的环境下，并发性是指宏观上在一段时间间隔内有多道程序在同时运行。而在单处理器系统中，每一时刻仅能执行一道程序，故微观上这些程序是在交替执行。

（2）共享性。共享是指操作系统程序与多个用户程序共用系统中的各种资源，这种共享是在操作系统控制下实现的。共享可分为两种：1）互斥共享：系统某些资源，如打印机、扫描仪、重要系统数据等，虽然可供多个用户程序共同使用，但在一段特定时间内只能由某一个用户程序使用。2）同时共享：系统中还有一类资源，在同一段时间内可以被多个程序同时访问。当然这是指宏观上的，微观上这些程序访问资源有可能还是交替进行的。硬盘就是一个典型的例子。

（3）虚拟性。虚拟是指通过某种技术，将一个物理实体变为若干个逻辑上的对应物。用来实现虚拟的技术称为虚拟技术。

（4）异步性。异步性是指在多道程序的环境下，每个程序以不可预知的速度向前推进。但同时操作系统应保证程序的执行结果是可再现的，即只要运行环境相同，程序结果就相同。

5.1.5 操作系统的分类

（1）按机型分：大、中、小型机和微型机操作系统。

（2）按用户数目分：单用户操作系统和多用户操作系统。

（3）按功能特征分：批处理操作系统、实时操作系统和分时操作系统。

以下主要从功能特征角度进行操作系统的分类。

1. 批处理操作系统

过去，在计算中心的计算机上一般所配置的操作系统采用以下方式工作：用户把要计算的应用问题编成程序，连同数据和作业说明书一起交给操作员，操作员集中一批作业，并输入到计算机中。然后，由操作系统来调度和控制用户作业的执行。通常，采用这种批量化处理作业方式的操作系统称为批处理操作系统（Batch Operating System）。

批处理操作系统根据一定的调度策略把要求计算的问题按一定的组合和次序去执行，从而使系统资源利用率高，作业的吞吐量大。批处理系统的主要特征如下。

（1）用户脱机工作。用户提交作业之后直至获得结果之前不再和计算机及他的作业交互。因而，作业控制语言对脱机工作的作业来说是必不可少的。这种工作方式对调试和修改程序是极不方便的。

（2）成批处理作业。操作员集中一批用户提交的作业，输入计算机成为后备作业。后备作业由批处理操作系统一批批地选择并调入主存执行。

（3）多道程序运行。按预先规定的调度算法，从后备作业中选取多个作业进入主存，并启动它们运行，实现了多道批处理。

（4）作业周转时间长。由于作业进入计算机成为后备作业后要等待选择，因而，作业从进入计算机开始到完成并获得最后结果为止所经历的时间一般相当长，一般需等待数小时至几天。

2. 实时操作系统

虽然多道批处理操作系统和分时操作系统获得了较佳的资源利用率和快速的响应时间，从而使计算机的应用范围日益扩大，但它们难以满足实时控制和实时信息处理领域的需要。于是，便产生了实时操作系统，目前有 3 种典型的实时系统：过程控制系统、信息查询系统和事务处理系统。计算机用于生产过程控制时，要求系统能现场实时采集数据，并对采集的数据进行及时处理，进而能自动地发出控制信号控制相应执行机构，使某些参数（压力、温度、距离、湿度）能按预定规律变化，以保证产品质量。导弹制导系统、飞机自动驾驶系统、火炮自动控制系统都是实时过程控制系统。计算机还可用于控制进行实时信息处理，情报检索系统是典型的实时信息处理系统。计算机接收成千上百从各处终端发来的服务请求和提问，系统应在极快的时间内做出回答和响应。事务处理系统不仅对终端用户及时作出响应，而且要对系统中的文件或数据库频繁更新。例如，银行业务处理系统，每次银行客户发生业务往来，均需修改文件或数据库。要求这样的系统响应快、安全保密、可靠性高。

实时操作系统（Real Time Operating System）是指当外界事件或数据产生时，能够接收并以足够快的速度予以处理，其处理的结果又能在规定的时间之内来控制监控的生产过程或对处理系统作出快速响应，并控制所有实行任务协调一致运行的操作系统。由实时操作系统控制的过程控制系统较为复杂，通常由4部分组成：1）数据采集。它用来收集、接收和录入系统工作必须的信息或进行信号检测。2）加工处理。它对进入系统的信息进行加工处理，获得控制系统工作必须的参数或作出决定，然后，进行输出，记录或显示。3）操作控制。它根据加工处理的结果采取适当措施或动作，达到控制或适应环境的目的。4）反馈处理。它监督执行机构的执行结果，并将该结果反馈送至信号检测或数据接收部件，以便系统根据反馈信息采取进一步措施，达到控制的预期目的。

在实时系统中通常存在若干个实时任务，它们常常通过“队列驱动”或“事件驱动”开始工作，当系统接收来自某些外部事件后，分析这些消息，驱动实时任务完成相应处理和控制。可以从不同角度对实时任务加以分类。按任务执行是否呈现周期性可分成周期性实时任务和非周期性实时任务；按实时任务截止时间可分成硬实时任务和软实时任务。

3. 分时操作系统

在批处理系统中，用户不能干预自己程序的运行，无法得知程序运行情况，对程序的调试和排错不利。为了克服这一缺点，便产生了分时操作系统。

允许多个联机用户同时使用一台计算机系统进行计算的操作系统称分时操作系统（Time Sharing Operting System）。其实现思想如下：每个用户在各自的终端上以问答方式控制程序运行，系统把中央处理器的时间划分成时间片，轮流分配给各个联机终端用户，每个用户只能在极短时间内执行，若时间片用完，而程序还未做完，则挂起等待下次分得时间片。这样一来，每个用户的每次要求都能得到快速响应，每个用户获得这样的印象，好像他独占了这台计算机一样。实质上，分时系统是多道程序的一个变种，不同之处在于每个用户都有一台联机终端。

分时的思想于1959年由MIT正式提出，并在1962年开发出了第一个分时兼容系统（Compatible Time Sharing System，CTSS），成功地运行在IBM 7094机上，能支持32个交互式用户同时工作。1965年8月，IBM公司公布了360机上的分时系统TSS/360，这是一个失败的系统，由于它太大太慢，没有一家用户愿意使用。

分时操作系统具有以下特性。

（1）同时性：若干个终端用户同时联机使用计算机，分时就是指多个用户分享使用同一台计算机。

（2）独立性：终端用户彼此独立，互不干扰，每个终端用户感觉上好像他独占了这台计算机。

（3）及时性：终端用户的立即型请求（即不要求大量CPU时间处理的请求）能在足够快的时间之内得到响应。这一特性与计算机CPU的处理速度、分时系统中联机终端用户数和时间片的长短密切相关。

（4）交互性：人机交互，联机工作，用户直接控制其程序的运行，便于程序的调试和排错。

分时操作系统和批处理操作系统虽然有共性，它们都基于多道程序设计技术，但存在下列不同点。

① 目标不同。批处理系统以提高系统资源利用率和作业吞吐率为目标；分时系统则要满足多个联机用户的快速响应。

② 适应作业的性质不同。批处理适应已经调试好的大型作业；而分时系统适应正在调试的小型作业。

③ 资源使用率不同。批处理操作系统可合理安排不同负载的作业，使各种资源利用率较佳；分时操作系统中，多个终端作业使用相同类型编译系统和公共子程序时，系统调用它们的开销较小。

④ 作业控制方式不同。批处理由用户通过 JCL 的语句书写作业控制流，预先提交，脱机工作；分时操作系统采用交互型作业，由用户从键盘输入操作命令控制，联机工作。

5.2 常用操作系统简介

目前最常用的操作系统是 Windows、UNIX 和 Linux。其他比较常用的操作系统还有 Apple 的 Mac OS、Novell 的 NetWare、IBM 的 OS/2 以及 zOS（OS/390）、OS/400 等。

5.2.1 MS-DOS

第一个微型计算机的操作系统是 CP/M，它诞生于 20 世纪 70 年代。它是 Digital Research 公司为 8 位机开发的操作系统，能够进行文件管理，控制磁盘的输入输出、显示器的显示以及打印输出，是当时 8 位机操作系统的标准。

微软公司的 MS-DOS 陆续推出了 1.1、1.25 几个版本，逐渐得到了业界同行的认可。1983 年 3 月，微软公司发布了 MS-DOS 2.0，这个版本可以灵活地支持外部设备，同时引进了 UNIX 系统的目录树文件管理模式。MS-DOS 开始超越 CP/M 系统。

1987 年 4 月，微软推出了 MS-DOS 3.3，它支持 1.44 MB 的磁盘驱动器，支持更大容量的硬盘等。它的流行确立了 MS-DOS 在个人电脑操作系统的霸主地位。

MS-DOS 的最后一个版本是 6.22 版，这以后的 DOS 就和 Windows 相结合了。

5.2.2 Windows 操作系统

1. Windows 简介

Windows 操作系统最初的研制目标是在 DOS 的基础上提供一个多任务的图形用户界面。不过，第一个取得成功的图形用户界面系统并不是 Windows，而是 Windows 的模仿对象——苹果（Apple）公司于 1984 年推出的 Mac OS，Macintosh 及其上的操作系统当时已风靡美国多年，是 IBM-PC 和 DOS 操作系统在当时市场上的主要竞争对手。但苹果机和 Mac OS 是封闭式体系（硬件接口不公开、系统源代码不公开等），与 IBM-PC 和 MS-DOS 的开放式体系（硬件接口公开、允许并支持第三方厂家做兼容机、操作系统源代码公开等），使得 IBM-PC 后来者居上，销量超过了苹果机，成为个人计算机市场上占主导地位的操作系统。

Windows 系列操作系统包括个人、商用和嵌入式 3 条产品线。个人操作系统包括 Windows Me、Windows 98/95 及更早期的版本 Windows 3.x、2.x、1.x 等，主要在 IBM 个人机系列上运行。商用操作系统是 Windows 2000 和其前身版本 Windows NT，主要在服务器、工作站等上运行，也可以在 IBM 个人机系列上运行。嵌入式操作系统有 Windows CE 和手机用操作系统 Stinger 等。Windows XP 将家用和商用两条产品线合二为一。

2. Windows 操作系统的特点

Windows 操作系统的优点主要表现以下几个方面。

（1）界面图形化：操作可以说是“所见即所得”，只要移动鼠标，单击、双击即可完成。

（2）多用户、多任务：Windows 系统可以让多个用户使用同一台计算机而不会互相影响 Windows 2000 在此方面做得比较完善，管理员（Administrator）可以添加、删除用户，并设置用户的权利范围。

（3）网络支持良好：Windows 9x 和 Windows 2000 中内置了 TCP/IP 协议和拨号上网软件，只需一些简单的设置就能上网浏览、收发电子邮件等。

（4）出色的多媒体功能：Windows 中可以进行音频、视频的编辑/播放工作，支持高级的显卡、声卡，使其"声色俱佳"。

（5）硬件支持良好：Windows 95 以后的版本都支持"即插即用"（Plug and Play）技术，这使得新硬件的安装更加简单。几乎所有的硬件设备都有 Windows 下的驱动程序。

（6）众多的应用程序：Windows 下众多的应用程序可以满足用户各方面的需求。

此外，Windows NT、Windows 2000 系统还支持多处理器，这对大幅度提升系统性能有很大的帮助。

当然，作为一种集成了多种功能的庞大系统，Windows 操作系统也存在以下一些不足之处。

（1）由于设计时集成了多种功能，导致 Windows 操作系统非常庞大，程序代码繁冗。

（2）系统在使用过程中不是十分稳定，目前已知的多种不同版本的 Windows 操作系统都存在多种安全漏洞，这些安全漏洞虽然不一定会影响用户的正常使用，但在这些安全漏洞却可能对用户的信息安全带来安全隐患，因为这将使得计算机病毒入侵系统和攻击系统的机会大幅增加。

5.2.3 UNIX 操作系统

1. UNIX 简介

UNIX 是一种多用户操作系统，是目前的三大主流操作系统之一。它可以应用于各种不同的计算机上。它以其最初的简洁、易于移植等特点，很快地受到关注，并迅速得到普及和发展，成为跨越从微型机到巨型机范围的唯一的一种操作系统。

UNIX 自诞生于贝尔实验室以来，已被移植到数十种硬件平台上，许多大学、公司都发行了各种各样的 UNIX 版本。目前的主要变种有 SUN Solaris、IBM AIX 和 HPUX 等，不同变种间的功能、接口、内部结构与过程基本相同而又各有不同。此外，UNIX 还有一些克隆系统，如 Mach 和 Linux。

2. UNIX 操作系统的特点

UNIX 操作系统是一种多用户的分时操作系统，其主要特点表现在以下几点。

（1）可移植性好。硬件的迅速发展，迫使依赖于硬件的基础软件特别是操作系统不断地发展。由于 UNIX 几乎全部是用可移植性很好的 C 语言编写的，其内核极小，模块结构化，各模块可以单独编译。一旦硬件环境发生变化，只要对内核中有关的模块作修改，编译后与其他模块装配在一起，即可构成一个新的内核，而上层完全可以不动。

（2）可靠性强。UNIX 系统是一个成熟而且比较可靠的系统。在应用软件出错的情况下，虽然性能会有所下降，但工作仍能可靠进行。

（3）开放式系统。即 UNIX 具有统一的用户界面，使得用户的应用程序可在不同环境下运行。

5.2.4 Linux 操作系统

1. Linux 简介

1991 年年初，年轻的芬兰大学生 Linus Torvalds 在学习操作系统的设计时，由于学习的需要产生了自行设计一个操作系统 Linux 的想法。他的设计进展很顺利，只花了几个月的时间就在一台 Intel 386 微机上完成了一个类似于 UNIX 的操作系统，这就是最早的 Linux 版本。

1991 年年底，Linus Torvalds 首次在 Internet 上发布了基于 Intel 386 体系结构的 Linux 源代

码。由于 Linux 具有结构清晰、功能简捷等优点，很快就使得许多研究人员纷纷把它作为学习和研究的对象。他们在更正原有 Linux 版本中错误的同时，也不断为 Linux 增加新的功能。在众多研究者的努力下，Linux 逐渐成为一个稳定可靠、功能完善的操作系统。一些软件公司，如 Red Hat，InfoMagic 等，也不失时机地推出了自己的以 Linux 为核心的操作系统，从而极大地推动了 Linux 的商业化进程。使得 Linux 的使用日益广泛，其影响力也日益提升。

Linux 是一个免费的类似 UNIX 的操作系统，用户可以免费获得其源代码，并能够随意修改。它是在共用许可证 GPL（General Public License）保护下的自由软件。有几种不同的版本，如 Red Hat Linux、Slackware 以及我国的 Xteam Linux 等。

Linux 具有许多 UNIX 系统的功能和特点，能够兼容 UNIX，但无需支付 UNIX 高额的费用。Linux 的应用也十分广泛。Sony 的 PS2 游戏机就采用了 Linux 作为系统软件，使 PS2 摇身一变，成为了一台 Linux 工作站。

2. Linux 操作系统的特点

Linux 是一个以 UNIX 为基础的操作系统，它具有 UNIX 的许多特点。

（1）Linux 大部分都是用 C 语言写的。

（2）Linux 支持多任务。

（3）Linux 支持多用户会话，多个用户可以同时登录 Linux。

（4）Linux 提供分层文件系统。

（5）Linux 的图形用户界面（GUI）是 MIT 的 X-Window。

（6）Linux 可以提供广泛的网络功能，支持大多数互联网通信协议和服务。

但是 Linux 和 UNIX 还是有各自的特点。UNIX 属于商业化的操作系统，多年来一直在昂贵的专业硬件设备上运行。Linux 可以在几乎任何设备上运行。UNIX 的使用是受限制的，需要有销售商提供技术支持。Linux 是一个免费的、自由的操作系统，可以自己检查代码，建立系统安全。但要充分发挥 Linux 技术自由的全部优势，需要的技术水平要比使用面向消费者的操作系统高。有些 Linux 安全工具实际上已经成为工具箱，其中包含了许多独立的安全模式。Linux 可以提供和实现内容广泛的各种客户安全解决方案，但也需要用户放弃简单化的操作习惯。

5.3 操作系统安全

操作系统是连接硬件与其他应用软件之间的桥梁。数据库通常是建立在操作系统之上的，如果没有操作系统安全机制的支持，就不可能保障数据存取控制的安全性和可信性。在网络环境中，网络的安全可信依赖于各个主机系统的安全可信，没有操作系统的安全，就不会有主机和网络系统的安全。因此，操作系统的安全在信息系统整体安全中起着至关重要的作用，没有操作系统的安全，就不可能有信息系统的安全。

5.3.1 操作系统安全机制

操作系统安全的主要目标是监督保障系统运行的安全性，保障系统自身的安全性，标识系统中的用户，进行身份认证，依据系统安全策略对用户的操作行为进行监控。为了实现这些目标，在进行安全操作系统设计时，需要建立相应的安全机制。常用的安全机制包括：硬件安全机制、标识与认证机制、存取控制机制、最小特权管理机制和安全审计机制等。

1. 硬件安全机制

绝大多数实现操作系统安全的硬件机制也是传统操作系统要求的，优秀的硬件保护性能是高效、可靠的操作系统的基础。计算机硬件安全的目标是保证其自身的可靠性和为系统提供基本的安全机制。其中基本的安全机制包括：存储保护、运行保护和I/O保护等。

（1）存储保护

存储保护主要是指保护用户在存储器中的数据安全。保护单元为存储器中的最小数据范围，可为字、字块、页面或者段。保护单元越小，则存储保护的精度越高。在允许多道程序并发执行的操作系统中，除了防止用户程序对操作系统的影响外，还进一步要求存储保护机制对进程的存储区域实行相互隔离措施。

对于一个安全操作系统，存储保护是最基本的要求。存储保护与存储器管理是紧密联系的，存储保护负责保证整个系统各个任务之间互不干扰；存储器管理则是为了更有效地利用存储空间。

① 基于段的存储保护

当系统的地址空间分为两个段时（系统段和用户段），应该禁止在用户模式下运行的非特权进程向系统段进行写操作；而当在系统模式下运行时，则允许进程对所有的虚存空间进行读、写操作。用户模式到系统模式的转换应该由一个特殊的指令完成，该指令将限制进程只对部分系统空间进程进行访问。这些访问限制一般由硬件根据该进程的特权模式实施，从系统灵活性的角度来看，还是希望由系统软件明确地说明该进程对系统空间的哪一页是可读的，哪一页是可写的。

② 基于物理页的访问控制

在计算机系统提供透明的内存管理之前，访问判决是基于物理页号的识别。每个物理页号都被标以一个称为密钥的秘密信息，系统只允许拥有该密钥的进程去访问该物理页，同时利用一些访问控制信息指明该页是可读的或是可写的。每个进程相应地分配一个密钥，该密钥是由操作系统装入进程的状态字中。进程每次访问内存时，硬件都要对该密钥进行验证，只有当进程的密钥与内存物理页的密钥相匹配，并且相应的访问控制信息与该物理页的读写模式相匹配时，才允许该进程访问该页内存，否则禁止访问。

这种对物理页附加密钥的方法是比较繁琐的，因为一个进程在它的生存期内，可能多次受到阻塞而被挂起。当该进程重新启动时，它占有的全部物理页与挂起前所占有的物理页不一定相同。每当物理页的所有权改变一次，那么相应的访问控制信息就得修改一次；并且，如果两个进程共享一个物理页，但一个用于读而另一个用于写，那么相应的访问控制信息在进程转换时就必须修改，这样就会增加系统开销，影响系统性能。

③ 基于描述符的访问控制

采用基于描述符的地址解析机制可以避免上述管理上的困难。在这种方式下，每个进程都有一个“私有的”地址描述符，进程对系统内存某页或某段的访问模式都在该描述符中说明。可以有两类访问模式集，一类用于在用户状态下运行的进程；一类用于在系统模式下运行的进程。

描述符 W、R、E 各占一位，它们用来指明是否允许进程对内存的某页或某段进行写、读和执行的访问操作。由于在地址解析期间，地址描述符同时也被系统调用检验，因此，这种基于描述符的内存访问控制方法在进程转换、运行模式（系统模式和用户模式）转换以及进程调出/调入内存等过程中，不需要或仅需要很少的额外开销。

（2）运行保护

安全操作系统很重要的一点是进行分层设计，而运行域正是这种基于保护环的等级式结构。运行域是进程运行的区域，在最内层具有最小环号的环具有最高特权，而在最外层具有最大环号的环是最小的特权环。一般的系统不少于 3～4 个环。

设计两环系统是很容易理解的，它只是为了隔离操作系统程序与用户程序。对于多环结构，它的最内层是操作系统，它控制整个计算机系统的运行；靠近操作系统环之外的是受限使用的系统应用环，如数据库管理系统或者事物处理系统；最外一层则是控制各种不同用户的应用环。

分层域的基本结构如图 5-2 所示。

等级域机制应该保护某一环不被其外层侵入，并且允许在某一环内的进程能够有效地控制和利用该环以及低于该环特权的环。进程隔离机制与等级域机制是不同的。给定一个进程，它可以在任意时刻在任何一个环内运行，在运行期间还可以从一个环移到另一个环。当一个进程在某个环内运行时，进程隔离机制将保护该进程免遭在同一个环内同时运行的其他进程的破坏，也就是说，系统将隔离在同一个环内同时运行的各个进程。

为了实现两域结构，在段描述符中相应地有两类访问模式信息，一类用于系统域，一类用于用户域。这种访问模式信息决定了对该段可进行的访问模式。

两域结构中的段描述符的基本结构如图 5-3 所示。

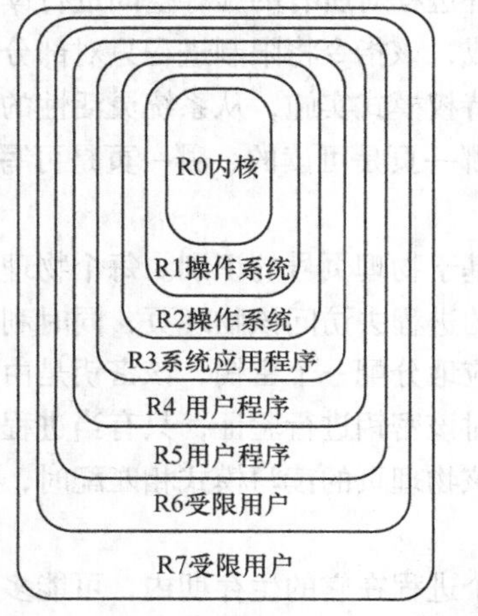

图 5-2　分层域

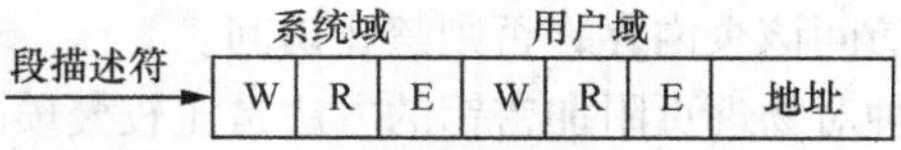

图 5-3　两域结构中的段描述符

如果要实现多级域，那就需要在每个段描述符中保存一个分立的 W、R、E 比特集，比特集的大小将取决于设立的等级的多少。

以上结构中，我们可以根据等级原则简化段描述符。我们知道，如果环 N 对某一段具有一个给定的访问模式，那么所有 0～N-1 的环都具有相同的访问模式，因此，对于每种访问模式，仅需要在该描述符中指出具有该访问模式的最大环号。所以在描述符的表示中，不需要为每个环都保存相应的访问模式信息。对于一个给定的内存段，仅需要 3 个区域（分别表示 3 种访问模式），在这 3 个区域中只要保存具有该访问模式的最大环号就行了。

多域结构中的段描述符的基本结构如图 5-4 所示。

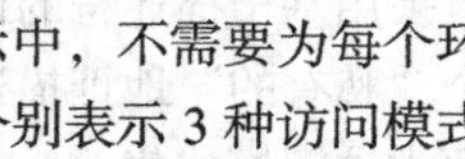

图 5-4　多域结构中的段描述符

在图 5-4 中，称 R1、R2、R3 这 3 个环号为环界。这里的 R1、R2、R3 分别表示对该段可以进行写、读、运行操作的环界。例如，在段描述符中，环界集表示为 (3,5,7)，这就表示 0 环～3 环可以对该段进行写操作；0 环～5 环可以对该段进行读操作；0 环～7 环可以运行该段内的代码。

对于一个给定的段，每个进程都有一个相应的段描述符表以及相应的访问模式信息。利用环界集最直观和最简单的方法是，对于一个给定的段，为每个进程分配一个相应的环界集，不同的进程对该段的环界可能是不同的。当两个进程共享一个段时，如果这两个进程在同一个环内，那么对该段的环界集就是相同的，所以它们对共享段的访问模式也是相同的。反之，处于两个不同环内的进程对某段的访问模式可能是不同的。

以上方法不能解决在同一环内两个进程对共享段设立不同访问模式的问题。该问题的解决方法是，将段的环界集定义为系统属性，它只说明某环内的进程对该段具有什么样的访问模式，即哪个环内的进程可以访问该段以及可以进行何种模式的访问，而不考虑究竟是哪个进程访问该段。所以，对一个给定的段，不是为每个进程都分配一个相应的环界集，而是为所有进程都分配一个相同的环界集。同时在段描述符中再增加 3 个访问模式位 W、R、E，访问模式位对不同的进程是不同的。这时，对一个给定段的访问条件是，仅当一个进程在环界集限定的环内运行且相应的访问模式位是 ON 时，才允许该进程对该段进行相应的访问操作。每个进程的段描述表中的段描述符都包含上述两类信息。环界集对所有进程都是相同的，而对于不同的进程可以设置不同的访问模式集。这样在同一环内运行的两个进程共享某个段，且欲使一个进程只对该段进行读访问，而另一个进程只对该段进行写访问时，只要按需设置两个进程相应的访问模式信息即可，而它们的环界集则是相同的。

在一个进程内往往会发生过程调用，通过这些调用，该进程可以在几个环内往复转移。为安全起见，在发生过程调用时，需要对进程进行检验。

（3）I/O 保护

在一个操作系统的所有功能中，I/O 一般被认为是最复杂的，人们往往首先从系统的 I/O 部分寻找操作系统的安全缺陷。绝大多数情况下，I/O 是仅由操作系统完成的一个特权操作，所有操作系统都对读/写文件操作提供一个相应的高层系统调用，在这些过程中，用户不需要控制 I/O 操作的细节。

I/O 介质输出访问控制最简单的方式就是将设备看作是一个客体，似乎它们都处于安全边界外。由于所有的 I/O 不是向设备写数据就是从设备接收数据，因此，一个进行 I/O 操作的进程必须受到对设备的读/写两种访问控制。这就意味着，设备到介质间的路径可以不受约束，而处理器到设备间的路径则需要施以一定的读/写访问控制。

如果要对系统中的信息提供足够的保护，防止未被授权的用户滥用或者毁坏，只靠硬件是难以实现的，必须由操作系统的安全机制与适当的硬件结合才能提供强有力的保护。

2. 标识与认证机制

（1）基本概念

标识就是系统要标识用户的身份，并为每个用户取一个系统可以识别的内容名称——用户标识符。用户标识符必须是唯一并且不能被伪造的，以防止一个用户冒充另一个用户。将用户标识符与用户联系的过程称为认证，认证过程主要用以识别用户的真实身份，认证操作总是要求用户具有能够证明他们身份的特殊信息，并且这个信息是秘密的，任何其他用户都不能拥有它。

在操作系统中，认证一般是在用户登录时发生的，系统提示用户输入口令，然后判断用户输入的口令是否与系统中存在的该用户口令一致。这种口令机制简单易行，但比较脆弱，许多计算机用户常常使用自己的姓名、生日等个人信息作为口令，这样设置的口令很不安全，因为这种口令难以经受住字典攻击。比较安全的口令应该不少于 6 个字符并同时包含字符和数字，用户在使用中需要为口令设置一个生存周期，并定期更改自己的口令信息。

近年来，基于生物特征的认证技术得到了快速发展，如利用指纹、虹膜、人脸等生物特征信息进行身份识别，目前这种技术取得了长足的发展，并且达到了实用阶段。

（2）安全操作系统中的标识与认证机制

在安全操作系统中，可信计算基（TCB）要求先进行用户识别，之后才能执行要 TCB 调节的任何其他活动。此外，TCB 要维持认证数据，不仅包括确定各个用户的许可证和授权信息，而且包括为验证各个用户标识所需的信息（如口令、生物特征等）。这些数据将由 TCB 使用，对用户标识进行认证，并对由代表用户的活动创建的 TCB 之外的主体，确保其安全级和授权是受该用户的许可证和授权支配的。TCB 还必须保护认证数据，保证它不被任何非授权的用户存取。

用户认证是通过口令完成的，必须保证单个用户的口令的私密性。标识与认证机制阻止非授权用户登录系统，因此，口令管理对保证系统安全操作是非常重要的。另外，还可以运用强认证方法使每一个可信主体都有一个与其关联的唯一标识。这同样要求 TCB 为所有活动用户、所有未禁止或禁止的用户实体和账户维护、保护、显示状态信息。

（3）认证机制

由于所有用户需要进行标识与认证，因此需要建立一个登录进程与用户交互以得到用于标识与认证的必要信息。首先用户提供一个唯一的用户标识符给 TCB，接着 TCB 对用户进行认证。TCB 必须能够证实该用户的确对应于所提供的标识符，这就要求认证机制必须做到以下几点。

① 在进行任何需要 TCB 仲裁的操作之前，TCB 都应该要求用户标识他们自己。通过向每位用户提供唯一的标识符，TCB 维护每个用户的记账信息。同时，TCB 还将这种标识与该用户有关的所有审计操作联系起来。

② TCB 必须维护认证数据，包括证实用户身份的信息以及决定用户策略属性的信息，这些数据被用来认证用户身份，并确保那些代表用户行为的、位于 TCB 之外的主体的属性对系统策略的满足。只有系统管理员才能控制用户的标识信息，除非允许用户在一定的范围内修改自己的认证数据。

③ TCB 保护认证数据，防止非授权用户使用。即使在用户标识无效的情况下，TCB 仍然执行全部的认证过程。当用户连续执行认证过程，超过系统管理员制定的次数而认证仍然失败时，TCB 应关闭登录会话。当尝试次数超过最高限次时，TCB 发送警告消息给系统控制台或者系统管理员，将此事件记录在审计档案中，同时将下次登录延迟一段时间，时间的长短由授权的系统管理员设定。TCB 应提供一种保护机制，当连续或不连续的登录失败次数超过管理员指定的次数时，该用户的身份就临时不可用，直到有系统管理员干预为止。

④ TCB 应能维护、保护、显示所有活动用户和所有账户的状态信息。

⑤ 口令作为一种保护机制，需要满足以下方面：

- 当用户选择了一个其他用户已经使用的口令时，TCB 应该保持沉默。
- TCB 应该以单向加密的方式存储口令，访问加密口令必须具有特权。
- 在口令输入或者显示设备上，TCB 应该自动隐藏口令明文。
- 在普通操作过程中，TCB 在默认情况下应该禁止使用空口令。
- TCB 应该提供一种机制，允许用户更换自己的口令，这种机制要求重新认证用户的身份。
- 对每一个用户或每一组用户，TCB 必须加强口令失效管理。
- 在要求用户更改口令时，TCB 应该事先通知用户。
- 要求在系统指定的时间段内，同一用户的口令不可重复使用。
- TCB 应该提供一种算法确保用户输入口令的复杂性。口令生成算法必须满足：产生的口令容易记忆；用户可自行选择可选口令；口令应在一定程度上抵御字典攻击；生成口令的顺序应该具有随机性；连续生成的口令应该毫不相关，口令的生成不具有周期性。

3. 存取控制机制

标识与认证机制防止非法用户登录。除此之外，安全操作系统还要对用户的访问行为进行控制，这主要通过存取控制机制来实现。

存取控制机制又称访问控制机制，是安全操作系统最基本的安全机制，其基本原理将在下一章中详细介绍。

4. 最小特权管理机制

安全操作系统除了要防止用户的非法登录和非授权访问，还要解决用户特权不能太大的问题，即最小特权管理问题。

特权就是可违反系统安全策略的一种操作能力，如添加、删除用户等操作。在现有操作系统中，超级用户拥有特权，普通用户不拥有特权。一个进程要么具有所有特权，要么不具有任何特权。这种特权管理方式便于系统维护和配置，但不利于系统的安全性。因为，一旦超级用户的口令丢失或者超级用户被冒充，将会对系统造成极大的损失，因此必须实行最小特权管理机制。

（1）基本思想

特权操作被攻击者利用并不是特权操作本身有问题，而是由于超级用户的存在，使得特权被滥用。事实上，在人们的日常工作中，大多数操作不需要特权，而我们往往习惯于使用超级用户来处理这些工作，这样就给攻击者提供了机会，使得攻击者利用程序漏洞或者系统漏洞窃取超级管理员的权限，对系统造成危害。因此，我们可以在分配特权时只授予任务执行所需的最小特权，同时将特权进行归类和细分，设置不同类型的管理员，每种类型的管理员只能获得某种类型的特权，无法拥有全部特权，并且使管理员相互制约、相互监督。

一方面，由于特权用户之间的制约，使得具有特权的用户不会轻易冒险使用手中的特权进行非法活动；另一方面，由于特权有限，在误操作或者特权被窃取时，造成的伤害也会被限定在一定的范围内。这就是最小特权原则：系统不应该给予用户超过执行任务所需的特权以外的特权。

最小特权管理机制可以通过以下两步来实现。

① 特权细分。确保将特权分配给不同类型的管理员，使每种管理员无法单独完成系统的所有特权操作。

② 特权动态分配和回收。确保在系统运行过程中只有需要特权时才分配相应的特权给用户。

（2）特权细分

可以将系统的特权细分为 5 类，根据特权细分结果设置 5 个特权管理员，分别管理这些特权，任何一个特权操作员都不能获得足够的特权破坏系统的安全策略。这 5 种特权操作员介绍如下。

① 系统安全管理员：对系统资源和应用定义安全级；限制隐蔽通道活动；定义用户和自主存取控制的组；为所有用户赋予安全级。

② 审计员：设置设计参数；管理审计信息；控制审计归档。

③ 操作员：启动和停止系统，磁盘一致性检查；格式化新的介质；设置终端参数；设置用户无关安全级的登录参数。

④ 安全操作员：完成操作员的所有职责；例行的备份和恢复；安装和拆卸可安装介质。

⑤ 网络管理员：管理网络软件；设置连接服务器、地址映射机构、网络等；启动和停止网络文件系统，通过网络文件系统共享和安装资源。

（3）特权动态分配和回收

特权动态分配和回收的主要目的是使用户只有在执行特权操作时才具有相应的特权，特权操作完成后收回特权，保证任何时刻进程只具有完成工作所需的最小特权。实现方法是对可执行文件赋予相应的特权集，对于系统中的每个进程，根据其执行程序和所代表的用户，赋予相应的特权集。一个进程请求一个特权操作，将调用特权管理机制，判断该进程的特权集中是否具有这种操作特权。

这样，特权不再与用户标识相关，已经不是基于用户 ID 了，它直接与进程和可执行文件相关联。一个新进程继承的特权既有父进程的特权，也有所执行文件的特权，一般把这种机制称为基于文件的特权机制。这种机制的最大优点是特权细化，其可继承性提供了一种执行进程中增加特权的能力。因此，对于一个新进程，如果没有明确赋予特权的继承性，它就不会继承任何特权。系统中不再有超级用户，而是根据敏感操作分类，使同一类敏感操作具有相同的特权。

5.3.2 Linux 的安全机制

1. 身份标识与认证

Linux 系统的身份标识与认证机制是基于用户名与口令来实现的，其基本思想是：当用户登录系统时，由守护进程 getty 要求用户输入用户名，然后由 getty 激活 login，要求用户输入口令，然后 login 根据系统中的/etc/passwd 文件来检查用户名和口令的一致性，如果一致，则该用户是合法用户，为该用户启动一个 shell。其中，/etc/passwd 文件是用来维护系统中每个合法用户的信息的，主要包括用户的登录名、经过加密的口令、口令时限、用户号（UID）、用户组号（GID）、用户主目录以及用户所使用的 shell。加密的口令也可能存在于系统的/etc/shadow 文件中。

2. 自主访问控制

在 Linux 系统中，系统中的所有活动都可以看作是主体对客体的一系列操作。客体是一种信息实体，或者是从其他主体或客体接收信息的实体，如文件、内存、进程消息、网络包或 I/O 设备。主体通常是一个用户或代表用户的进程，它引起信息在客体之间流动。访问控制机制的功能是控制系统中的主体对客体的读、写和执行等各种访问。Linux 自主访问控制是比较简单的访问控制机制，其基本思想如下。

① 系统内的每个主体（用户或代表用户进程）都有一个唯一的用户号（UID），并且总是属于某一个用户组，而每一个用户组有唯一的组号（GID）。这些信息由超级用户或授权用户为系统内的用户设定，并保存在系统的/etc/passwd 文件中，通常情况下，代表用户的进程继承用户的 UID 和 GID。

② 系统对每一个客体的访问主体区分为客体的属主（U）、客体的属组（G）以及其他用户（O），而对每一客体的访问模式区分为读、写和执行，所有这些信息构成一个访问控制矩阵。允许客体的所有者和特权用户通过这一访问控制矩阵为客体设定访问控制信息。

③ 当用户访问客体时，根据进程的 UID、GID 和文件的访问控制信息检查访问的合法性。

④ 为了维护系统的安全性，对于某些客体，普通用户不应该具有某些访问权限，但是由于某种需要，用户又必须能超越对这些客体的受限访问，如/etc/passwd 文件，用户不具有写访问权限，但又必须得允许用户能够修改这些文件，以修改自己的密码。Linux 通过 setuid/setgid 程序来解决这一问题。setuid/setgid 程序可以使得代表普通用户的进程不继承用户的 UID 和 GID，即使得普通用户暂时获得其他用户身份，并通过该身份访问客体。由于 setuid/setgid 程序所进行的活动具有局限性，而且根据需要还可能会进行相应的安全检查，所以有助于维护系统的安全。

3. 特权管理

Linux 继承了传统的 UNIX 的特权管理机制，即基于超级用户的特权管理机制。其基本思想如下。

① 普通用户没有特权，而超级用户拥有系统内的所有特权。

② 当进程要进行某些特权操作时，系统检查进程所代表的用户是否为超级用户，即检查进程的 UID 是否为 0。

③ 当普通用户的某些操作涉及特权操作时，通过 setuid/setgid 程序来实现。

这种特权管理方式便于系统维护和配置，但是不利于系统的安全性。一旦非法的用户获得了超级用户账号，就获得了对整个系统的控制权，他便可以为所欲为，系统将毫无安全性可言。此外，利用 setuid/setgid 程序来实现普通用户的某些特权操作，这在 UNIX 的早期是一项很巧妙的发明，到现在也还具有很重要的意义。但是，近年来却发现它简直成了 UNIX/Linux 在安全性方面的根源，通常被黑客利用其存在的漏洞获得超级用户权限，进而控制整个系统。

为了消除对超级用户账号的危险依赖，有效保证系统的安全性。从 Linux2.1 版本开始，Linux 内核开发人员通过在 Linux 内核中引入权能的概念，实现了基于权能的特权管理机制，有效改进了系统的安全性能。

4. 安全审计

Linux 系统的审计机制的基本思想是：将审计事件分为系统事件和内核事件两部分来分别进行维护和管理。如图 5-5 所示，系统事件由审计服务进程 syslogd 来维护与管理，而内核事件由内核审计线程 klogd 来维护和管理。

klogd 守护进程获得并记录 Linux 内核信息。通常 klogd 将所有的内核信息传递给 syslogd，由 syslogd 根据配置文件将内核信息记录到相应的文件中。如果调用带有一个 filename 变量的 klogd 时，klogd 就在 filename 中记录所有信息，而不是传给 syslogd。当指定另外一个文件进行日志记录时，klogd 就向该文件中写入所有内核信息。

syslogd 审计服务进程主要用来获得并记录来自于应用层的日志信息。Linux 为应用层提供了相应的系统调用接口，任何希望生成日志信息的进程都可以通过该接口生成日志信息。syslogd 可以实现灵活配置、集中式管理。当需要对事件作记录的单个软件发送消息给 syslogd 时，syslogd 会根据配置文件/etc/syslog.conf，按照消息的来源和重要程度情况，将消息记录到不同的文件、设备或其他主机中。

如图 5-6 所示，在 Linux 系统中，无论是 syslogd 还是 klogd，对日志信息的处理都是通过缓冲区来实现的。

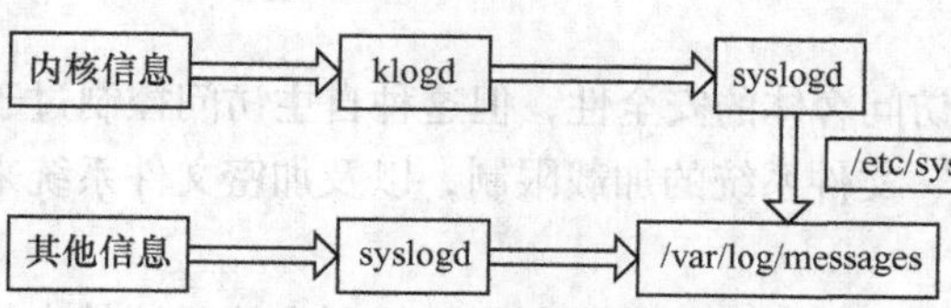

图 5-5 Linux 系统的审计机制

图 5-6 Linux 对日志信息的处理

5. 安全注意键

为了防止特洛伊木马口令截获攻击，Linux 提供了“安全注意键”以使用户确信自己的用户名和口令不被非法窃取，“安全注意键”的工作流程如图 5-7 所示。其中的“安全注意键”是 Linux 预定义的。当用户键入这组“安全注意键”时，系统通过中断陷入核心，核心接收并解释用户的键入，一旦发现是“安全注意键”，便杀死当前终端的所有用户进程（包括特洛伊木马），并重新激活登录界面而为用户提供可信登录路径，然后，用户就可以放心地输入合法用户名和口令了。

但是，“安全注意键”的安全性是有限的。这种“安全注意键”的实现只能对低级特洛伊木马口令截获攻击起作用，而对于高级特洛伊木马口令截获攻击却毫无作用可言。这里的高级特洛伊木马口令截获攻击是指通过特洛伊木马同 login(登录)进程捆绑在一起进行口令截获攻击；反之，则为低级特洛伊木马口令截获攻击。

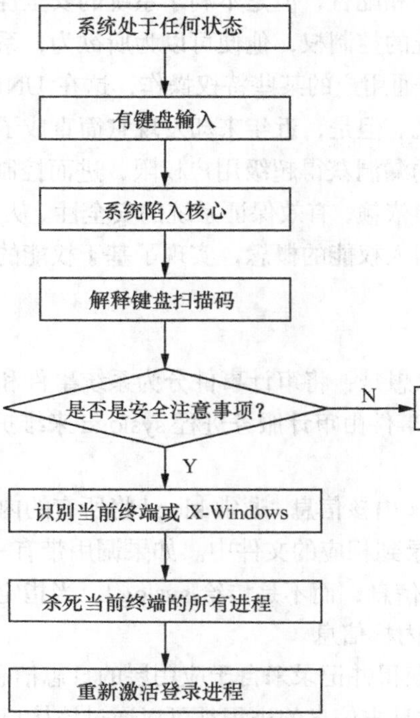

图 5-7　Linux 可信路径机制

6. 其他安全机制

鉴于 Linux 的用户名与口令的身份标识和认证机制在安全性上存在的不足，主要表现为口令的易猜测和容易泄露。针对口令容易猜测和泄露的特点，Linux 为此提供了一定的保护措施，主要有密码设置时的脆弱性警告、口令有效期、一次性口令、先进的口令加密算法、使用影子文件(shadow file)、账户加锁等安全机制。

Linux 系统中，通过自主访问控制来确保主体访问客体的安全性，但这种自主访问控制过于简单，为此，Linux 提供了限制性 Shell、特殊属性、文件系统的加载限制，以及加密文件系统来提高系统的安全性能。

此外，Linux 还通过对根用户进行适当的限制，在一定程度上限制了超级用户给系统带来的安全隐患，而安全 Shell、入侵检测、防火墙等安全机制的采用，也从网络安全的角度进一步提高了系统的安全性能。

5.3.3 Windows 2000/XP 的安全机制

Windows 2000/XP 的前身是 Windows NT 操作系统，Windows NT 操作系统是 Microsoft 公司于 1992 年开发的一个完全的 32 位操作系统，支持多进程、多线程、均衡处理、分布式计算，是一个支持并发的单用户系统。此外，Windows NT 操作系统可以运行在不同的硬件平台上，例如

Intel 386 系列、MIPS 和 Alpha AXP。Windows NT 操作系统的结构是层次结构和客户机/服务器结构的混合体，只有与硬件直接相关的部分是由汇编实现的，Windows NT 操作系统主要是由 C 语言编写完成的。Windows NT 操作系统是用对象模型管理它的资源，因此，在 Windows NT 操作系统中使用对象而不是资源。Windows NT 操作系统的设计目标是 TCSEC 标准的 C2 级，在 TCSEC 中，一个 C2 系统必须在用户级实现自主访问控制、必须提供对客体的访问审计机制，此外，还必须实现客体重用。

一种操作系统的体系结构可以用以下几种方法来设计。

（1）小系统

系统由可以相互调用的一系列过程组成。这种系统有许多缺点，如修改一个过程可能导致系统不相关的部分发生错误。

（2）层次结构

这种方法把系统划分为模块和层，这样的系统称为层次结构。层次结构中每个模块为更高层的其他模块提供一系列函数以供调用。这种设计方法比较容易修改和测试，也可以方便地替换掉其中的一层。

（3）客户—服务器结构

客户—服务器结构中操作系统被划分为一个或者多个进程，每个进程被称为服务器，它提供服务。可执行的应用称为客户机，一个客户机通过向指定的服务器发送消息请求服务。客户—服务器结构如图 5-8 所示。系统中所有的消息通过微内核来发送，如果有多个服务器存在，则它们共享一个微内核。另一方面，客户机和服务器均在用户模式执行，这种方法的优点是一个服务器发生错误或者是重启，并不会影响系统的其他部分。

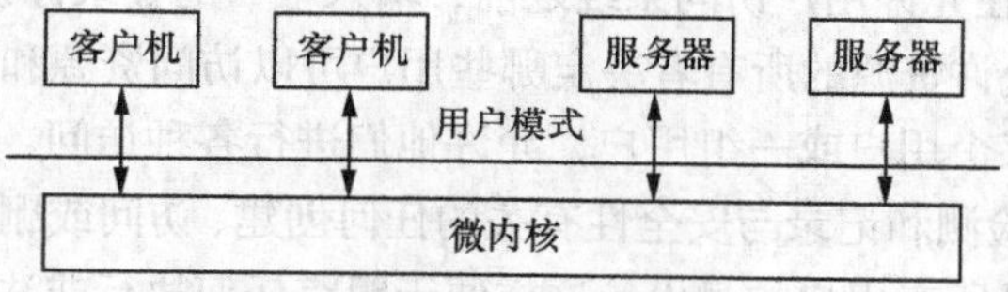

图 5-8 客户—服务器结构

Windows 2000/XP 的系统结构是层次结构和客户—服务器结构的混合体，其系统结构如图 5-9 所示。

在 Windows 2000/XP 系统中，执行者是唯一运行在核心模式中的部分。它划分为 3 层：最底层硬件抽象层，它为上一层提供硬件结构的接口，有了这一层可以使系统方便地移植。在硬件抽象层之上是微内核，它为低层提供执行、中断、异常处理和同步的支持。最高层是由一系列实现基本操作系统服务的模块组成，如虚拟内存管理、对象管理、进程和线程管理、I/O 管理、进程间通信和安全引用监控器。这些模块之间的通信是通过定义在每个模块中的函数来实现的。

被保护的子系统（有时称为服务器或被保护的服务）提供了应用程序接口（API），它以具有一定特权的进程形式在用户模式下执行。当一个应用调用 API，则消息通过本地过程调用（LPC）发送给对应的服务器，然后服务器通过发送消息应答调用者。可信计算基（TCB）服务是被保护的服务，它在与系统安全相关的环境下以进程方式执行，这就意味着此类进程占有一个系统访问令牌。标准的服务进程包括：会话管理、注册、Win32、本地安全认证和安全账号管理等。

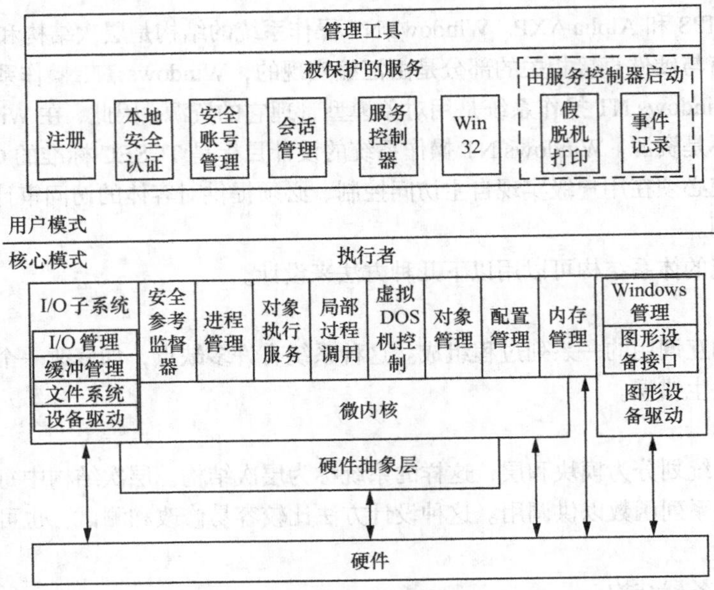

图 5-9　Windows 2000 系统结构示意图

1. Windows 2000/XP 安全模型

Windows NT/2000/XP 操作系统提供了一组可配置的安全性服务，这些服务达到了 TCSEC 所规定的 C2 级安全要求。

以下是 C2 级别规定的主要安全性服务及其需要的基本特征。

① 安全登录：要求在允许用户访问系统之前，输入唯一的登录标识符和密码来标识自己。

② 自主访问控制：允许资源的所有者决定哪些用户可以访问资源和他们可以如何处理这些资源。所有者可以授权给某个用户或一组用户，允许他们进行各种访问。

③ 安全审计：提供检测和记录与安全性有关的任何创建、访问或删除系统资源的事件或尝试的能力。登录标识符记录所有用户的身份，这样便于跟踪任何执行非法操作的用户。

④ 内存保护：防止非法进程访问其他进程的专用虚拟内存。另外，还应该保证当物理内存页面分配给某个用户进程时，这一页中绝对不含有其他进程的数据。

⑤ Windows 系统通过它的安全性子系统和相关组件来达到这些安全要求，并引入了一系列安全性术语，如活动记录、组织单元、安全 ID、访问控制列表、访问令牌、用户权限和安全审计等。

2. Windows 2000/XP 安全子系统

在 Windows 2000/XP 中，安全子系统由本地安全认证、安全账号管理器和安全参考监督器构成。除此之外，还包括注册、访问控制和对象安全服务等，它们之间的相互作用和集成构成了安全子系统的主要部分。

Windows 2000/XP 安全子系统如图 5-10 所示。

3. 标识与认证

（1）标识

每个用户必须有一个账号，以便登录和访问计算机资源，账号包含的内容有：用户密码、隶属的工作组、可在哪些时间登录、可从哪些工作站登录、账号有效日期、登录脚本文件、主目录和拨入等。

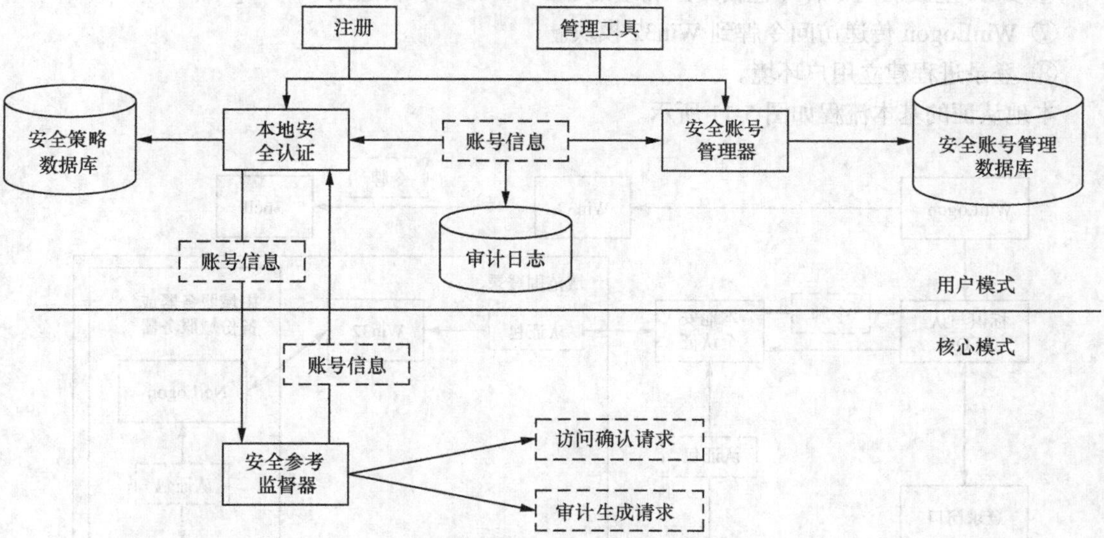

图 5-10　Windows 2000/XP 安全子系统

一般有两种类型的账号：管理员账号（Administrator）和访问者账号（Guest），管理员账号可以创建新账号。从范围的角度来看，还可以分为两种类型的账号：全局账号和本地账号，全局账号可以在整个域内应用，而本地账号只能在生成它的本机上使用。

通过工作组，可以方便地给一组相关的用户授予特权和权限，一个用户可以同时隶属于一个或者多个工作组。

（2）认证

认证分为本地认证和网络认证两种类型，在认证之前首先要进行初始化。

WinLogon 初始化的步骤主要包括以下几点。

① 创建并打开一个窗口站以代表键盘、鼠标和监视器。

② 创建并打开 3 个桌面：WinLogon 桌面、应用程序桌面、屏幕保护桌面。

③ 建立与 LSA 的 LPC 连接。

④ 调用 LsaLookupAuthenticationPackage 来获得与认证包 msv1_0 相关的 ID。msv1_0 在注册表的 KEY_LOCAL_MACHINE/system/currentcontrolset/control/lsa 中。

⑤ 创建并注册一个与 WinLogon 程序相关的窗口，并注册热键，通常为 Ctrl + Alt + Delete 组合键。

⑥ 注册该窗口，以便屏幕保护等程序调用。

本地认证的步骤主要包括以下几点。

① 按 Ctrl + Alt + Delete 组合键，激活 WinLogon。

② 调用标识与认证 DLL，出现登录窗口。

③ 将用户名和密码发送至 LSA，由 LSA 判断是否为本地认证；若是本地认证，LSA 将登录信息传递给身份验证包 msv1_0。

④ msv1_0 身份验证包向本地 SAM 发送请求来检索账号信息，首先检查账号限制，然后验证用户名和密码；返回最终创建访问令牌所需的信息（用户 SID、组 SID 和配置文件）。

⑤ LSA 查看本地规则数据库验证用户所作的访问（交互式、网络或服务进程），若成功，则 LSA 附加某些安全项，然后添加用户特权（LUID）。

⑥ LSA 生成访问令牌（包括用户和组的 SID、LUID），传递给 WinLogon。

⑦ WinLogon 传递访问令牌到 Win32 模块。

⑧ 登录进程建立用户环境。

本地认证的基本流程如图 5-11 所示。

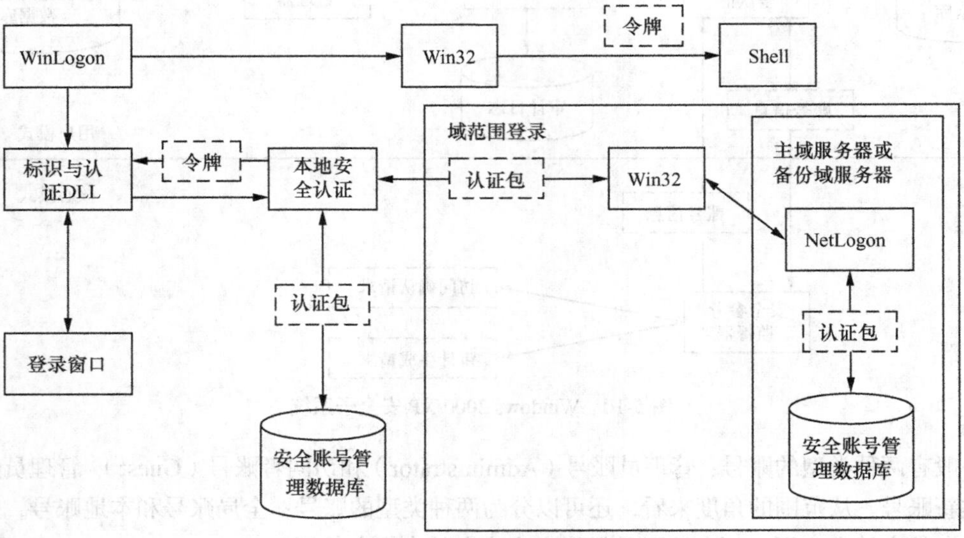

图 5-11 Windows 2000 本地认证流程

网络认证的步骤主要包括：

① 客户机通过 NetBIOS 传递登录信息。

② 服务器本地验证，验证的过程与本地认证相同，若成功则通过 NetBIOS 传递访问令牌。

③ 客户机通过 NetBIOS 和访问令牌访问服务器资源。

网络认证的基本流程如图 5-12 所示。

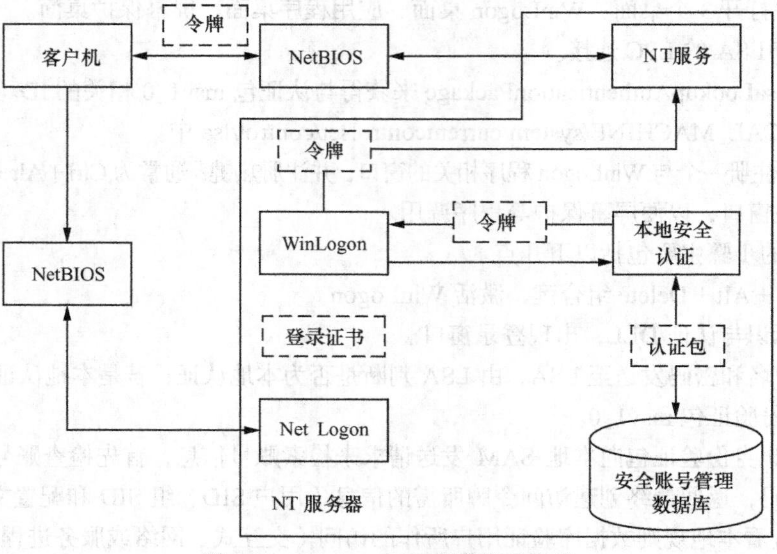

图 5-12 Windows 2000 网络登录流程

4. 存取控制机制

Windows 的资源包括：文件、设备、邮件槽、命名和未命名管道、进程、线程、事件、互斥体、信号量、可等待定时器、访问令牌、窗口站、桌面、网络服务、注册表键和打印机。这些资源都是以对象的方式进行管理。为了实现对资源的安全访问，每个资源被分配一个安全描述符。

安全描述符控制哪些用户可以对访问对象做什么操作，它包括以下主要属性。

① 所有者的 SID。

② 组 SID。

③ 自主访问控制列表。

④ 系统访问控制列表（SACL，是指哪些用户的哪些操作应该被记录到系统安全审计日志中）。当某个进程要访问一个对象时，进程的 SID 与对象的访问控制列表比较，确定是否可以访问该对象。访问控制列表由访问控制项（ACE）组成，每个访问控制项标识用户和工作组对该对象的访问权限。

访问控制项由安全标识和访问掩码构成，安全标识包括以下两方面。

① 访问拒绝：拒绝访问掩码中指定的权力。

② 访问允许：授予用户掩码中的权力。

在 Windows 中，用户进程并不直接访问对象，Win32 代表进程访问对象。这样做的主要原因是为了使程序较为简单，程序不必要知道如何直接控制每类对象，由操作系统去完成。同时，由操作系统负责实施进程对对象的访问，也可以使对象更加安全。

访问控制列表判断规则如下。

① 从 ACE 的头部开始，看是否有显式的拒绝。

② 看进程所要求的访问类型是否显式地授予。

③ 重复①和②，直到遇到拒绝访问，或者累计到所请求的权限都被满足为止。

④ 若没有被拒绝或接受，则拒绝。

在 C/S 结构中，服务器持客户端的权限来完成客户端的访问操作。

5. 安全审计

配置 Windows 2000 达到 C2 级，必须具有审计功能。系统运行中产生 3 类日志：系统日志、应用程序日志和安全日志，可使用事件查看器浏览和按条件过滤显示。前两类日志任何人都能查看，它们是系统和应用程序生成的错误警告和其他信息。安全日志则对应审计数据，它只能由审计管理员查看和管理。前提是它必须保存于 NTFS 文件系统中，使 Windows 2000 的系统访问控制列表（SACL）生效。

Windows 2000 的审计子系统默认是关闭的，审计管理员可以在服务器的域用户管理或工作站的用户管理中打开审计并设置审计事件类。审计事件分为 7 类：系统类、登录类、对象存取类、特权应用类、账号管理类、安全策略管理类、详细审计类。对于每类事件，可以选择审计失败或成功事件，或者二者都审计。对于对象存取事件类的审计，管理员还可以在资源管理器中进一步指定各文件和目录的具体审计标准，如读、写、修改、删除、运行等操作，也分为成功和失败两类进行选择。对注册表项及打印机等设备的审计类似。

审计数据文件以二进制结构形式存放在物理磁盘上。它的每条记录都包含有事件发生时间、事件源、事件号和所属类别、设备名、用户名和事件本身的详细信息。

6. 注册表

注册表是一个具有容错功能的数据库，存储和管理着整个操作系统、应用程序的关键数据，是整个操作系统中最重要的一部分。

注册表的数据结构由以下 5 个子树组成。

① HKEY_CURRENT_USER：包含当前登录用户的配置信息。包括用户组所属的工作组、环境变量、桌面设置、网络连接、打印机和应用程序等。

② HKEY_USERS：包含计算机上所有用户的配置信息。HKEY_CURRENT_USER 是 HKEY_USERS 的子项。

③ HKEY_LOCAL_MACHINE：包含计算机的配置信息，包括处理器类型、总线类型、视频和磁盘 I/O 等硬件信息，以及设备驱动程序、服务、安全性和安装的软件等软件信息。

④ HKEY_CURRENT_CONFIG：包含有关本地计算机在系统启动时使用的硬件配置文件的信息。这个子树指向 HKEY_LOCAL_MACHINE\SYSTEM\Current_ControlSet\Hard ware Profiles\Current 子项。

⑤ HKEY_CLASSES_ROOT：包含文件关联信息。将文件扩展名与一个应用匹配，相当于一个 OLE 类的存储器。这个子树指向存储在 HKEY_CURRENT_USER\Software \Classes 子项。

Windows NT/XP 的注册表分为两种主要文件。

① User.dat：注册表通过这个文件存放各个用户特定的一些设置，如用户的桌面设置和用户引导菜单的内容等。

② System.dat：注册表通过这个文件存放 Windows NT/XP 的一些硬件与软件的设置。

注册表中设有若干保护层，保护这些文件中的数据。所有注册表文件均以加密的二进制格式存储。如果没有相应的工具和用户授权，就无法读取这些文件。使用纯文本编辑器是无法进入注册表的。

7．域模型

域模型是 Windows NT 网络系统的核心，所有 Windows NT 的相关内容都是围绕着域来组织的，而且大部分 Windows NT 的网络都是基于域模型的。同工作组相比，域模型在安全方面有非常突出的优越性。

域是一些服务器的集合，这些服务器被归为一组并共享同一个安全策略和用户账号数据库。域的集中化用户账号数据库和安全策略使得系统管理员可以用一个简单而有效的方法维护整个网络的安全。域由主域控制器、备份域控制器、服务器和工作站组成。建立域可以把机构中不同的部门区分开来，虽然设定正确的域配置并不能保证人们获得一个安全的网络系统，但能使管理员控制网络用户的访问。

在域中，维护域的安全和安全账号管理数据库的服务器称为主域控制器，而其他存在域的安全数据和用户账号信息的服务器则称为备份域控制器。主域控制器和备份域控制器都能验证用户登录上网的要求，备份域控制器的作用在于，如果主域控制器崩溃，它能为网络提供一个备份并防止重要数据因此而丢失。每个域只允许有一台主域控制器，安全账号管理数据库的原件就存放在主域控制器中，并且只能在主域控制器中对数据进行维护。在备份域控制器中不能对数据进行任何改动。

委托是一种管理方法，它将两个域连接在一起，并允许域中的用户互相访问，委托关系可使用户账号和工作组能够在建立它们的域之外的域中使用。委托分为受托域和委托域两个部分，受托域使用户账号可以被委托域使用。这样，用户只需要一个用户名和口令就可以访问整个域。

委托关系只能被定义为单向的。为了获得双向委托关系，域与域之间必须相互委托；受委托域就是账号所在的域，也称为账号域；委托域含有可用的资源，也称为资源域。

在 Windows NT 中有 3 种委托模型：单一域模型、主域模型和多主域模型。

① 单一域模型：该模型中只有一个域，因此没有管理委托关系的负担。用户账号是集中管理的，资源可以被整个工作组的成员访问。

② 主域模型：该模型中有多个域，其中一个被设定为主域。主域被所有的资源域委托而自己却不委托任何域，资源域之间不能建立委托关系。这种模型具有集中管理多个域的优点。在主域模型中，对用户账号和资源的管理是在不同的域之间进行的。资源由本地的委托域管理，而用户账号由受托的主域进行管理。

③ 多主域模型：在该模型中，除了拥有一个以上的主域之外，与主域模型基本上是一样的。所有的主域彼此都建立了双向委托关系。所有的资源都委托所有的主域，而资源域之间彼此不建立任何委托关系。由于主域彼此委托，因此系统只需要一份用户账号数据库的副本。

5.4 数据库安全

数据库是长期存储于计算机内的、有组织的、可共享的数据集合。这些数据是结构化的，一般没有有害的或者不必要的冗余，并为多种应用提供服务；数据的存储独立于使用它的程序；对数据库插入新数据、修改或者检索原有数据均能按照一种公用的和可控的方式进行。数据库已经成为人们日常工作和生活中必不可少的重要基础，数据库的安全问题也日益成为人们关注的焦点。

5.4.1 数据库安全概述

1. 数据库安全概念

数据库安全就是指保护数据库以防止非法使用所造成的信息泄露、更改或破坏。数据库系统一般可以理解成两部分：一部分是数据库，可以按照一定的方式存取数据；另一部分是数据库管理系统，为用户及应用程序提供数据访问，并具有对数据库进行管理、维护等多种功能。

数据库系统安全包含系统运行安全和系统信息安全两层含义。

系统运行安全是指法律、政策的保护，如用户是否具有合法权利等；物理控制安全；硬件运行安全；操作系统安全；灾害、故障恢复；电磁信息泄露的预防等。

系统信息安全是指用户口令认证；用户存取权限控制；数据存取权限、方式控制、审计跟踪和数据加密等。

2. 数据库安全威胁

凡是造成数据库内存储数据的非授权访问或者非授权写入，原则上都属于对数据库的安全造成了威胁或者破坏。另一方面，凡是在正常业务需要访问数据库时，授权用户不能正常得到数据库的数据服务，也认为是对数据库的安全形成了威胁或者破坏。因为这两种情况都会对数据库合法用户的权益造成侵犯，或者是信息的窃取，或者是由于信息的破坏而形成提供错误信息的服务，或者直接拒绝提供服务。

根据违反数据库安全性所导致的后果，数据库安全威胁可以分为以下几类。

① 非授权的信息泄露：未获授权的用户有意或者无意得到的信息。通过对授权访问的数据进行推导分析获取非授权的信息也包含在这一类威胁中。

② 非授权的修改：包括所有通过数据处理和修改而违反信息完整性的行为。非授权的修改不一定会涉及非授权的信息泄露，因为即使不读数据也可以进行破坏。

③ 拒绝服务：包括各种会影响到合法用户访问数据或使用资源的行为。

根据发生的方式，数据库安全威胁可以分为有意和无意的。无意的安全威胁中，日常的事故主要包括以下几类。

① 自然或意外灾害：这些事故会破坏系统的软硬件，导致完整性破坏和拒绝服务攻击。

② 系统软硬件中的错误：这会导致应用实施错误的策略，从而导致非授权的信息的泄露、数据修改或者拒绝服务攻击。

③ 人为错误：无意地违反安全策略导致的后果与软硬件错误类似。

而在有意的安全威胁中，威胁主体决定进行欺诈并造成损失。这里安全威胁的主体可以分为两类。

① 授权用户：他们滥用自己的特权，从而造成威胁。

② 恶意代理：病毒、特洛伊木马和后门是这类威胁的典型代表。

3. 数据库安全需求

面对数据库的安全威胁，必须采取有效的措施，以满足对数据库安全的需求。

（1）防止非法数据访问

这是数据库安全最关键的需求之一。数据库管理系统必须根据用户或者应用的授权来检查访问请求，以保证仅允许授权的用户访问数据库。数据库的访问控制要比操作系统中的文件访问控制复杂得多。首先，控制的对象有更细的粒度，如表、记录、属性等；其次，数据库中的数据是语义相关的，因此用户可以不直接访问数据项，而是间接获取数据。

（2）防止推导

推导指的是用户通过授权访问的数据，经过推导得出机密信息，而按照安全策略用户是无权访问该机密信息的。在统计数据库中，需要防止用户从统计聚合信息中推导出原始个体信息，统计数据库特别容易受到推导问题的影响。

（3）保证数据库的完整性

该需求指的是保护数据库不受非授权的修改，以及不会因为系统中的错误、病毒等导致存储数据被破坏。这种保护通过访问控制、备份/恢复以及一些专用的安全机制共同实现，它们的主要目标是在系统发生错误时保证数据库中数据的一致性。

（4）保证数据的操作完整性

这个需求定位于在并发事务中保证数据库中数据的逻辑一致性。一般而言，数据库管理系统中的并发管理器子系统负责实现这部分需求。

（5）数据的语义完整性

这个需求主要是指在修改数据时保证新的数值在一定范围内以确保逻辑上的完整性。对数值的约束通过完整性约束来描述，可以针对数据库定义完整性约束，也可以针对改变定义完整性约束。

（6）审计和日志

审计和日志是有效的威慑和事后追查、取证、分析的工具。为了保证数据库中的数据安全，一般要求数据库管理系统能够将所有的数据操作记录下来，这一功能要求系统保留日志文件。安全相关事件可以根据系统设置，记录在日志文件中，以便事后调查和分析，追查入侵者和发现系统的弱点。

（7）标识和认证

各种计算机系统的用户管理模式类似，使用的管理模型和方法也基本相同。与其他信息系统一样，标识和认证也是数据库的一种安全手段，标识和认证是授权、审计等操作的前提条件。

（8）机密数据管理

数据库中的数据有可能部分或者全部是机密数据，而有些数据库中的数据则全部是公开数据。对于同时保存机密和公开数据的数据库而言，访问控制主要实现机密数据的保密性，仅允许授权用户访问机密数据。授权用户被赋予对机密数据进行一系列操作的权限，并且被禁止传播这些权限。此外，这些被授权访问机密数据的用户与普通用户一样可以访问公开数据，但是不能相互干扰。另一种情况是用户可以访问一组特定的机密数据，但是不能交叉访问。此外，还有一种情况是用户可以单独访问特定的机密数据集合，但是不能同时访问全部机密数据。

（9）多级保护

多级保护表示一个安全需求的集合。现实世界中很多应用将数据划分为不同保密级别，同一条记录的不同字段可能划分为不同的保密级别，甚至同一字段的不同值都会有不同的保密级别。在多级保护体系中，对不同数据项赋予不同的保密级别，然后根据数据项的密级给访问数据项的操作也赋予不同的级别。

5.4.2 数据库安全策略

数据库安全策略是指如何组织、管理、保护和处理敏感信息的原则，它包含以下方面。

（1）最小特权策略

最小特权策略是在让用户可以合法地存取或者修改数据库的前提下，给用户分配最小的特权，分配的特权恰好可以满足用户的工作需求即可。这种策略是把信息局限在为了工作需要的人员范围内，可把信息泄露限制在最小范围内，同时信息的完整性也可以得到保证。

（2）最大共享策略

最大共享策略的目的是让用户最大限度地利用数据库信息，但这并不意味着每个人都能访问数据库中的所有信息，因为考虑到数据库的保密需求，只能在满足保密需求的前提下，实现最大限度的共享。

（3）粒度适当策略

在数据库中，将数据库中的不同项分成不同的粒度，粒度越小，能够达到的安全级别越高。实际应用中，通常根据实际情况决定粒度的大小。

（4）开放和封闭系统策略

在一个封闭系统中，只有明确授权的用户才能访问系统资源；在一个开放系统中，除非明确禁止访问的资源，一般用户都被允许访问系统资源。一个封闭系统固然更安全，但如果在其上实现共享就增加了许多前提，因为访问规则限制了对它的访问。

（5）按存取类型控制策略

根据用户的存取类型，设定存取方案的策略称为按存取类型控制策略。

（6）与内容有关的访问控制策略

通过设定访问规则，最小特权策略可以扩充为与数据项内容有关的控制，该控制称为与内容有关的访问控制。这种控制产生较小的控制粒度。

（7）与上下文有关的访问控制策略

与上下文有关的访问控制策略涉及项的关系，这种策略包含两个方面：一方面限制用户在一次请求或特定的一组相邻请求中不能对不同属性的数据进行存取；另一方面可以规定用户对某些不同属性的数据必须一组存取。这种策略是根据上下文的内容严格控制用户的存取区域。

（8）与历史有关的访问控制策略

有些数据本身不会泄密，但是当与其他数据或者以前的数据联系在一起的时候，可能会泄露需要保密的信息。为了防止这类事件的发生，就必须对历史记录等进行控制。不仅考虑当时请求的上下文，而且也考虑过去请求的上下文关系，这样可以根据过去的访问来限制目前的访问。

5.4.3 数据库安全技术

1. 数据库加密

针对数据库实施的安全策略可以有效遏制多种安全威胁，综合实现数据管理和使用的安全，防止攻击者通过正常连接渠道发起的攻击与破坏。但是安全策略在防范某些种类的攻击时存在一定的局限性，尤其是对于内部人员攻击的防范。统计数据表明，大多数网络攻击行为发生在系统内部，因此，如果内部人员窃取到以明文形式存储的数据库信息，将导致十分严重的信息泄密事件。

数据库安全中的另一类安全隐患涉及用户的数据隐私。在企业内部的信息系统中，数据库管理员可以不加限制地访问数据库中的所有数据，超出了系统管理员应有的职责权限。在电子商务等应用中，某些企业的业务数据由服务提供商托管和维护，数据的私密性无法得到有效保障，其安全问题表现得更为突出。

数据库加密技术可以有效解决以上问题。数据加密是对计算机系统外存储器中数据最有效的保护措施之一。对数据库实施加密后，即使关键数据泄露或者丢失，也能够有效保证关键数据的机密性。

数据库加密可以设定各个用户的数据由用户自己的密钥来加密，而不需要了解数据内容的数据库管理员无法进行正常解密，不能获得明文数据，从而保证了用户的信息安全。另外，通过加密，数据库的备份内容以密文形式存储，从而能减少因为备份介质失窃或者丢失而造成的损失。

数据库加密具有以下特点。

① 数据库中数据的存储时间相对较长，并且由于数量大，密钥更新的代价较大，不可能频繁地更新密钥。加密系统不可能采用通信系统中一次一密的加密方式，因此，数据库加密应该保持足够的加密强度。

② 数据库中存储的是海量数据，加密后存在大量的明文范例。因此，如果对所有数据采用同样的密钥加密，则被破译的风险会很大。同时，因为在海量数据库中查询可能需要遍历大量数据，所以对加密处理速度的要求很高。

③ 数据库中的数据具有很强的规律性。如果明文相同的数据加密后密文也相同，攻击者容易通过统计方法获得原文信息。因此，数据库加密应该保证相同的明文加密后的密文无明显规律。

针对数据库加密的以上特点，在设计加密系统时，应该满足以下几个方面的要求。

① 足够的加密长度以保证长时间、大数据量不被破译。

② 数据加密后，存储空间应该没有明显增加。

③ 为了维护系统的原有特性，加密和解密的速度应该足够快，保证用户没有明显的延迟感觉。

④ 加密系统应该提供一套安全的、使用灵活的密钥管理机构，保证密钥存储安全，使用方便可靠。

⑤ 加密/解密对数据库的合法操作，如查询、检索、修改和更新等是透明的，加密后不影响系统的功能。

按照加密部件和数据库管理系统的关系，数据库加密可以分为库内加密和库外加密。

（1）库内加密

库内加密指在数据库管理系统（Data Base Management System，DBMS）内部实现支持加密的模块。其在 DBMS 内核层实现加密，加密/解密过程对用户和应用是透明的。

数据进入 DBMS 之前是明文，DBMS 在对数据物理存取之前完成加密/解密工作。库内加密通常是以存储过程的形式调用，因为由 DBMS 内核实现加密，加密密钥就必须保存在 DBMS 可以访问的地方，通常是以系统表的形式存在。

库内加密的优点是加密功能强，并且加密功能几乎不会影响 DBMS 的原有功能，这一点与库外加密方式相比尤为明显。另外，对于数据库来说，库内加密方式是完全透明的，不需要对 DBMS 做任何改动就可以直接使用。

图 5-13 所示为库内加密的基本原理。

（2）库外加密

库外加密指在 DBMS 范围外，用专门的加密服务器完成加密/解密操作。数据库加密系统作为 DBMS 的一个外层工具，根据加密要求自动完成对数据库数据的加密/解密处理。加密/解密过程可以在客户端实现，或者由专业的加密服务器完成。对于使用多个数据库的多应用环境，可以提供更为灵活的配置。

图 5-14 所示为库外加密的基本原理。

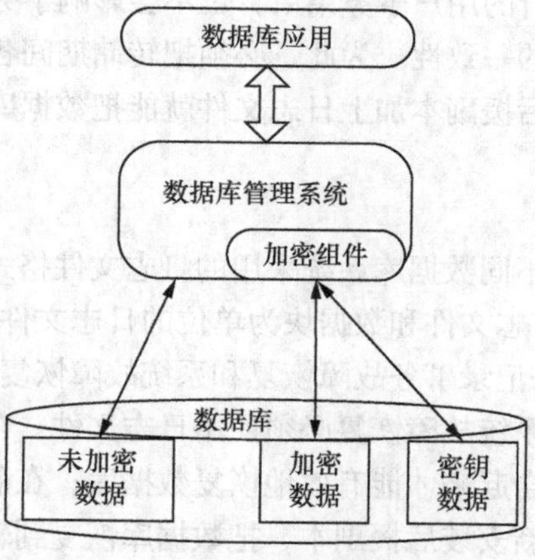

图 5-13　库内加密的基本原理

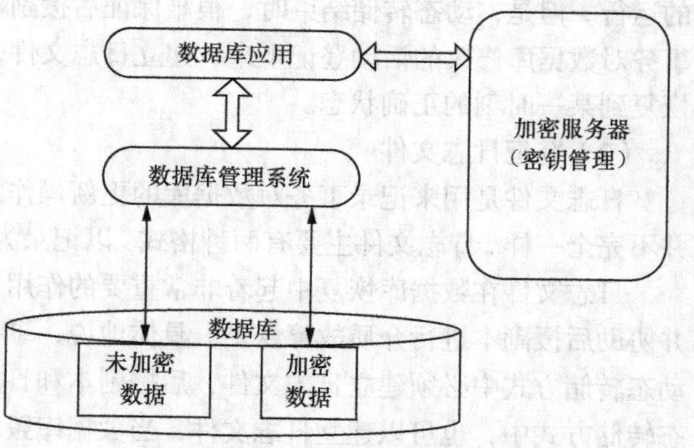

图 5-14　库外加密的基本原理

2. 数据库备份与恢复

尽管数据库系统采用了多种措施来防止数据库的机密性和完整性被破坏，保证并发事务的正确执行。所谓事务是用户定义的一个数据库操作序列，这些操作要么全做，要么全不做，是一个不可分割的工作单位。一个事务一旦完成全部操作，其对数据库的所有更新应当永久地反映在数据库中，即使以后系统发生故障，也应当保留这个事务的执行痕迹。

由于计算机系统中硬件故障、软件错误、操作员失误以及恶意的破坏仍然时有发生，这些故障将导致运行事务非正常中断，影响数据库中数据的正确性，甚至破坏数据库，使数据库中部分或者全部数据丢失。此时就要求数据库管理系统必须具有把数据库从错误状态下恢复到正确状态的功能，这就是数据恢复。

恢复的基本原理就是利用冗余。也就是说，数据库中任何一部分被破坏的或者不正确的数据可以根据存储在系统别处的冗余数据来重建。接下来简单介绍一下数据库恢复的实现过程。

数据库恢复机制涉及的两个关键问题是：如何建立冗余以及如何利用冗余数据实施数据库恢复。

建立冗余数据最常用的技术是数据转储和登记日志文件。在一般的数据库管理系统中，这两种技术是一起使用的。

（1）数据转储

所谓数据转储，即数据库管理员（DBA）定期地将整个数据库复制到磁带或者另一个磁盘上保存起来的过程，这些备用的数据文本称为后备副本或后援副本。

当数据库遭到破坏后，可以将后备副本重新装入，但重装后，后备副本只能将数据库恢复到转储状态，要想恢复到故障发生时的状态，必须重新运行自转储以后的所有更新事务。转储是十分耗时和耗费资源的，因此不能频繁地进行，DBA 应该根据数据库使用的情况确定一个适当的转储周期。

转储分为静态转储和动态转储。

静态转储是在系统中无运行事务时进行的转储操作，即转储操作开始的时刻，数据库处于一致性状态，转储期间不允许对数据进行任何存取、修改等操作。显然，静态转储得到的是一个数据一致性的副本。静态转储简单，但是转储必须等待正在运行的用户事务结束才能进行，同样，新的事务必须等待转储结束才能执行，这显然会降低数据库的可用性。

动态转储是指转储期间允许对数据库进行存取和修改等操作，即转储和用户事务可以并发执行。动态转储可以克服静态转储的缺点，它不用等待正在运行的用户事务结束，也不会影响事务的运行。但是，动态转储结束时，很难保证后援副本上数据的一致性。为此，必须把转储期间各事务对数据库修改的活动登记下来，建立日志文件，这样，后援副本加上日志文件就能把数据库恢复到某一时刻的正确状态。

（2）登记日志文件

日志文件是用来记录事务对数据库的更新操作的文件，不同数据库系统采用的日志文件格式并不完全一样。日志文件主要有两种格式：以记录为单位的日志文件和数据块为单位的日志文件。

日志文件在数据库恢复中起着非常重要的作用，可以用来记录事务故障恢复和系统故障恢复，并协助后援副本进行介质故障恢复。具体地说，事务故障和系统故障恢复必须使用日志文件。在动态转储方式中必须建立日志文件，后援副本和日志文件综合起来才能有效地恢复数据库；在静态转储方式中，也可以建立日志文件，当数据库毁坏后可重新安装后援副本，把数据库恢复到转储结束时刻的正确状态，然后利用日志文件，把已经完成的事务进行重作处理，对故障发生时尚未完成的事务进行撤销处理。这样不必重新运行那些已经完成的事务程序，就可以把数据库恢复到故障前某一时刻的正确状态。

为了保证数据库是可恢复的，登记日志文件时必须遵循两条原则：严格按并发事务执行的时间次序；必须先写日志文件，后写数据库。

把对数据的修改写到数据库中和把表示这个修改的日志记录写到日志文件中是两个不同的操作。有可能在这两个操作之间发生故障，即这两个操作只完成了一个。如果先写了数据库修改，而在运行记录中没有登记下这个修改，则以后就无法恢复这个修改了。如果先写日志，但还没有修改数据库，按照日志文件恢复时，只不过多执行一次不必要的 UNDO 操作，并不会影响数据库的正确性。因此，为了安全起见，一定要先写日志文件，然后写数据库的修改。

本章总结

操作系统安全涉及信息认证技术和访问控制技术等，这些技术都是实现操作系统安全的核心技术。实现操作系统安全，需要解决用户管理、内存和进程保护、对象保护和进程管理等问题，数据库安全技术需要解决数据完整性、数据保密性、存储可靠性等问题。本章主要讨论保护计算机操作系统和基于操作系统的其他信息系统的安全，主要内容涉及操作系统安全技术和数据库安全技术。首先介绍了操作系统的基本功能和特征，并对当前主要的操作系统及其性能进行了介绍，以此为基础，重点介绍了操作系统包含的安全机制以及操作系统中实现的安全机制。同时，本章还介绍了数据库安全的基本概念，面临的安全威胁和安全需求，以及实现数据库安全的主要技术。

思考与练习

1. 操作系统安全机制有哪些？
2. Windows XP 操作系统的安全机制有哪些？
3. 实现数据库安全的策略有哪些？
4. 库内加密和库外加密各有什么特点？

第6章 访问控制

本章介绍了访问控制的基本概念，常见的访问控制策略：自主访问控制、强制访问控制和基于角色的访问控制，并对其性能进行了对比分析，结合访问控制策略进一步介绍了访问控制的实现方式以及安全级别与访问控制的关系，最后，重点介绍了一种实现访问控制的技术——授权管理基础设施的基本概念、属性证书以及与 PKI 的关系。

本章的知识要点、重点和难点包括：访问控制的基本概念、访问控制策略，访问控制的实现方式和授权管理基础设施。

6.1 基础知识

访问控制是信息系统安全防范和保护的主要策略，它的主要任务是保证系统资源不被非法使用和非常规访问。它也是维护信息系统安全、保护系统资源的重要手段。访问控制规定了主体对客体访问的限制，并在身份认证的基础上，对提出资源访问的请求加以控制。它是对信息系统资源进行保护的重要措施，也是计算机系统最重要和最基础的安全机制。

6.1.1 访问控制的概况

20 世纪 70 年代初期，人们在开始对计算机系统安全进行研究的同时，也开始了对访问控制的研究。1971 年，Lampson 提出了访问矩阵的概念，并成功地将其应用于保护操作系统中的资源。后来，Denning 等人对访问矩阵的概念进行了改进，最后由 Harrison 等人将该模型概念完善为一种框架体系结构，并为信息系统提供保护。访问矩阵控制模型体现了自主访问控制的安全策略，其访问控制的管理相对困难，因为仅给每个用户分配对系统文件的访问属性，并不能有效地控制系统的信息流向，为此，人们开始研究安全性更高的安全策略模型。

1973 年，D.E.Bell 和 L.J.La Padula 提出了为系统中每个主体和客体分配相应的安全属性来控制主体对客体访问的 BLP 模型，并不断对其进行改进，并于 1976 年完成了该模型的第四版。

1976 年，D.E.Denning 等人提出了控制信息流向的格模型，该模型所反映的安全需求从本质上讲与 BLP 模型是一致的，但该模型对 BLP 模型进行了扩充，它不仅禁止用户直接访问超过其安全等级的客体，而且禁止其伙同有权访问这些客体的用户，以某种方式间接访问这些信息。

以上这些工作形成了早期的两种访问控制模型：自主访问控制和强制访问控制。

1983 年，美国国防部制订了《可信计算机系统评估准则》（TCSEC），将计算机系统的安全可信度从低到高分为 D、C、B、A 4 类共 7 个级别：D、C1、C2、B1、B2、B3、A1。该标准中定义了以上两种访问控制技术，其中自主访问控制被定义为商用、民用、政府系统和单级军事系统中的安全访问控制标准，强制访问控制被定义为多级军事系统的安全访问控制标准。这些标准一直被人们认为是安全有效的，这两种访问控制技术也在很多系统中被采用。

1987 年，Clark 和 Wilson 提出了 CW 模型，其中包含合式事务（Well-formed Transaction）和职责分散原则（Separation of Duty，SOD），它体现了一种应用于商业领域的强制访问控制策略。1989 年，Brewer 等人提出了中国墙（Chinese Wall）策略，它体现了一种应用于金融领域的强制访问策略。

自主访问控制和强制访问控制都存在管理困难的缺点。随着计算机应用系统的规模不断扩大，安全需求不断变化和多样化，需要一种灵活的能适应多种安全需求的访问控制技术。20 世纪 90 年代，基于角色的访问控制（Role Based Access Control，RBAC）进入了人们的研究视野。RBAC 的概念最初产生于 20 世纪 70 年代的多用户、多应用联机系统中，20 世纪 90 年代初，美国国家标准技术研究所（National Institute of Standards and Technology，NIST）的安全专家们提出了基于角色的访问控制技术。1996 年，George Mason 大学教授 Sandhu 等人在此基础上提出了 RBAC96 模型簇。1997 年进一步扩展了 RBAC96 模型，提出了利用管理员角色来管理角色的思想，并提出了 ARBAC97 模型，这些工作成果获得了广泛的认可。

随着高度动态、异构化、分布式的现代信息系统的发展，跨越多管理域之间的信息交换越来越频繁，其访问控制较之早前的单管理域的访问所面临的安全问题要复杂得多。已有的单域环境下的访问控制技术已经不能适应分布式系统中出现的安全问题，多管理域环境下的访问控制成为了人们的研究热点。

RBAC 模型因为其可管理性强和策略灵活等特点，使得很多研究人员将其作为分布式访问控制的基础，并对其进行了各种适应性扩展，也取得了一定的研究成果。

6.1.2 基本概念

访问控制是指主体依据某些控制策略或权限对客体本身或是其资源进行的不同授权访问。访问控制的基本概念有主体、客体、访问、访问许可和访问权。

（1）主体（Subject）

主体是指主动的实体，是访问的发起者，它造成了信息的流动和系统状态的改变，主体通常包括人、进程和设备。

（2）客体（Object）

客体是指包含或接收信息的被动实体，客体在信息流动中的地位是被动的，是处于主体的作用之下，对客体的访问意味着对其中所包含信息的访问。客体通常包括文件、设备、信号量和网络节点等。

（3）访问（Access）

访问是使信息在主体（Subject）和客体（Object）之间流动的一种交互方式。

（4）访问许可（Access Permissions）

访问许可反映了主体对客体的访问规则集，这个规则集直接定义了主体对客体的可以作用行为和客体对主体的条件约束。访问许可体现了一种授权行为，也就是客体对主体的权限允许，这种允许不超越规则集，由其给出。

（5）访问权（Access Right）

访问权描述主体访问客体的方式，通常包括以下几种方式。

① 读（Read）：主体可以查看系统资源的信息，如文件、记录或记录中的字段。

② 写（Write）：主体可以对系统资源的数据进行添加、修改或删除。写权限往往包括读权限。

③ 添加（Append）：仅允许主体在系统资源的现有数据上添加数据，但不能修改现存数据。例如，在数据库表中增加记录。

④ 删除（Delete）：主体可以删除某个系统资源，如文件或记录。

⑤ 执行（Execute）：主体可以执行指定的程序。

另外还有两个特殊权限。

① 拥有（Own）：若客体是由主体所创建，则主体对客体具有拥有权，称主体是客体的拥有者。

② 控制（Control）：主体对客体的控制权表示主体有权授予或撤销其他主体对客体的访问权。

访问控制决定了谁能够访问系统，能访问系统的何种资源以及如何使用这些资源。适当的访问控制能够阻止未经允许的用户有意或无意地获取数据。

实现访问控制的常用方法有 3 种：其一，是要求用户输入一些保密信息，如用户名和口令；其二，是采用一些物理识别设备，如访问卡，钥匙或令牌；其三，是采用生物统计学系统，可以给予某种特殊的生物特征对人进行唯一性识别。由于最后两种方法更为昂贵，因此，最常见的访问控制方法是用户名的口令。

6.2 访问控制策略

访问控制的方法不是唯一的，通常是根据实际系统的安全需求来决定采用什么样的控制方法，也有可能在一个系统中同时采用多种控制方法，以实现在最大限度提供信息资源服务的情况下确保系统安全。目前，人们常用的有如下 3 种访问控制方法：自主访问控制、强制访问控制和基于角色的访问控制。

6.2.1 自主访问控制

自主访问控制（Discretionary Access Control，DAC）是最常用的一种存取访问控制机制，文件的拥有者可以按照自己的意愿精确指定系统中的其他用户对此文件的访问权。这种访问控制基于主体或主体所在组的身份。这里“自主”是指：如果一个主体具有某种访问权，则他可以直接或间接地把这种控制权传替给别的主体。自主访问控制是一种允许主体对访问控制施加特定限制的访问控制类型。它允许主体针对访问资源的用户设置访问控制权限，用户对资源的每次访问都会检查用户对资源的访问控制表，只有通过验证的用户才能访问资源。

自主访问控制被内置于许多操作系统当中，是系统安全措施的重要组成部分。自主访问控制在网络中有广泛的应用。在网络上使用自主访问控制应考虑如下几点。

（1）什么人可以访问什么程序和服务？

（2）什么人可以访问什么文件？

（3）谁可以创建、读或删除某个特定的文件？

（4）谁是管理员或“超级用户”？

（5）什么人属于什么组，以及相关的权利是什么？

（6）当使用某个文件或目录时，用户有哪些权利？

自主访问控制包括身份型（Identity-based）访问控制和用户指定型（User-directed）访问控制，通常包括目录式访问控制、访问控制表、访问控制矩阵和面向过程的访问控制等方式。

6.2.2 强制访问控制

强制访问控制（Mandatory Access Control，MAC），是一种不允许主体干涉的访问控制类型。它是基于安全标识和信息分级等信息敏感性的访问控制，通过比较资源的敏感性与主体的级别来确定是否允许访问。系统将所有主体和客体分成不同的安全等级，给予客体的安全等级能反映出客体本身的敏感程度；主体的安全等级，标志着用户不会将信息透露给未经授权的用户。通常安全等级可分为 4 个级别：最高秘密级（Top Secret，TS）、秘密级（Secret，S）、机密级（Confidential，C）以及无级别级（Unclassified，U），其级别顺序为 TS>S>C>U。这些安全级别可以支配同一级别或低一级别的对象。

当一个主体访问一个客体时必须符合各自的安全级别需求，特别是以下两个原则必须遵守。

（1）Read Down：主体安全级别必须高于被读取对象的级别；

（2）Write up：主体安全级别必须低于被写入对象的级别。

这些规则可以防止高级别对象的信息传播到低级别的对象中，这样系统中的信息只能在同一层次传送或流向更高一级。

强制访问控制在军事和政府安全领域应用较多。例如，某些对安全要求很高的操作系统中规定了强制访问控制策略，安全级别由系统管理员按照严格程序设置，不允许用户修改。如果系统设置的用户安全级别不允许用户访问某个文件，那么不论用户是否是该文件的拥有者都不能进行访问。

强制访问控制的安全性比自主访问控制的安全性有了提高，但灵活性要差一些。强制访问控制包括规则型（Rule-based）访问控制和管理指定型（Administratively-based）访问控制。

6.2.3 基于角色的访问控制

随着商业和民用信息系统的发展，安全需求也在发生着变化，并呈现出多样化的发展趋势，这些系统对数据的完整性要求可能比对保密性的要求更高。而且，由于诸多部门增加、合并或撤销，公司职员的增加或裁减，使得系统总是处于不断变化之中，这些变化使得一些访问控制需求难以用自主访问控制或强制访问控制来描述和控制。同时，在许多机构中，即使是由终端用户创建的文件，终端用户也没有这些文件的所有权。访问控制需要由用户在机构中承担的职务或工作职责，或者说由用户在系统中所具有的角色来确定。因此，利用现实世界中角色的概念帮助系统进行访问控制管理的思想便应运而生。

传统的自主访问控制和强制访问控制都是将用户与访问权限直接联系在一起，或直接对用户授予访问权限，或根据用户的安全级来决定用户对客体的访问权限。在基于角色的访问控制中，引入了角色的概念，将用户与权限进行逻辑上的分离。

基于角色的访问控制（Role Based Access Control，RBAC）是指在应用环境中，通过对合法的访问者进行角色认证来确定访问者在系统中对哪类信息有什么样的访问权限。系统只问用户是什么角色，而不管用户是谁。角色可以理解成为其工作涉及相同行为和责任范围内的一组人。

在基于角色的访问控制中，系统将操作权限分配给角色，将角色的成员资格分配给用户，用户由所取得的角色成员资格而获得该角色相应的操作权限。这种访问控制不是基于用户身份，而是基于用户的角色身份，同一个角色身份可以授权给多个不同的用户，一个用户也可以同时具有多个不同的角色身份。一个角色可以被指派具有多个不同的操作权限，一种操作权限也可以指派给多个不同的角色。这样一来，用户与角色，角色与操作权限之间构成多对多的关系，其对应关系如图 6-1、6-2 所示。通过角色，用户与权限之间也形成了多对多的关系，即一个用户通过一个角色成员身份或多个角色成员身份可以获得多个不同的操作权限；另一方面，一个操作权限通过一个或多个角色可以被授予多个不同的用户。

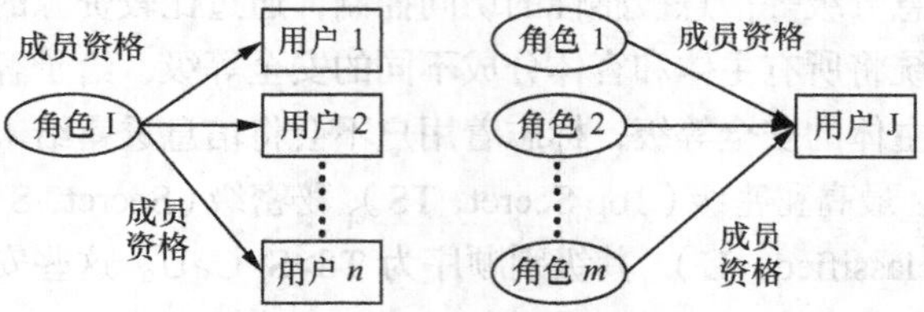

图 6-1　角色与用户的多对多关系

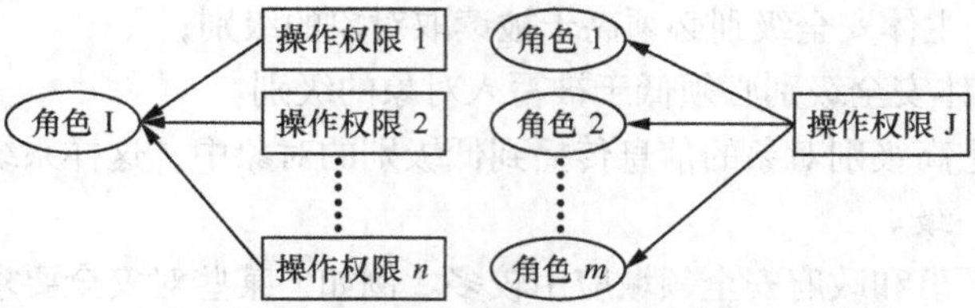

图 6-2　角色与操作权限的多对多关系

角色是 RBAC 机制的核心，它一方面是用户的集合，另一方面又是操作权限的集合，作为中间媒介将用户和操作权限联系起来。角色和组的概念之间的主要区别是，组通常是作为用户的集合，而非操作权限的集合。

根据基于角色的访问控制机制的原理可知，该访问控制模型具有以下特点：

① 便于授权管理。

② 便于赋予最小特权。

③ 便于根据工作需要分级。

④ 责任独立。

⑤ 便于文件分级管理。

⑥ 便于大规模实现。

总之，基于角色的访问控制是一种有效而灵活的安全措施，系统管理模式明确，节约管理开销，当前流行的数据管理系统都采用了角色策略来管理权限。

6.3　访问控制的实现

根据控制手段和具体目的的不同，访问控制可以通过以下几方面来具体实现：入网访问控制、网络权限控制、目录级安全控制、属性安全控制以及网络服务器的安全控制等。

6.3.1　入网访问控制

入网访问控制为网络访问提供了第一层访问控制。它控制哪些用户能够登录到服务器并获取网络资源，控制准许用户入网的时间和准许他们在哪台工作站入网。

基于用户名和口令的用户的入网访问控制可分为 3 个步骤：用户名的识别与验证、用户口令的识别与验证、用户账号的默认限制检查。3 个步骤中只要任何一个未通过校验，该用户便不能进入该网络。

对网络用户的用户名和口令进行验证是防止非法访问的第一道防线。用户登录时首先输入用户名和口令，服务器将验证所输入的用户名是否合法。如果验证合法，才继续验证用户输入的口令；否则，用户将被拒之网络之外。

用户名和口令验证有效之后，再进一步履行用户账号的默认限制检查。网络应能控制用户登录入网的站点、限制用户入网的时间、限制用户入网的工作站数量。当用户对交易网络的访问"资费"用尽时，网络还应能对用户的账号加以限制，用户此时应无法访问网络资源。网络应对所有用户的访问进行审计。如果多次输入口令不正确，则认为是非法用户的入侵，应给出报警信息。

但由于用户名口令验证方式容易被攻破，目前很多网络都开始采用基于数字证书的验证方式。

6.3.2 网络权限控制

网络权限控制是针对网络非法操作所提出的一种安全保护措施。能够访问网络的合法用户被划分为不同的用户组，用户和用户组被赋予一定的权限。访问控制机制明确了用户和用户组可以访问哪些目录、子目录、文件和其他资源，以及指定用户对这些文件、目录、设备能够执行哪些操作。它有两种实现方式："受托者指派"和"继承权限屏蔽"。"受托者指派"控制用户和用户组如何使用网络服务器的目录、文件和设备；"继承权限屏蔽"相当于一个过滤器，可以限制子目录从父目录那里继承哪些权限。我们可以根据访问权限将用户分为以下几类。

（1）特殊用户（即系统管理员）。

（2）一般用户，系统管理员根据他们的实际需要为他们分配操作权限。

（3）审计用户，负责网络的安全控制与资源使用情况的审计。

用户对网络资源的访问权限可以用访问控制表来描述。

6.3.3 目录级安全控制

目录级安全控制是针对用户设置的访问控制，控制用户对目录、文件、设备的访问。用户在目录一级指定的权限对所有文件和子目录有效，用户还可以进一步指定对目录下的子目录和文件的权限。对目录和文件的访问权限一般有 8 种：系统管理员（Administrator）权限、读（Read）权限、写（Write）权限、创建（Create）权限、删除（Delete）权限、修改（Modify）权限、文件查找（File Scan）权限和存取控制（Access Control）权限。

用户对文件或目标的有效权限取决于以下两个因素：用户的受托者指派和用户所在组的受托者指派、继承权限屏蔽取消的用户权限。一个网络系统管理员应当为用户指定适当的访问权限，这些访问权限控制着用户对服务器的访问。8 种访问权限的有效组合可以让用户有效地完成工作，同时又能有效地控制用户对服务器资源的访问，从而加强了网络和服务器的安全性。

6.3.4 属性安全控制

属性安全控制在权限安全控制的基础上提供更进一步的安全性。当用户访问文件、目录和网络设备时，网络系统管理员应该给出文件、目录的访问属性。网络上的资源都应预先标出一组安全属性，用户对网络资源的访问权限对应一张访问控制表，用以表明用户对网络资源的访问能力。属性设置可以覆盖已经指定的任何受托者指派和有效权限。属性能够控制以下几个方面的权限：向某个文件写数据、拷贝文件、删除目录或文件、查看目录和文件、执行文件、隐含文件、共享、系统属性等，避免发生非法访问的现象。

6.3.5　网络服务器安全控制

因为网络允许用户在服务器控制台上执行一系列操作，所以用户使用控制台就可以装载和卸载模块，可以安装和删除软件等操作，这就需要网络服务器的安全控制。网络服务器的安全控制包括可以设置口令锁定服务器控制台，从而防止非法用户修改、删除重要信息或破坏数据。具体包括设定服务器登录时间限制、非法访问者检测和关闭的时间间隔等。

6.4　安全级别和访问控制

安全级别有两个含义，其一是指主客体信息资源的安全类别，分为有层次的安全级别（Hierarchical Classification）和无层次的安全级别；另一个是访问控制系统实现的安全级别，这和计算机系统的安全级别是一样的，分为 4 级：具体为 D、C（C1、C2）、B（B1、B2、B3）和 A 4 个级别。

6.4.1　D 级别

D 级别是最低的安全级别，对系统提供最小的安全防护。拥有这个级别的系统就像一个门户大开的房子，任何人可以自由出入，是完全不可信的。任何人不需要账号就可以进入，可以不受限制地访问他人数据文件。这个级别的系统包括 DOS、Windows98 等。

6.4.2　C 级别

C 级有两个安全子级别：C1 和 C2。C1 级称为选择性保护级（Discrtionary Security Protection），它描述了一种典型的用在 UNIX 系统上的安全级别。用户拥有注册账号和口令，系统通过账号和口令来识别用户是否合法，并决定用户对程序和信息拥有什么样的访问权。它可以实现自主安全防护，对用户和数据的分离，保护或限制用户权限的传播。

C2 级具有创建受控访问环境的权力，它可以进一步限制用户执行某些命令或访问某些文件的权限，这不仅基于许可权限，而且基于身份验证级别。它比 C1 的访问控制划分得更为详细，能够实现受控安全保护、个人帐户管理、审计和资源隔离。这个级别的系统包括 UNIX、Linux 和 Windows NT 等系统。

C 级别属于自由选择性安全保护，在设计上有自我保护和审计功能，可对主体行为进行审计与约束。C 级别的安全策略主要是自主存取控制，可以实现以下功能。

（1）保护数据确保非授权用户无法访问。

（2）对存取权限的传播进行控制。

（3）个人用户数据的安全管理。

C 级别的用户必须提供身份证明（如口令机制），才能够正常实现访问控制，因此用户的操作与审计自动关联。C 级别的审计能够针对实现访问控制的授权用户和非授权用户，建立、维护以及保护审计记录不被更改、破坏或受到非授权存取。这个级别的审计能够实现对所要审计的事件、事件发生的日期与时间、涉及的用户、事件类型、事件成功或失败等进行记录，同时能通过对个体的识别，有选择地审计任何一个或多个用户。C 级别的一个重要特点是有对于审计生命周期保证的验证，这样可以检查是否有明显的旁路可绕过或欺骗系统，检查是否存在明显的漏路（违背对资源的隔离，造成对审计或验证数据的非法操作）。

6.4.3 B 级别

B 级别包括 B1、B2 和 B3 3 个级别，B 级别能够提供强制性安全保护和多级安全。强制防护是指定义及保持标记的完整性，信息资源的拥有者不具有更改自身的权限，系统数据完全处于访问控制管理的监督下。

B1 级称为标识安全保护（Labeled Security Protection）。它是支持多级安全（如秘密和绝密）的第一个级别，这个级别说明一个处于强制性访问控制之下的对象，系统不允许文件的拥有者改变其许可权限。

B2 级称为结构保护级别（Security Protection），要求访问控制的所有对象都有安全标签，而且给设备分配单个或多个安全级别。安全标签可以实现低级别的用户不能访问敏感信息。这是提出较高安全级别的对象与另一个较低安全级别的对象相通信的第一个级别。

B3 级别称为安全域保护级别（Security Domain），这个级别使用安装硬件的方式来加强域的安全，如用内存管理硬件来防止无授权访问。该级别也要求用户通过一条可信任途径连接到系统上。

B 级安全级别可以实现自主存取控制和强制存取控制，通常的实现包括以下几方面。

（1）所有敏感标识控制下的主体和客体都有标识。

（2）安全标识对普通用户是不可变更的。

（3）可以审计：（a）任何试图违反可读输出标记的行为；（b）授权用户提供的无标识数据的安全级别和与之相关的动作；（c）信道和 I/O 设备的安全级别的改变；（d）用户身份和与之相应的操作。

（4）维护认证数据和授权信息。

6.4.4 A 级别

A 级别又称为验证设计级（Verity Design），是目前最高的安全级别，在 A 级别中，安全的设计必须给出形式化设计说明和验证，需要有严格的数学推导过程，同时应该包含秘密信道和可信分布的分析。也就是说要保证系统的部件来源有安全保证，例如，对这些软件和硬件在生产、销售、运输中进行严密跟踪和严格的配置管理，以避免出现安全隐患。

6.5 授权管理基础设施

授权是资源的所有者或者控制者准许他人访问这种资源，这是实现访问控制的前提。对于简单的个体和不太复杂的群体，我们可以考虑基于个人和组的授权，即便是这种实现，管理起来也有可能是困难的。当我们面临的对象是一个大型跨国集团时，如何通过正常的授权以便保证合法的用户使用公司公布的资源，而不合法的用户不能得到访问控制的权限，这是一个复杂的问题。

授权是指客体授予主体一定的权力，通过这种权力，主体可以对客体执行某种行为，例如登录、查看文件、修改数据、管理账户等。授权行为是指主体履行客体被授予权力的那些活动。因此，访问控制与授权密不可分。授权表示的是一种信任关系，需要建立一种模型对这种关系进行描述。

6.5.1 PMI 产生背景

在最初的 PKI 体系中，X.509 公钥证书只能被用来传递证书所有者的身份。这样的体系在实际应用中存在一个问题：如果用户数量很大，则通过身份验证仅能确定用户的身份，但却不能区分出每个用户的权限。

1997 年，ISO/IEC 和 ANSI X9 开发了 X.509 v3 基于公钥证书的目录认证协议。在 X.509 v3 公钥证书中允许使用扩展项，可以利用扩展项把任意数量的附加信息写入到证书中，证书签发者可以定义自己的扩展格式来满足一些特殊的需求。因此，我们可以利用扩展域实现对证书拥有者的授权，在验证用户身份的同时实现基于角色的访问控制。这种方式实现简单，但是在安全性和灵活性等方面存在问题。

首先，在系统的实现中，授权信息和公钥通常由不同的管理人员定义和维护，将权限信息加入到 X.509 公钥证书中需要协同工作，过程比较复杂。将属性信息从身份信息中分离出来，使得授权的过程变得更加合理和有针对性。

其次，X.509 公钥证书的有效期一般较长，而用户的权限则可能会经常发生变化。证书中最不稳定的内容是属性信息，人的姓名改变频率远远低于职位变化等信息。对角色、权限等信息的增加、删除、改变等操作均需要更新或者撤销证书，会产生相当大的证书撤销列表，这对于管理来说是相当大的负担。

鉴于用 X.509 公钥证书的属性来实现授权在实际应用中出现的问题，我们可以把 X.509 证书与它的扩展项分离成两个独立的证书来管理，一个证书包含了身份标识，另一个证书包含了属性信息。美国国家标准局（ANSI）X9 委员会对这样的需求提出了一种称为属性证书（Attribute Certificate, AC）的改进方案，这一方案已经并入 ANSI X.509 标准和 ITU-T 及 ISO/IEC 有关 X.509 的标准和建议中。目前，X.509 2000 或者 X.509 v4 已于 2000 年推出，在 X.509 v4 中增加了属性证书的概念，并首次对 PMI 的概念进行了定义。AC 将一条或多条附加信息绑定给相应的证书持有者。属性证书可能包含成员资源信息、角色信息以及其他任何与证书所有者的权限或访问控制有关的信息。

使用属性证书可以有效解决用户的身份和权限周期不同步的问题。如果属性证书被定义成非常短的有效期，它们就不需要撤销，取而代之的是因为过期而失效。采用这种方式可以实现更加细粒度的访问控制，但同时也面临着新的挑战，因为使用短有效期的证书无疑会加重授权中心的工作负担。

建立授权管理基础设施（Privilege Management Infrastructure，PMI）的目的是向用户和应用程序提供授权管理服务，提供用户身份到应用授权的映射功能，提供与实际应用处理模式相对应的、与具体应用系统开发和管理无关的授权和访问控制机制，简化具体应用系统的开发和维护。

6.5.2 PMI 的基本概念

授权管理基础设施 PMI 是一个生成、管理、存储和撤销 X.509 属性证书的系统。PMI 实际上是 PKI 标准化过程中提出的一个新概念，但是为了使 PKI 更迅速地普及和发展，IETF 将 PMI 从

PKI 中分离出来，单独制定了标准。以下是 PMI 中涉及的几个基本概念。

（1）属性管理机构

属性管理机构（Attribute Authority，AA）负责对最终实体或者其他属性机构进行授权。在授予一种特权前，AA 可以为用户签发属性证书，通常情况下也需要为其签发的证书签发撤销通知，AA 一般通过属性证书撤销列表（Attribute Certificate Revocation List，ACRL）发布证书的撤销通知。

（2）起始授权机构

起始授权机构（Source of Authority，SOA）是一个类似于根 CA 或者信任锚的概念。SOA 是权限的最终签发者，所有权限从 SOA 开始进行授权。SOA 是属性证书授权链的终结节点。

（3）属性证书撤销列表

AA 发布的属性证书撤销列表（Attribute Certificate Revocation List，ACRL）和 CA 发布的 CRL 采用相同的格式，也使用同样的方式进行发布和处理。

6.5.3 属性证书

属性证书是与公钥证书不同的数据结构，通常情况下，这两种证书是由两个分立的机构颁发和管理的，使用不同的密钥签发。一个主体可以拥有不同属性管理机构颁发的多个属性证书。

（1）属性证书的特点

属性证书具有以下特点。

① 属性证书是一种轻量级的数字证书，并且一般有效期较短，避免了公钥证书黑名单文件处理的问题。

② 属性证书提供了用户权限信息的证明，即“该用户能进行什么操作”。

③ 属性证书中包含公钥证书标识，通过该标识可以找到对应的公钥证书。

④ 属性证书可以不包含公钥。

（2）属性证书的作用

属性证书具有以下作用。

① 将用户的公钥证书和属性证书一一对应。

② 将用户的身份信息和权限信息一一对应。

③ 保证属性证书中的上述内容不被非法修改和替换。

（3）属性证书的获取方式

属性证书传送给使用这些证书的服务器的方式包括推（Push）模式和拉（Pull）模式。推模式即属性证书由客户端“推”给服务器，当用户进行访问时，用户需要主动向该应用服务器提交自己的属性证书；拉模式即服务器从证书发布者或者证书目录服务器那里“拉”取属性证书，当用户进行访问时，不需要用户自己提交证书。

6.5.4 PKI 与 PMI 的关系

前面已经提到，PMI 负责对用户进行授权，PKI 负责用户身份的认证，两者之间有许多相似之处。

AA 和 CA 在逻辑上是相互独立的，而身份证书的建立可以完全独立于 PMI 的建立，因此，整个 PKI 系统可以在 PMI 系统之前建立。CA 虽然是身份认证机构，但并不自动成为权限的认证机构。

PKI 与 PMI 的主要区别如下。

① 两者的用途不同：PKI 证明用户的身份；PMI 证明该用户具有什么样的权限，而且 PMI 需要 PKI 为其提供身份认证。

② 两者使用的证书不同：PKI 使用公钥证书；PMI 使用属性证书。

③ 两者的工作模式不同：PKI 可以单独工作；而 PMI 是 PKI 的扩展，PMI 开展工作时依赖 PKI 为其提供身份认证服务。

本章总结

访问控制技术在操作系统安全、数据库安全和一般信息系统安全体系中被大量采用，它控制信息系统的资源只能按照所授予的权限被访问。在访问控制实现过程中需要考虑的因素包括：主体与客体属性、属性的关联方法、具体应用对安全策略的需求等。

当前主要的访问控制策略包括 3 种：自主访问控制、强制访问控制和基于角色的访问控制，本章对这 3 种访问控制策略的基本概念及其性能进行了介绍，结合访问控制策略进一步介绍了访问控制的实现方式以及安全级别与访问控制的关系，同时，借鉴 PKI 的实现方式，重点介绍了授权管理基础设施的基本概念，属性证书的特点和功能，以及 PKI 与 PMI 的关系。

思考与练习

1. 基于角色的访问控制有哪些技术优点？
2. PKI 与 PMI 的联系和区别是什么？

第7章 网络安全技术

本章首先对网络安全的现状进行了介绍，对网络安全需求进行了分析，以此为基础，重点介绍了实现网络安全的主要技术——防火墙技术的概念、工作原理和工作模式，VPN 技术的概念、工作原理和分类，入侵检测技术的概念、分类和系统模型，网络隔离技术的概念和安全要点，病毒的定义、特征以及实现反病毒的 3 大技术。

本章的知识要点、重点和难点包括：网络安全技术的基本概念、基本原理、基本模型和实现方式。

7.1 概 述

1968 年，随着计算机技术的发展和普及，美国国防部高级研究计划局（ARPA）主持研制一种用于支持军事研究的计算机实验网 ARPANET。ARPANET 建网的初衷是帮助为美国军方工作的研究人员通过计算机交换信息，它设计与实现的主导思想是：网络要能够经得住故障的考验而维持正常工作，当网络的一部分因受攻击而失去作用时，网络的其他部分仍能维持正常通信，该实验网络就是互联网的雏形。

1985 年，美国国家科学基金（NSF）为了鼓励大学与研究机构共享其拥有的四台巨型计算机主机，计划设计一种计算机网络，把各大学与研究机构的计算机与这些巨型计算机连接起来，于是他们利用 ARPANET 发展的 TCP/IP 协议，并在此基础上，建立了称为 NFSNET 的广域网。由于美国国家科学资金的鼓励和资助，许多大学和研究机构都开始把自已的局域网并入 NSFNET，经过一段时间的发展，在 1986 年，NSFNET 建成后取代 ARPANET 成为 Internet 的主干网。

20 世纪 90 年代初，随着 WWW 的发展，Internet 逐渐走向民用。由于 WWW 良好的界面大大简化了 Internet 操作的难度，使得用户的数量急剧增加，许多政府机构、商业公司意识到 Internet 具有巨大的潜力，于是纷纷加入 Internet。这样，Internet 上的点数量大大增长，网络上的信息五花八门、十分丰富，如今 Internet 已经深入到人们生活的各个部分。通过 WWW 浏览、电子邮件等方式，人们可以及时地获得自已所需的信息，Internet 大大方便了信息的传播，给人们带来一个全新的通信方式，可以说 Internet 是继电报、电话发明以来，人类通信方式的又一次革命。

网络技术的发展和普及在给人们的工作、学习和生活带来便利的同时，也带来了严重的网络安全问题。以我国为例，根据中国互联网络信息中心（CNNIC）发布的《2012 年中国网民信息安全状况研究报告》，在我国总体网民中，有 84.8%的网民遇到过信息安全事件，总人数为 4.56 亿，在这些网民中，平均每人遇到 2.4 类信息安全事件。在遇到信息安全事件的网民中，77.7%的网民都遭受了不同形式的损失，其中，“花费时间和精力”的网民最多，占 38.6%；发生“经济损失”的占 7.7%，人均损失额为 553.1 元，损失总额为 194 亿元！这些数据充分表明，我国的网络安全状况不容乐观。

根据报告给出的统计数据，绝大多数网民都会采取措施保护自己的信息安全。在总体网民中，只有 3.8%的网民不采取信息安全保护措施。在采取保护措施的网民中，平均每个网民采取 5.3 种，其中 47.9%的网民采取 4～6 种措施。在采取的安全措施中，使用最多的信息安全保护措施是安装安全防护软件，有 87.3%的网民安装，用户数为 4.7 亿。超过 70%的网民采用的保护措施还有“不安装来历不明的软件”、“除非网站有强制要求、否则不在网上透露真实的个人信息”等。可见，网络安全设备具有广阔的应用前景和市场需求，是信息安全领域的主流技术。

目前，网络安全领域主要的安全技术包括：防火墙技术、VPN 技术、入侵检测技术、网络隔离技术以及反病毒技术等。下面将对这些技术进行详细的介绍。

7.2 防 火 墙

7.2.1 什么是防火墙

防火墙是网络安全政策的有机组成部分，是新兴的保护计算机网络安全的技术性措施。它是一种隔离控制技术，在某机构的网络和不安全的网络之间设置屏障，阻止对信息资源的非法访问，也可以使用防火墙阻止重要信息从企业的网络上被非法输出。Internet 防火墙是在内部网和外部网之间实施安全防范的系统，可以认为它是一种访问控制机制，用于确定哪些内部服务允许外部访问，以及允许哪些外部服务访问内部服务。它可以根据网络传输的类型决定 IP 包是否可以传进或传出内部网，能增强机构内部网络的安全性。

防火墙的基本原理如图 7-1 所示。

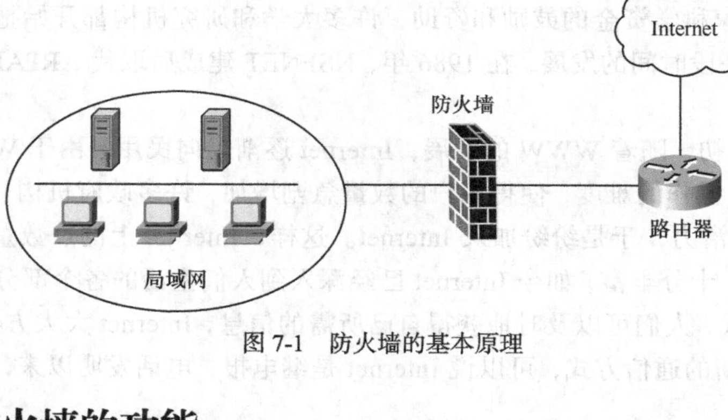

图 7-1　防火墙的基本原理

7.2.2 防火墙的功能

所谓防火墙，就是在内部网和外部网之间的界面上构造一个保护层，并强制所有的连接都必须经过此保护层，在此对外部网和内部网之间的通信进行检测。只有被授权的通信才能通过此保护层，从而有效地保护内部网资源免遭非法入侵。从实现上看，防火墙实际上是一个独立的进程或一组紧密联系的进程，运行于路由器或服务器上，控制经过它们的网络应用服务及传输的数据。

防火墙的功能可以概括为以下几方面。

（1）防火墙是网络安全的屏障

一个防火墙能极大地提高一个内部网络的安全性，并通过过滤不安全的服务而降低风险。由于只有经过精心选择的应用协议才能通过防火墙，所以网络环境变得更安全。

（2）防火墙可以强化网络安全策略

通过以防火墙为中心的安全方案配置，能将所有安全软件（如口令、加密、身份认证、审计等）配置在防火墙上。与将网络安全问题分散到各个主机上相比，防火墙的集中安全管理更经济。例如在网络访问时，一次一密口令系统和其他的身份认证系统完全可以不必分散在各个主机上，而集中在防火墙上。

（3）对网络存取和访问进行监控审计

防火墙能记录下访问并对访问作出日志记录，也能提供网络使用情况的统计数据。当发生可疑动作时，防火墙能进行适当的报警，并提供网络是否受到监测和攻击的详细信息。

（4）防止内部信息的外泄

通过利用防火墙对内部网络的划分，可以实现内部网重点网段的隔离，从而限制了局部重点或敏感网络安全问题对全局网络造成的影响。再者，隐私是内部网络非常关心的问题，一个内部网络中不引人注意的细节可能包含了有关安全的线索而引起外部攻击者的兴趣，甚至因此而暴漏了内部网络的某些安全漏洞。使用防火墙就可以隐蔽那些透漏内部细节，如 Finger、DNS 等服务。

7.2.3　防火墙的工作原理

防火墙有许许多多种形式，有以软件形式运行在普通计算机之上的，也有以固件形式设计在路由器之中的。总的说来，根据防火墙的工作原理，可以将防火墙分为 3 种：包过滤防火墙、应用级网关和状态检测防火墙。

（1）包过滤防火墙

包过滤防火墙技术是在 IP 层实现的，它可以只用路由器就能够实现。它设置在网络层，首先应建立一定数量的信息过滤表，信息过滤表是以收到的数据包头信息为基础而建成的。信息包头含有数据包源 IP 地址、目的 IP 地址、传输协议类型（TCP、UDP、ICMP 等）、协议源端口号、协议目的端口号、连接请求方向等。当一个数据包满足过滤表中的规则时，则允许数据包通过；否则禁止通过。

由于包过滤技术要求内外通信的数据包必须通过使用这个技术的设备才能进行过滤，因而包过滤技术必须用在路由器上。因为只有路由器才是连接多个网络的桥梁，所有网络之间交换的数据包都得经过它，所以路由器就有能力对每个数据包进行检查。

包过滤防火墙的优点是它对于用户来说是透明的，处理速度快而且易于维护，因此，包过滤防火墙通常作为局域网安全的第一道防线。

根据包过滤防火墙的工作原理，包过滤防火墙也存在以下缺陷。

① 通信信息：包过滤防火墙只能访问部分数据包的头信息。

② 通信和应用状态信息：包过滤防火墙是无状态的，因此，它不可能保存来自于通信和应用

的状态信息。

③ 信息处理：包过滤防火墙处理信息的能力是有限的。

由于包过滤路由器通常没有用户的使用记录，这样我们就不能得到入侵者的攻击记录。它不能识别有危险的信息包，无法实施对应用级协议的处理。

（2）应用级网关

应用级网关也叫代理服务器，它工作在应用层，直接和应用服务程序相关联。其不会让数据包直接通过，而是自己接收了数据包，并对其进行分析。当代理程序理解了连接请求之后，它将自己启动另一个连接，向外部网络发送同样的请求，然后将返回的数据发送回那个提出请求的内部网计算机。

一般而言，由于代理服务器要针对一个请求启动一个代理服务连接，因此代理服务器效率不高，但是如果针对具体的服务应用，可以在代理服务器上配置大量的缓冲区，通过缓冲区可以提高其工作效率，提供更高的性能。例如对于使用 HTTP 代理服务器时，代理服务器就能在缓冲区中查找到同样的数据，因而不必再次访问 Internet，减少了对 Internet 带宽的占用。代理服务器不仅是一个防火墙技术，它还能用来提高访问 Internet 的效率。

常用的代理服务器有 HTTP 代理、FTP 代理等，所有的代理服务能力都需要客户软件的支持。这也意味着当用户要使用代理功能的时候，需要设置客户软件，如浏览器，如果客户软件不支持代理功能，就无法使用代理服务器。然而，为了减轻配置负担，利用代理服务器的缓冲能力可以设置一种透明代理服务器，这种方式不需要设置客户软件，通过设置路由器，将本来发送到其他计算机的 IP 数据包，依据 IP 地址和端口转发到代理服务器中。

与包过滤防火墙相比，应用级网关检查所有应用层的信息包，并将检查的内容信息放入决策过程，这样安全性有所提高。然而，它们是通过打破客户机/服务器模式实现的，每一个客户机/服务器通信需要两个连接：一个是从客户端到防火墙，另一个是从防火墙到服务器。另外，每一个代理需要一个不同的应用进程，或一个后台运行的服务程序，这样如果有一个新的应用就必须添加对此应用的服务程序，否则不能使用该种服务，导致可伸缩性差。

基于应用级网关防火墙的工作机制，应用级网关防火墙也存在以下缺陷。

① 连接限制：每一个服务需要自己的代理，所以可提供的服务数和伸缩性受到限制。

② 技术限制：应用级网关不能为 UDP、RPC 及普通协议族的其他服务提供代理。

③ 性能：实现应用级网关防火墙将会影响一些系统性能。

（3）状态检测防火墙

无论是包过滤，还是代理服务，都是根据管理员预定义好的规则提供服务或者限制某些访问。然而在提供网络访问能力和防止网络安全方面，显然存在矛盾，只要允许访问某些网络服务，就有可能造成某种系统漏洞，然而如果限制太严厉，合法的网络访问就受到不必要的限制。代理型的防火墙的限制就在这个方面，必须为一种网络服务分别提供一个代理程序，当网络上的新型服务出现的时候，就不可能立即提供这个服务的代理程序。事实上，代理服务器一般只能代理最常用的几种网络服务，可提供的网络访问十分有限。

为了在开放网络服务的同时也提供安全保证，必须有一种方法能监测网络情况，当出现网络攻击时就立即告警或切断相关连接。主动监测技术就是基于这种思路发展起来的，它维护一个记录各种攻击模式的数据库，并使用一个监测程序时刻运行在网络中进行监控，一旦发现网络中存在与数据库中的某个模式相匹配时，就能推断可能出现网络攻击。由于主动监测程序要监控整个网络的数据，因此需要运行在路由器上，或路由器旁能获得所有网络流量的位置。由于监测程序会消耗大量内存，并会影响路由器的性能，因此最好不在路由器上直接运行。

状态检测方式作为网络安全的一种新兴技术，由于需要维护各种网络攻击的数据库，因此需要一个专业机构进行维护。理论上，这种技术能在不妨碍正常网络使用的基础上保护网络安全，然而，这依赖于网络攻击的数据库和监测程序对网络数据的智能分析，而且在网络流量较大时，使用 Sniffing 技术的监测程序可能会遗漏数据包信息。因此，这种技术只用于对网络安全要求非常高的网络系统中，常用的网络并不需要使用这种方式。

7.2.4 防火墙的工作模式

目前，硬件防火墙的工作模式包括 3 种：路由模式、透明模式和混合模式。简单地说，如果防火墙以第 3 层对外连接（接口具有 IP 地址），则认为防火墙工作的工作模式是路由模式；若防火墙通过第二层对外连接（接口无 IP 地址），则防火墙工作的工作模式是透明模式；若防火墙同时具有工作在路由模式和透明模式的接口（某些接口具有 IP 地址，某些接口无 IP 地址），则防火墙的工作模式是混合模式。

（1）路由模式

当防火墙位于内部网络和外部网络之间时，需要将防火墙与内部网络、外部网络以及隔离区（DMZ）3 个区域相连的接口分别配置成不同网段的 IP 地址，重新规划原有的网络拓扑，此时相当于一台路由器。

防火墙的 Trust 区域接口与公司内部网络相连，Untrust 区域接口与外部网络相连。值得注意的是，Trust 区域接口和 Untrust 区域接口分别处于两个不同的子网中。

采用路由模式时，可以完成 Acl 包过滤、Aspf 动态过滤、Nat 转换等功能。然而，路由模式需要对网络拓扑进行修改（内部网络用户需要更改网关、路由器需要更改路由配置等），这是一件相当费事的工作，因此在使用该模式时需权衡利弊。

（2）透明模式

如果硬件防火墙采用透明模式进行工作，则可以避免改变网络拓扑结构造成的麻烦，此时，防火墙对于子网用户和路由器来说是完全透明的。也就是说，用户完全感觉不到防火墙的存在。

采用透明模式时，只需在网络中像放置网桥（Bridge）一样插入防火墙设备即可，无需修改任何已有的配置。与路由模式相同，IP 报文同样经过相关的过滤检查（但是 IP 报文中的源或目的地址不会改变），内部网络用户依旧受到防火墙的保护。

防火墙的 Trust 区域接口与公司内部网络相连，Untrust 区域接口与外部网络相连，需要注意的是，内部网络和外部网络必须处于同一个子网。

（3）混合模式

如果硬件防火墙既存在工作在路由模式的接口（接口具有 IP 地址），又存在工作在透明模式的接口（接口无 IP 地址），则防火墙工作在混合模式下。混合模式主要用于透明模式作双机备份的情况，此时启动（虚拟路由冗余协议 Virtual Router Redundancy Protocol，VRRP）功能的接口需要配置 IP 地址，其他接口不配置 IP 地址。

主/备防火墙的 Trust 区域接口与公司内部网络相连，Untrust 区域接口与外部网络相连，主/备防火墙之间通过 Hub 或 LAN Switch 实现互相连接，并运行 VRRP 协议进行备份。需要注意的是，内部网络和外部网络必须处于同一个子网。

7.3 VPN 技术

7.3.1 VPN 简介

当今社会，随着网络的普及，很多企业由于自身的发展和跨国化发展，导致企业的分支机构越来越多，企业和各分支机构的通信需求日益增加，人们经常需要随时随地连入企业内部网络。为了保证数据在网络中传输的安全性，需要为不同的通信方建立专用网络，但相应的会导致网络建设成本急剧增加，并且造成资源浪费，增加企业负担。

为了有效解决上述问题，人们提出了虚拟专用网（Virtual Private Network，VPN）的概念，VPN 被定义为通过一个公用网络（通常是因特网）建立一个临时的、安全的连接，是一条穿过混乱的公用网络的安全、稳定的隧道。虚拟专用网是对企业内部网的扩展。VPN 的基本原理是：在公共通信网上为需要进行保密通信的通信双方建立虚拟的专用通信通道，并且所有传输数据均经过加密后再在网络中进行传输，这样做可以有效保证机密数据传输的安全性。在虚拟专用网中，任意两个节点之间的连接并没有传统专用网所需的端到端的物理链路，虚拟的专用网络通过某种公共网络资源动态组成。

VPN 的基本含义如图 7-2 所示。

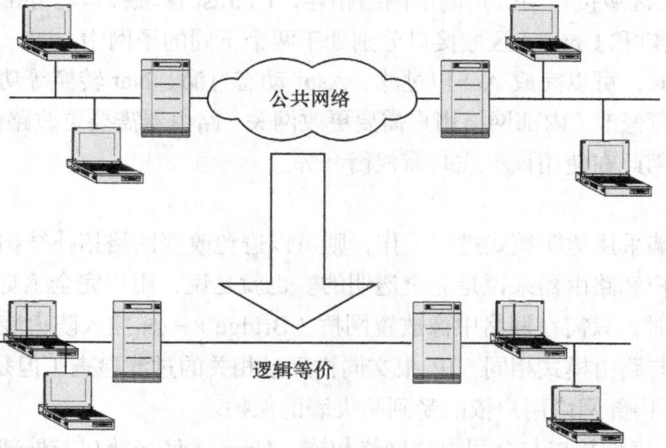

图 7-2　VPN 的含义

虚拟专用网至少应能提供如下功能。

（1）加密数据，以保证通过公网传输的信息即使被他人截获也不会泄露。

（2）信息认证和身份认证，保证信息的完整性、合法性，并能鉴别用户的身份。

（3）提供访问控制，不同的用户有不同的访问权限。

虚拟专用网可以帮助远程用户、公司分支机构、商业伙伴及供应商同公司的内部网建立可信的安全连接，并保证数据的安全传输。通过将数据流转移到低成本的 IP 网络上，一个企业的虚拟专用网解决方案将大幅度地减少用户花费在远程网络连接上的费用。同时，这将简化网络的设计和管理，加速连接新的用户和网站。另外，虚拟专用网还可以保护现有的网络投资。

对于用户来说，VPN 技术具有以下优点。

（1）实现安全通信。VPN 技术以多种方式保障通信安全，它在隧道的起点提供对分布用户的认证，支持安全和加密协议，如 IPSec 和 MPPE（Microsoft 点到点加密）。

（2）简化网络设计，降低管理成本。网络管理者可以通过 VPN 来实现多个分支机构的连接，从而有效降低远程链路的安装、配置和管理任务，简化企业的网络设计。此外，借助 ISP 来建立 VPN，不仅可以节省大量的通信费用，而且企业不需要投入大量的人力和物力建设和维护远程访问设备，有效降低管理成本。

（3）容易扩展。如果企业需要扩大 VPN 的容量和范围，只需要与新的 ISP 签约，建立账户；或者与原来的 ISP 重新签约，扩大服务范围。在远程终端增加 VPN 功能也比较容易实现，通过控制命令就可以使 Extranet 路由器拥有 Internet 和 VPN 功能，路由器还可以对工作站进行自动配置。

（4）支持新兴业务的开展。VPN 可以支持多种新兴业务的应用，如 IP 语音、IP 传真；支持多种协议，如 IPv6、MPLS、RSIP 等。

7.3.2 VPN 工作原理

虚拟专用网是一种连接，从表面上看它类似一种专用连接，但实际上是在共享网络上实现的。它常使用一种被称作"隧道"的技术，数据包在公共网络上的专用"隧道"内传输，专用"隧道"用于建立点对点的连接。简而言之，VPN 是采用隧道技术以及加密、身份认证等方法，在公共网络上构建企业网络的技术。

隧道技术是 VPN 的核心。隧道是基于网络协议在两点或两端建立的通信，隧道由隧道开通器和隧道终端器建立。隧道开通器的任务是在公用网络中开出一条隧道，隧道终端器的任务是使隧道到此终止。在数据包传输中，数据包可能通过一系列隧道才能到达目的地。隧道的设置是很灵活的。以一个远程用户通过 ISP 访问企业网为例。隧道开通器可以是用户的 PC 或者是被用户拨入的 ISP 路由器，隧道终端器一般是企业网络防火墙。那么隧道是由 PC 到企业防火墙，或者是由 ISP 路由器至企业防火墙。如果通过 VPN 实现互相访问的两个企业网分别使用不同的 ISP 服务，那么两个 ISP 公用网络之间也要建立相应的隧道。

VPN 网络中通常还有一个或多个安全服务器。其中最重要的是远程拨入用户安全服务器（Remote Authorization Dial-In User Service，RADIUS）。VPN 根据 RADIUS 服务器上的用户中心数据库对访问用户进行权限控制。RADIUS 服务器确认用户是否有存取权限，如果该用户没有存取权限，隧道就此终止。同时，RADIUS 服务器向被访问的设备发送用户的 IP 地址分配、用户最长接入时间及该用户被允许使用的拨入号码等。VPN 和访问服务器参照这些内容，对用户进行验证，如果情况完全相符，就允许建立隧道通信。

VPN 使用标准 Internet 安全技术进行数据加密、用户身份认证等工作。

7.3.3 VPN 功能

VPN 技术实现了企业信息在公用网络中的传输，就如同在广域网中为企业拉出一条专线，对于企业而言，公共网络起到了"虚拟专用"的效果。

VPN 还有更深层的含义。通过 VPN，网络对每个使用者也是专用的。也就是说，VPN 根据使用者的身份和权限，直接将使用者接入他所应该接触的信息中。如果没有 VPN 技术的支持，访问企业信息时需要层层登录，逐级筛选与自己相关的内容。如果在操作过程中，超过了自己的权限，系统会弹出类似"你无权访问此内容"的提示。这种操作过程既烦琐又不友好。在 VPN 技术支持下，用户输入口令和身份后，将可以直接进入与自己工作相关的内容。例如，当访问用户是经销商时，那么他所访问的信息将是产品介绍、订货信息等，而不会出现工作安排、人事等信息和相关的提示。因此对于每个用户，VPN 也是“专用”的，这一点应该是 VPN 给用户带来的最明显的变化。

另外，VPN 根据员工工作需要，实现工作组级的信息共享，只要身份相同，无论身处何地都可以是一个工作组。员工工作调动后，身份的变化就可以实现工作组的改变，而不用改变网络设备的配置，这一点适应了企业兼并改组的需要。虚拟局域网（Virtual LAN，VLAN）也是一种实现类似功能的技术，它可以方便地修改网络配置，实现工作组级的信息共享。但是由于不同厂商的 VLAN 设备之间不兼容，来自不同厂家的 VLAN 设备不能构建虚拟局域网，而多数企业的网络都来自不同的厂商。而 VPN 技术由于是在协议级上解决了虚拟工作组的问题，因此只要使用 VPN 标准协议，不同厂商设备之间的兼容性就可以得到解决，并且是在广域网的范畴之上解决了这个问题。

7.3.4 VPN 分类

选择一个合适的虚拟专用网解决方案或产品并不是一件容易的事情。每一种解决方案都可提供不同程度的安全性、可用性，并且都各有优缺点。为了选择一个合适的安全产品，决策者应该首先明确他们公司的商业需求，例如，公司是需要将少数几个可信的远地雇员连到公司总部，还是希望为每个分支机构、合作伙伴、供应商、顾客和远地雇员都建立一个安全连接通道等。

根据不同需要，可以构造不同类型的虚拟专用网，不同商业环境对虚拟专用网的要求和虚拟专用网所起的作用是不一样的。以用途为标准，虚拟专用网可以分为 3 类。

（1）在公司总部和它的分支机构之间建立虚拟专用网，称为“内部网虚拟专用网”，记为 Intranet VPN。

（2）在公司总部和远地雇员或旅行之中的雇员之间建立虚拟专用网，称为“远程访问虚拟专用网”，记为 VPDN。

（3）在公司与商业伙伴、顾客、供应商、投资者之间建立虚拟专用网，称为“外联网虚拟专用网”，记为 Extranet VPN。

1. 内联网 VPN（Intranet VPN）

它是指在公司远程分支机构的 LAN 和公司总部 LAN 之间的 VPN。当一个数据传输通道的两个端点被认为是可信的时候，公司可以选择“内部网虚拟专用网”解决方案，安全性主要在于加强两个虚拟专用网服务器之间加密和认证手段上。

这里仅子公司中有一定访问权限的用户才能通过“内部网虚拟专用网”访问公司总部资源，所有端点之间的数据传输都要经过加密和身份鉴别。如果一个公司对分公司或个人有不同的可信程度，那么公司可以考虑给予认证的虚拟专用网方案来保证信息的安全传输，而不是靠可信的通信子网。

这种类型的虚拟专用网的主要任务是保护公司的内部网不被外部入侵，同时保证公司的重要数据流经因特网时的安全性。

2. VPDN（Virtual Private Dial Network）

在远程用户或移动雇员和公司内部网之间的 VPN，称为 VPDN。实现过程如下：用户拨号网络服务提供商（NSP）的网络访问服务器 NAS（Network Access Server），发出 PPP 连接请求，NAS 收到呼叫后，在用户和 NAS 之间建立 PPP 链路，然后，NAS 对用户进行身份验证，确定是合法用户，就启动 VPDN 功能，与公司总部内部连接，访问其内部资源。

3. 外联网 VPN（Extranet VPN）

在供应商、商业合作伙伴的 LAN 和公司的 LAN 之间的 VPN。它并不假定连接公司双方之间存在双向信任关系。外联网虚拟专用网在因特网内打开一条隧道，并保证经包过滤后信息传输的安全。当公司将很多商业活动都通过公共网络进行交易时，一个外联网虚拟专用网应该用高强度的加密算法，密钥应选择 128 位以上。此外，应支持多种认证方案和加密算法，因为商业伙伴和顾客可能有不同的网络结构和操作平台。

外联网虚拟专用网应能根据尽可能多的参数来控制网络资源的访问，参数包括源地址、目的地址、应用程序的用途、所用的加密和认证类型、个人身份、工作组、子网等。管理员应能对个人用户进行身份认证，而不仅仅根据 IP 地址。

简而言之，由于不同公司网络环境的差异性，外联网 VPN 必须能兼容不同的操作平台和协议。由于用户的多样性，公司的网络管理员还应该设置特定的访问控制表（Access Control List，ACL），根据访问者的身份和网络地址等参数来确定他所对应的访问权限，开放部分资源而非全部资源给外联网的用户。

7.3.5 VPN 的协议

VPN 技术中的隧道是由隧道协议形成的，正如网络是依靠相应的网络协议完成的一样。目前，VPN 隧道协议有 4 种：点到点隧道协议 PPTP、第二层隧道协议 L2TP、网络层隧道协议 IPSec 以及 SOCKS v5，各协议工作在不同层次，不同的网络环境适合不同的协议。

1. 点到点隧道协议——PPTP

PPTP 协议将控制包与数据包分开，控制包采用 TCP 控制，用于严格的状态查询及信令信息；数据包部分先封装在 PPP 协议中，然后封装到 GRE V2 协议中。目前，PPTP 协议基本已被淘汰，不再使用在 VPN 产品中。

2. 第二层隧道协议——L2TP

L2TP 是国际标准隧道协议，它结合了 PPTP 协议以及第二层转发 L2F 协议的优点，能以隧道方式使 PPP 包通过各种网络协议，包括 ATM、SONET 和帧中继。但是，L2TP 没有任何加密措施，更多是和 IPSec 协议结合使用，提供隧道验证。

3. IPSec 协议

IPSec 协议是一个范围广泛、开放的 VPN 安全协议，工作在 OSI 模型中的第 3 层——网络层。它提供所有在网络层上的数据保护和透明的安全通信。IPSec 协议可以设置成在两种模式下运行：一种是隧道模式，一种是传输模式。在隧道模式下，IPSec 把 IPv4 数据包封装在安全的 IP 帧中。传输模式是为了保护端到端的安全性，不会隐藏路由信息。1999 年年底，IETF 安全工作组完成了 IPSec 的扩展，在 IPSec 协议中加上了 ISAKMP 协议，其中还包括密钥分配协议 IKE 和 Oakley。

一种趋势是将 L2TP 和 IPSec 结合起来，用 L2TP 作为隧道协议，用 IPSec 协议保护数据。目前，市场上大部分 VPN 采用了这类技术。

IPSec 协议的优点是：它定义了一套用于保护私有性和完整性的标准协议，可确保运行在 TCP/IP 协议上的 VPN 之间的互操作性。其缺陷是：除了包过滤外，它没有指定其他访问控制方法，对于采用 NAT 方式访问公共网络的情况难以处理。其适用场合：最适合可信 LAN 到 LAN 之间的 VPN。

4. SOCKS v5 协议

SOCKS v5 工作在 OSI 模型中的第 5 层——会话层，可作为建立高度安全的 VPN 的基础。

SOCKS v5 协议的优势在访问控制，因此适用于安全性较高的 VPN。SOCKS v5 现在被 IETF 建议作为建立 VPN 的标准。

优点：非常详细的访问控制。在网络层只能根据源目的的 IP 地址允许或拒绝被通过，在会话层控制手段更多一些；由于工作在会话层，能同低层协议（如 IPV4、IPSec、PPTP、L2TP）一起使用；用 SOCKS v5 的代理服务器可隐藏网络地址结构；能为认证、加密和密钥管理提供“插件”模块，让用户自由地采用所需要的技术。SOCKS v5 可根据规则过滤数据流，包括 Java Applet 和 Actives 控制。

缺点：其性能比低层次协议差，必须制定更复杂的安全管理策略。

适用场合：最适合用于客户机到服务器的连接模式，适用于外部网 VPN 和远程访问 VPN。

7.4 入侵检测技术

7.4.1 基本概念

1. 入侵行为

入侵行为主要指对系统资源的非授权使用，它可以造成系统数据的丢失和破坏，甚至会造成系统拒绝对合法用户提供服务等后果。入侵者可以分为两大类：外部入侵者（一般指系统中的非法用户，如常说的黑客）和内部入侵者（有越权使用系统资源行为的合法用户）。

2. 入侵检测

入侵检测的目标就是通过检查操作系统的审计数据或网络数据包信息来检测系统中违背安全策略或危及系统安全的行为或活动，从而保护信息系统的资源不受拒绝服务攻击，防止系统数据的泄露、篡改和破坏。

美国国际计算机安全协会（ICSA）对入侵检测技术的定义是：通过从计算机网络或计算机系统中的若干关键点收集信息并对其进行分析，从中发现网络或系统中是否有违反安全策略的行为和遭到袭击迹象的一种安全技术。入侵检测技术是一种网络信息安全新技术，它可以弥补防火墙的不足，对网络进行检测，从而提供对内部攻击、外部攻击和误操作的实时的检测及采取相应的防护手段，如记录证据用于跟踪和恢复、断开网络连接等。因此，入侵检测系统被认为是防火墙之后的第二道安全闸门。

3. 入侵检测系统 IDS

入侵检测系统是一种能够通过分析系统安全相关数据来检测入侵活动的系统。一般来说，入侵检测系统在功能结构上基本一致，均由数据采集、数据分析以及用户界面等几个功能模块组成，只是具体的入侵检测系统在分析数据的方法、采集数据以及采集数据的类型等方面有所不同。面对入侵攻击的技术、手段持续变化的状况，入侵检测系统必须能够维护一些与检测系统的分析技术相关的信息，以使检测系统能够确保检测出对系统具有威胁的恶意行为。这类信息一般包括：

（1）系统、用户以及进程行为的正常或异常的特征轮廓；

（2）标识可疑事件的字符串，包括关于已知攻击和入侵的特征签名；

（3）激活针对各种系统异常情况以及攻击行为采取响应所需的信息。

这些信息以安全的方法提供给用户的 IDS 系统，有些信息还要定期升级。

与其他网络信息安全系统不同的是，入侵检测系统需要更多的智能，它必须将得到的数据进行分析，并得出有用的结果。一个合格的入侵检测系统能大大简化管理员的工作，保证网络安全的运行，具体说来，入侵检测系统的主要功能有以下几点。

（1）检测并分析用户和系统的活动；

（2）核查系统配置和漏洞；

（3）评估系统关键资源和数据文件的完整性；

（4）识别已知的攻击行为；

（5）统计分析异常行为；

（6）对操作系统进行日志管理，并识别违反安全策略的用户活动。

7.4.2　入侵检测系统的分类

根据入侵检测的信息来源不同，可以将入侵检测系统分为以下两类：基于主机的入侵检测系统（Host-Based IDS）和基于网络的入侵检测系统（Network-Based IDS）。

1. 基于主机的入侵检测系统

该系统主要用于保护运行关键应用的服务器。它通过监视与分析主机的审计记录和日志文件来检测入侵。日志中包含发生在系统上的不寻常和不期望活动的证据，这些证据可以指出有人正在入侵或已成功入侵了本系统。一旦发现这些文件发生任何变化，IDS 将比较新的日志记录与攻击签名以发现它们是否匹配。如果匹配的话，检测系统就向管理员发出入侵报警并采取相应的行动。通过查看日志文件，能够发现成功的入侵或入侵企图，并很快地启动相应的应急响应程序。

2. 基于网络的入侵检测系统

该系统主要用于实时监控网络关键路径的信息，侦听网络上的所有分组来采集数据，使用原始的网络分组数据包作为进行攻击分析的数据源，一般利用一个网络适配器来实时监视和分析所有通过网络进行传输的通信。一旦检测到攻击，应答模块通过通知、报警以及中断连接等方式来对攻击作出反应。

一般来说，基于网络的入侵检测系统处于网络边缘的关键点处，负责拦截在内部网络和外部网络之间流通的数据包，使用的主机是为其专门配置的；而基于主机的入侵检测系统则只对系统所在的主机负责，而且其主机并非专门为其配置的。

上述两种入侵检测系统各有优缺点。

基于主机的入侵检测系统使用系统日志作为检测依据，因此，它们在确定攻击是否已经取得成功时与基于网络的入侵检测系统相比具有更大的精确性：它可以精确地判断入侵事件，并可对入侵时间立即作出反应；它还针对不同操作系统的特点判断应用层的入侵事件，并且不需要额外的硬件。其缺点是会占用主机资源，在服务器上产生额外的负载，而且缺乏跨平台支持，可移植性差，因而应用范围受到限制。

基于网络的入侵检测系统的主要优点有：可移植性强，不依赖主机的操作系统作为检测资源；实时检测和应答，一旦发生恶意访问或攻击，基于网络的 IDS 检测可以随时发现它们，因此能够更快地作出反应，监视力度更细致；攻击者转移证据很困难；能够检测未成功的攻击企图；成本低等。但是，与基于主机的入侵检测系统相比，它只能监视经过本网段的活动，精确度不高；在高层信息的获取上更为困难，在实现技术上更为复杂等。

综上所述，基于主机的模型和基于网络的模型具有互补性。基于主机的模型能够更加精确地监视系统中的各种活动；而基于网络的模型能够客观地反映网络活动，特别是能够监视到系统审计的盲区。成功地入侵检测系统应该将这两种方式无缝地集成起来，可以使用基于网络 IDS 提供早期报警，而使用基于主机的 IDS 来验证攻击是否取得成功。

对各种事件进行分析，从中发现违反安全策略的行为是入侵检测系统的核心。根据入侵检测实现的方式，可以将其分为 3 类：异常入侵检测、误用入侵检测和完整性分析。

（1）异常入侵检测

异常入侵检测也称为基于统计行为的入侵检测。这种方法首先给系统对象创建一个统计描述，统计正常使用时的一些测量属性（如访问次数、操作失败次数和延时等）。测量属性的平均值将被用来与网络、系统的行为进行比较，任何观察值在正常值范围之外时，就认为有入侵发生。例如，统计分析可能标识一个不正常行为，因为它发现一个在晚八点至早六点不登录的账号却在凌晨两点试图登录。

（2）误用入侵检测

误用入侵检测又称为基于规则/知识的入侵检测。这种方法将收集到的信息与已知的网络入侵和系统误用模式数据库进行比较，从而发现违背安全策略的行为。该过程可以很简单（如通过字符串匹配以寻找一个简单的条目或指令），也可以很复杂（如利用正规的数学表达式来表示安全状态的变化）。通过分析入侵过程的特征、条件、排列以及事件间的关系，具体描述入侵行为的迹象，不但对分析已经发生的入侵行为有帮助，而且对即将发生的入侵也有警戒作用。

（3）完整性分析

完整性分析主要关注某个文件或对象是否被更改，包括文件和目录的内容及属性。这种分析方法在发现被更改的、被置入特洛伊木马的应用程序方面特别有效。完整性分析利用强有力的加密机制（称为消息摘要函数，如 MD5），能识别哪怕是微小的变化。

（4）三者比较

异常分析方式可以检测到未知的和更为复杂的入侵；缺点是漏报、误报率高，一般具有自适应功能，入侵者可以逐渐改变自己的行为模式来逃避检测，不适应用户正常行为的突然改变。而且在实际系统中，统计算法的计算量庞大，效率很低，统计点的选取和参考库的建立也比较困难。

误用分析方式的准确率和效率都非常高，只需收集相关的数据集合，显著减少系统负担，且技术已相当成熟；但它只能检测出模式库中已有的类型的攻击，不能检测到从未出现过的攻击手段。随着新攻击类型的出现，模式库需要不断更新，而在其攻击模式添加到模式库以前，新类型的攻击就可能会对系统造成很大的危害。

完整性分析的优点是不管前两种方法能否发现入侵，只要是成功的攻击导致了文件或其他关注对象的任何改变，它都能够发现。缺点是一般以批处理方式实现，不能用于实时响应。尽管如此，完整性检测方法还应该是网络安全产品的必要手段之一。

综上所述，入侵检测系统只有同时使用这 3 种入侵检测技术，才能避免各自的不足。而且，这 3 种方法通常与人工智能相结合，以使入侵检测系统具有自学习的能力。其中前两种方法用于实时的入侵检测，第 3 种则用于事后分析。目前，入侵检测系统 IDS 主要以模式发现技术为主，并结合异常发现技术，同时也加入了完整性分析技术。

7.4.3 入侵检测系统模型

入侵检测系统至少应该包括 3 个功能模块：提供事件记录流的信息源、发现入侵迹象的分析引擎和基于分析引擎的响应部件。参照美国国防部高级计划局（DARPA）提出的公共入侵检测框架（CIDF），给出入侵检测系统的通用模型，CIDF 将 IDS 需要分析的数据统称为事件，事件可以是网络中的数据包，也可以是从系统日志等其他途径得到的信息。在这个模型中，前三者以程序的形式出现，而最后一个则往往是文件或数据流的形式。CIDF 给出的入侵检测模型如图 7-3 所示，它将入侵检测系统分为 4 个组件：事件产生器、事件分析器、响应单元和事件数据库。

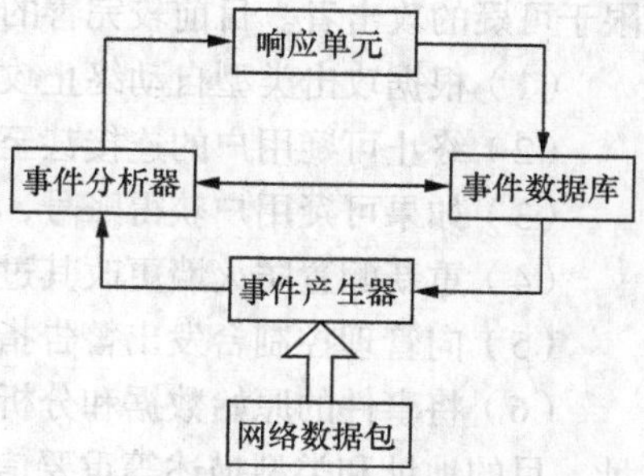

图 7-3　入侵检测系统模型

入侵检测系统的 4 个组件的作用分别如下。

（1）事件产生器的目的是从整个计算环境中获得事件，并向系统的其他部分提供此事件。

（2）事件分析器分析得到的数据，并产生分析结果。

（3）响应单元则是对分析结果作出反应的功能单元，它可以作出切断连接、改变文件属性等强烈反映，也可以只是简单的报警。

（4）事件数据库是存放各种中间和最终数据的地方的统称，它可以是复杂的数据库，也可以是简单的文本文件。

以上通用模型是为了解决不同入侵检测系统的互操作性和共存问题而提出的，主要有 3 个目的。

（1）IDS 构件共享，即一个 IDS 系统的构件可以被另一个 IDS 系统的构件使用。

（2）数据共享，通过提供标准的数据格式，使得 IDS 中的各类数据库也能在不同的系统之间传递并共享。

（3）完善互用性标准并建立一套开发接口和支持工具，以提供独立开发部分构件的能力。

1. 事件产生器

入侵检测的第一步就是信息收集，收集的内容包括整个计算机网络中系统、网络、数据及用户活动的状态和行为，这是由事件产生器来完成的。入侵检测在很大程度上依赖于信息收集的可靠性、正确性和完备性。因此，要确保采集、报告这些信息软件工具的可靠性，即这些软件本身应具有相当强的坚固性，能够防止被篡改而收集到错误的信息。否则，黑客对系统的修改可能使系统功能失常但看起来却跟正常的系统一样，也就丧失了入侵检测的作用。

2. 事件分析器

事件分析器是入侵检测系统的核心，它的效率高低直接决定了整个入侵检测系统的性能。事件分析器又可称为检测引擎，它负责从一个或多个探测器处接收信息，并通过分析来确定是否发生了非法入侵活动。分析器组件的输出为标识入侵行为是否发生的指示信号，例如一个警告信号，该指示信号中还可能包括相关的证据信息。另外，分析器还能够提供关于可能的反应措施的相关信息。根据事件分析的不同方式可将入侵检测技术分为异常入侵检测、误用入侵检测和完整性分析 3 类。

3. 事件数据库

事件数据库是存放各种中间和最终数据地方的统称，它可以是复杂的数据库，也可以是简单的文本文件。考虑到数据的庞大性和复杂性，一般都采用成熟的数据库产品来支持。事件数据库的作用是充分发挥数据库的长处，方便其他系统模块对数据的添加、删除、访问、排序和分类等操作。通过以上的介绍可以看到，在一般的入侵检测系统中，事件产生器和事件分析器是比较重要的两个组件，在设计时采用的策略不同，其功能和影响也有很大的区别，而响应单元和事件数据库则相对来说比较固定。

4. 响应单元

当事件分析器发现入侵迹象后，入侵检测系统的下一步工作就是响应。而响应的对象并不局限于可疑的攻击者。目前较完善的入侵检测系统具有以下的响应功能。

（1）根据攻击类型自动终止攻击。

（2）终止可疑用户的连接甚至所有用户的连接，切断攻击者的网络连接，减少损失。

（3）如果可疑用户获得账号，则将其禁止。

（4）重新配置防火墙更改其过滤规则，以防止此类攻击的重现。

（5）向管理控制台发出警告指出事件的发生。

（6）将事件的原始数据和分析结果记录到日志文件中，并产生相应的报告，包括时间、源地址、目的地址和类型描述等重要信息。

（7）必要的时候需要实时跟踪事件的进行。

（8）向安全管理人员发出提示性的警报，可以通过鸣铃或发 E-mail。

（9）可以执行一个用户自定义程序或脚本，方便用户操作，同时也提供了系统扩展的手段。

7.4.4 入侵检测技术的发展趋势

在入侵检测技术发展的同时，入侵技术也在更新，黑客组织已经将如何绕过 IDS 或攻击 IDS 系统作为研究重点。因此，从总体上说，目前除了完善常规的、传统的技术外，入侵检测技术应重点加强与统计分析相关技术的研究。许多学者在研究新的检测方法，如采用自动代理的主动防御方法，将免疫学原理应用到入侵检测的方法等，其主要发展方向可以概括为以下几方面。

（1）分布式入侵检测。这个概念有两层含义：第一层，即针对分布式网络攻击的检测方法；第二层，即使用分布式的方法来检测分布式的攻击，其中的关键技术为检测信息的协同处理与入侵攻击的全局信息的提取。分布式系统是现代 IDS 主要方向之一，它能够在数据收集、入侵分析和自动响应方面最大限度地发挥系统资源的优势，其设计模型具有很大的灵活性。

（2）智能化入侵检测。即使用智能化的方法与手段来进行入侵检测。所谓的智能化方法，现阶段常用的有神经网络、遗传算法、模糊技术和免疫原理等方法，这些方法常用于入侵特征的辨识与泛化。利用专家系统的思想来构建入侵检测系统也是常用方法之一，特别是具有学习能力的专家系统，实现了知识库的不断更新与扩展，使设计的入侵检测系统的防范能力不断增强，具有更广泛的应用前景。

（3）网络安全技术相结合。结合防火墙、PKI、安全电子交易等网络安全与电子商务技术，提供完整的网络安全保障。

（4）建立入侵检测的评价体系。设计通用的入侵检测测试、评估方法和平台，实现多种入侵检测系统的检测，已成为当前入侵检测系统的另一重要研究与发展领域。评价入侵检测系统可从检测范围、系统资源占用、自身的可靠性能方面进行。评价指标有：能否保证自身的安全、运行与维护系统的开销、报警准确率、负载能力以及可支持的网络类型、支持的入侵特征数、是否支持 IP 碎片重组、是否支持 TCP 流重组等。

7.5 网络隔离技术

网络隔离（Network Isolation）是指两个或者两个以上的计算机或者网络不相连，不连通，互相断开。不需要信息交换的网络隔离很容易实现，只需要完全断开设备，保证既不通信也不联网就行了，但需要交换信息的网络隔离技术实现起来却很复杂。现有网络隔离技术的目标就是确保把有害的攻击隔离在可信网络之外，在保证可信网络内部信息不外泄的前提下，完成网间数据的安全交换。网络隔离技术是在原有安全技术的基础上发展起来的，它弥补了原有安全技术的不足，突出了自己的优势。

7.5.1 隔离技术的发展

隔离概念是在为了保护高安全度网络环境的情况下产生的，隔离产品的大量出现，也是经历了五代隔离技术不断的实践和理论相结合后得来的。

第一代隔离技术——完全的隔离。此方法使得网络处于信息孤岛状态，做到了完全的物理隔离，需要至少两套网络和系统，导致信息交流的不便和成本的提高，这样给维护和使用带来了极大的不便。

第二代隔离技术——硬件卡隔离。在客户端增加一块硬件卡，客户端硬盘或其他存储设备首先连接到该卡，然后再转接到主板上，通过该卡能控制客户端硬盘或其他存储设备。而在选择不同的硬盘时，同时选择了该卡上不同的网络接口，连接到不同的网络。这种隔离产品仍然需要网络布线为双网线结构，产品存在着较大的安全隐患。

第三代隔离技术——数据转播隔离。利用转播系统分时复制文件的途径来实现隔离，切换时间较长，甚至需要手工完成，不仅明显地减缓了访问速度，更不支持常见的网络应用，应用类技术就失去了网络存在的意义。

第四代隔离技术——空气开关隔离。它是通过使用单刀双掷开关，使得内外部网络分时访问临时缓存器来完成数据交换，在安全和性能上存在有许多问题。

第五代隔离技术——安全通道隔离。此技术通过专用通信硬件和专有安全协议等安全机制，来实现内外部网络的隔离和数据交换，不但解决了以前隔离技术存在的问题，有效地把内外部网络隔离开来，而且高效地实现了内外网数据的安全交换，透明支持多种网络应用，成为当前隔离技术的发展方向。

7.5.2 隔离技术的安全要点

网络隔离技术就是要解决目前网络安全中存在的最根本问题，这些问题包括：

（1）对操作系统的依赖，因为操作系统也有漏洞。操作系统是一个平台，要支持多种不同的应用，一般的操作系统功能越多，漏洞就越多，使用的范围越大，漏洞被发现和曝光的可能性就越大。

（2）对 TCP/IP 协议的依赖，因为 TCP/IP 协议的漏洞。TCP/IP 的目标是要保证信息的准确传达，保证传输的开放性。通过来回确认保证数据的完整性，不确认则需要重新传输。因此，TCP/IP 协议没有内在的控制机制来支持源地址的鉴别，从而无法证明 IP 从哪里来，这就是 TCP/IP 协议存在漏洞的根本原因。黑客可以利用 TCP/IP 的这个漏洞通过侦听等方式截获数据，对数据进行检查过滤，推测 TCP 的序列号并修改传输路由，修改数据的鉴别过程，插入修改的数据流，从而破坏数据的完整性。

（3）解决通信连接的问题，当内网和外网直接连接时，存在基于通信的攻击。通信过程中有链路连接，就会存在基于通信链路的攻击，包括基于通信协议的攻击，基于物理层表示方法的攻击，基于数据链路会话的攻击等。

（4）应用协议的漏洞，因为命令和指令可能是非法的。互联网应用具有多样性，TCP/IP 准许的应用端口几乎都是动态的，如此多的动态应用对应多种不同的应用协议，这些应用协议存在的大量漏洞为网络安全带来了很大的隐患。

因此，网络隔离技术要有效解决以上的安全问题，必须具备基本的安全要点。

（1）要具有高度的自身安全性。隔离产品要保证自身具有高度的安全性，至少在理论和实践上要比防火墙高一个安全级别。从技术实现上，除了和防火墙一样对操作系统进行加固优化或采用安全操作系统外，关键在于要把外网接口和内网接口从一套操作系统中分离出来。也就是说，至少要由两套主机系统组成，一套控制外网接口，另一套控制内网接口，然后在两套主机系统之间通过不可路由的协议进行数据交换。如此，即便黑客攻破了外网系统，仍然无法控制内网系统，就达到了更高的安全级别。

（2）要确保网络之间是隔离的。保证网间隔离的关键是数据包不可路由到对方网络，无论中间采用了什么转换方法，只要最终使得一方的数据包能够进入到对方的网络中，都无法称之为隔离，即达不到隔离的效果。显然，只是对网间的包进行转发，并且允许建立端到端连接的防火墙，是没有任何隔离效果的。此外，那些只是把数据包转换为文本，交换到对方网络后，再把文本转换为数据包的产品也是没有做到隔离的。

（3）要保证网间交换的只是应用数据。既然要达到网络隔离，就必须做到彻底防范基于网络协议的攻击，即不能够让网络层的攻击包到达要保护的网络中，所以就必须进行协议分析，完成应用层数据的提取，然后进行数据交换。这样就把诸如 TearDrop、Land、Smurf 和 SYN Flood 等网络攻击包，彻底地阻挡在了可信网络之外，从而明显地增强了可信网络的安全性。

（4）要对网间的访问进行严格的控制和检查。作为一套适用于高安全度网络的安全设备，要确保每次数据交换都是可信的和可控制的，严格防止非法通道的出现，以确保信息数据的安全和访问的可审计性。因此，必须施加一定的技术，保证每一次数据交换过程都是可信的，并且内容是可控制的，可采用基于会话的认证技术和内容分析与控制引擎等技术来实现。

（5）要在坚持隔离的前提下保证网络畅通和应用透明。隔离产品会部署在多种多样的复杂网络环境中，并且往往是数据交换的关键点，因此，产品要具有很高的处理性能，不能够成为网络交换的瓶颈，要有很好的稳定性，不能够出现时断时续的情况，要有很强的适应性，能够透明接入网络，并且透明支持多种应用。

网络隔离的指导思想与防火墙有很大的不同，防火墙的思路是在保障互联互通的前提下尽可能安全，防火墙本身是一种被动防卫机制，它不能干涉不经过防火墙的数据进行交互，对于攻击防火墙的数据包，只有当该数据包发起了网络攻击，防火墙才会采取相应的防护措施，因此，防火墙不能从根本上防止网络安全事件的发生。与防火墙相比，网络隔离的思路则是在必须保障安全的前提下尽可能互联互通，如果不安全则采取措施断开连接。图 7-4 给出了网闸的一种典型部署。

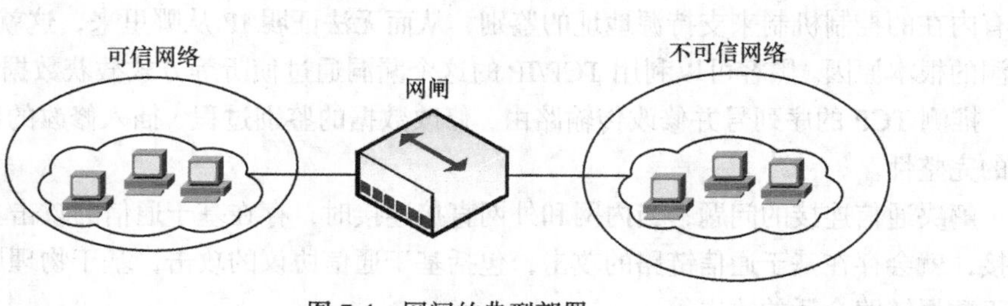

图 7-4　网闸的典型部署

现在主流的网络隔离技术主要指把两个或两个以上可路由的网络（如 TCP/IP）通过不可路由

的协议（如 IPX/SPX、NetBEUI 等）进行数据交换而达到隔离目的。由于其原理主要是采用了不同的协议，所以通常也叫协议隔离（Protocol Isolation）。

网络隔离的关键在于系统对通信数据的控制，即通过不可路由的协议来完成网间的数据交换。由于通信硬件设备工作在网络的最下层，并不能感知到交换数据的机密性、完整性、可用性、可控性、抗抵赖等安全要素，因此，这要通过访问控制、身份认证、加密签名等安全机制来实现，而这些机制的实现都是通过软件来完成的。

因此，隔离的关键点就成了要尽量提高网间数据交换的速度，并且对应用能够透明支持，以适应复杂和高带宽需求的网间数据交换。而由于设计原理问题使得第三代和第四代隔离产品在这方面很难突破，即便有所改进也必须付出巨大的成本，和“适度安全”理念相悖。

7.5.3 隔离技术的发展趋势

第五代隔离技术的实现原理是通过专用通信设备、专有安全协议、加密验证机制及应用层数据提取和鉴别认证技术，进行不同安全级别网络之间的数据交换，彻底阻断了网络间的直接TCP/IP 连接，同时对网间通信的双方、内容、过程施以严格的身份认证、内容过滤、安全审计等多种安全防护机制，从而保证了网间数据交换的安全、可控，杜绝了由于操作系统和网络协议自身漏洞带来的安全风险。

第五代隔离技术的出现，是在对市场上网络隔离产品和高安全度网需求的详细分析情况下产生的，它不但很好地解决了第三代和第四代很难解决的速度瓶颈问题，并且先进的安全理念和设计思路，明显地提升了产品的安全功能，是一种创新的隔离防护手段。

7.6 反病毒技术

在计算机病毒的发展进程中，一般情况下，一种新的病毒技术出现后，开始阶段，病毒会迅速传播和发展，造成一定的破坏性，而随着反病毒技术的发展，病毒的传播和破坏力会受到抑制，在用户升级了操作系统后，相应的计算机病毒也往往会调整其传播和破坏方式，产生新的病毒技术，反病毒技术也将伴随着病毒技术的发展和发展。根据计算机病毒的发展历程，可以将其分为以下几个阶段。

（1）DOS 引导阶段

1987 年，计算机病毒主要是引导型病毒，这一类病毒的代表包括：“小球”和“石头”病毒。当时的计算机硬件较少，功能简单，一般需要通过软盘启动后使用。引导型病毒利用软盘的启动原理工作，它们修改系统启动扇区，在计算机启动时首先取得控制权，减少系统内存，修改磁盘读写中断，影响系统工作效率，在系统存取磁盘时进行传播。

（2）DOS 可执行阶段

1989 年，可执行文件型病毒出现，它们利用 DOS 系统加载执行文件的机制工作，这一类病毒的代表包括：“耶路撒冷”和“星期天”病毒，病毒代码在系统执行文件时取得控制权，修改DOS 中断，在系统调用时进行传染，并将自己附加在可执行文件中，使文件长度增加。

（3）伴随型阶段

1992 年，伴随型病毒出现，它们利用 DOS 加载文件的优先顺序进行工作，具有代表性的是“金蝉”病毒，它感染 EXE 文件，生成一个和 EXE 同名但扩展名为 COM 的伴随体；它感染文件时，改原来的COM文件为同名的EXE文件，再产生一个原名的伴随体，文件扩展名为COM，这样，在DOS加载文件时，病毒就取得控制权。这类病毒的特点是：不改变原来的文件内容、日期及属性，解除病毒时只要将其伴随体删除即可。在非DOS操作系统中，一些伴随型病毒利用操作系统的描述语言进行工作，具有典型代表的是“海盗旗”病毒，它在得到执行时，询问用户名和口令，然后返回一个出错信息，将自身删除。

（4）幽灵阶段

1994年，随着汇编语言的发展，实现同一功能可以用不同的方式进行完成，这些方式的组合使一段看似随机的代码产生相同的运算结果。幽灵病毒就是利用这个特点，每感染一次就产生不同的代码。例如，“一半”病毒就是产生一段有上亿种可能的解码运算程序，病毒体被隐藏在解码前的数据中，查解这类病毒就必须能对这段数据进行解码，加大了查毒的难度。

（5）生成器阶段

1995年，在汇编语言中，一些数据的运算放在不同的通用寄存器中，可运算出同样的结果，随机地插入一些空操作和无关指令，也不影响运算的结果，这样，一段解码算法就可以由生成器生成，当生成器的生成结果为病毒时，就产生了这种复杂的“病毒生成器”，而变体机就是增加解码复杂程度的指令生成机制。这一阶段的典型代表是“病毒制造机”VCL，它可以在瞬间制造出成千上万种不同的病毒，查解时就不能使用传统的特征识别法，需要在宏观上分析指令，解码后查解病毒。

（6）网络蠕虫阶段

1995年，随着网络的普及，病毒开始利用网络进行传播，它们只是以上几代病毒的改进。在非DOS操作系统中，“蠕虫”是典型的代表，它不占用除内存以外的任何资源，不修改磁盘文件，利用网络功能搜索网络地址，将自身向下一地址进行传播，有时也在网络服务器和启动文件中存在。

（7）Windows阶段

1996年，随着Windows和Windows 95的日益普及，利用Windows进行工作的病毒开始发展，它们修改文件，典型的代表是DS.3873，这类病毒的机制更为复杂，它们利用保护模式和API调用接口工作，解除方法也比较复杂。

（8）宏病毒阶段

1996年，随着Microsoft Word功能的增强，使用Word宏语言也可以编制病毒，这种病毒使用类Basic语言，编写容易，感染Word文档等文件，在Excel出现的相同工作机制的病毒也归为此类，由于Word文档格式没有公开，这类病毒查解比较困难。

（9）互联网阶段

随着因特网的发展，各种病毒也开始利用因特网进行传播，一些携带病毒的数据包和邮件越来越多，如果不小心打开了这些邮件，机器就有可能中毒。1982年，Elk Cloner病毒出现，这种病毒被看作攻击个人计算机的第一款全球病毒，它通过苹果AppleII软盘进行传播，这个病毒被放在一个游戏磁盘上，可以被使用49次，在第50次使用的时候，它并不运行游戏，取而代之的是打开一个空白屏幕，并显示一首短诗。1988年，Morris病毒出现，该病毒程序利用了系统存在的弱点进行入侵，Morris设计的最初目的并不是搞破坏，而是用来测量网络的大小。但是，由于程序的循环没有处理好，计算机会不停地执行、复制Morris，最终导致死机。1998年，CIH出现，CIH病毒是迄今为止破坏性最严重的病毒，也是世界上首例破坏硬件的病毒，它发作时不但破坏硬盘的引导区和分区表，而且破坏计算机系统BIOS，导致主板损坏，此病毒是由台湾大学生陈盈豪研制的，据说他研制此病毒的目的是纪念 1986 年的灾难或是让反病毒软件难堪。2003 年，“冲击波”病毒出现，这款病毒的英文名称是 Blaster，还被叫做 Lovsan 或 Lovesan，它利用了微软软件中的一个缺陷，对系统端口进行疯狂攻击，可以导致系统崩溃。2004 年，“震荡波”出现，震荡波是又一个利用 Windows 缺陷的蠕虫病毒，震荡波可以导致计算机崩溃并不断重启。

病毒技术的不断发展和演进为反病毒技术提出了更高的要求，病毒技术和防病毒技术就是在“魔高一尺道高一丈”这样的交替过程中演进和发展的。

7.6.1 病毒的定义及特征

所谓计算机病毒是指一种能够通过自身复制传染，起破坏作用的计算机程序。它可以隐藏在看起来无害的程序中，也可以生成自身的复制并插入到其他程序中。计算机病毒程序是一种特殊程序，这类程序的主要特征如下。

（1）非授权可执行性：用户通常调用执行一个程序时，把系统控制交给这个程序，并分配给他相应系统资源，如内存，从而使之能够运行完成用户的需求。因此程序执行的过程对用户是透明的。而计算机病毒是非法程序，正常用户是不会明知是病毒程序，而故意调用执行。但由于计算机病毒具有正常程序的一切特性：可存储性、可执行性。它隐藏在合法的程序或数据中，当用户运行正常程序时，病毒伺机窃取到系统的控制权，得以抢先运行，然而，此时用户还认为在执行正常程序。

（2）隐蔽性：计算机病毒是一种具有很高编程技巧、短小精悍的可执行程序。它通常粘附在正常程序之中或磁盘引导扇区中，或者磁盘上标为坏簇的扇区中，以及一些空闲概率较大的扇区中，这是它的非法可存储性。病毒想方设法隐藏自身，就是为了防止用户察觉。

（3）传染性：传染性是计算机病毒最重要的特征，是判断一段程序代码是否为计算机病毒的依据。病毒程序一旦侵入计算机系统就开始搜索可以传染的程序或者磁介质，然后通过自我复制迅速传播。由于目前计算机网络日益发达，计算机病毒可以在极短的时间内，通过像 Internet 这样的网络传遍世界。

（4）潜伏性：计算机病毒具有依附于其他媒体而寄生的能力，这种媒体我们称之为计算机病毒的宿主。依靠病毒的寄生能力，病毒传染合法的程序和系统后，不立即发作，而是悄悄隐藏起来，然后在用户不察觉的情况下进行传染。这样，病毒的潜伏性越好，它在系统中存在的时间也就越长，病毒传染的范围也越广，其危害性也越大。

（5）表现性或破坏性：无论何种病毒程序，一旦侵入系统都会对操作系统的运行造成不同程度的影响。即使不直接产生破坏作用的病毒程序也要占用系统资源（如占用内存空间、占用磁盘存储空间以及系统运行时间等），而绝大多数病毒程序要显示一些文字或图像，影响系统的正常运行，还有一些病毒程序删除文件，加密磁盘中的数据，甚至摧毁整个系统和数据，使之无法恢复，造成无可挽回的损失。因此，病毒程序的副作用轻者降低系统工作效率，重者导致系统崩溃、数据丢失。病毒程序的表现性或破坏性体现了病毒设计者的真正意图。

（6）可触发性：计算机病毒一般都有一个或者几个触发条件。满足其触发条件或者激活病毒的传染机制，使之进行传染，或者激活病毒的表现部分或破坏部分。触发的实质是一种条件的控制，病毒程序可以依据设计者的要求，在一定条件下实施攻击。这个条件可以是敲入特定字符，使用特定文件，某个特定日期或特定时刻，或者是病毒内置的计数器达到一定次数等。

7.6.2 反病毒概述

计算机的反病毒技术，是指通过建立合理的计算机病毒防范体系和制度，及时发现计算机病毒侵入，并采取有效的手段阻止计算机病毒的传播和破坏，恢复受影响的计算机系统和数据。简单地说，查、防、解、恢复，是计算机病毒防范的四大法宝。

防毒是指根据系统特性，采取相应的系统安全措施预防病毒侵入计算机。

查毒是指对于确定的环境，能够准确地报出病毒名称，该环境包括：内存、文件、引导区、网络等。

解毒是指根据不同类型病毒对感染对象的修改，并按照病毒的感染特性所进行的恢复。该恢复过程不能破坏未被病毒修改的内容。感染对象包括：内存、引导区、可执行文件、文档文件、网络等。

恢复是对被病毒破坏了的文件以及系统进行恢复。

7.6.3 反病毒技术

现在世界上成熟的反病毒技术已经完全可以做到对所有的已知病毒彻底预防、彻底清除，主要涉及以下技术。

（1）实时监视技术。这类技术为计算机构筑起一道动态、实时的反病毒防线，通过修改操作系统，使操作系统本身具备反病毒功能，拒病毒于计算机系统之门外。时刻监视系统当中的病毒活动，时刻监视系统状况，时刻监视软盘、光盘、因特网、电子邮件上的病毒传染，将病毒阻止在操作系统外部。反病毒软件由于采用了与操作系统的底层无缝连接技术，实时监视器占用的系统资源极小，用户一方面完全感觉不到对机器性能的影响，一方面根本不用考虑病毒的问题。

只要实时反病毒软件在系统中工作，病毒就无法侵入用户的计算机系统，可以保证反病毒软件只需一次安装，今后计算机运行的每一秒钟都会执行严格的反病毒检查，使因特网、光盘、软盘等途径进入计算机的每一个文件都安全无毒，如有毒则进行自动杀除。

（2）自动解压缩技术。目前，我们在因特网、光盘以及 Windows 中接触到的大多数文件都是以压缩状态存放，以便节省传输时间或节约存放空间，这就使得各类压缩文件已成为了计算机病毒传播的温床。

如果用户从网上下载了一个带病毒的压缩文件包，或从光盘里运行一个压缩过的带毒文件，用户会放心地使用这个压缩文件包,然后自己的系统就会不知不觉地被压缩文件包中的病毒感染。而且现在流行的压缩标准有很多种，相互之间有些还并不兼容，自动解压缩技术要全面覆盖各种各样的压缩格式，就要求了解各种压缩格式的算法和数据模型，这就必须和压缩软件的生产厂商有很密切的技术合作关系，否则，解压缩就会出问题。

（3）全平台反病毒技术。目前病毒活跃的平台有：DOS、Windows、NT、安单等，为了让反病毒软件做到与系统的底层无缝连接，可靠地实时检查和杀除病毒，必须在不同的平台上使用相应平台的反病毒软件，如你用的是 Windows 的平台，则你必须用 Windows 版本的反毒软件。如果是企业网络，什么版本的平台都有，那么就要在网络的每一个 Server、Client 端上安装安单、Windows 等平台的反病毒软件，每一个点上都安装了相应的反病毒模块，每一个点上都能实时地抵御病毒攻击。只有这样，才能有效做到系统的安全和可靠。

病毒技术日新月异，各种新的病毒以及新的病毒技术不断产生，反病毒技术也随之日益精进，它们的发展是一个相互作用的过程，但反病毒技术相对于病毒的突发性有一定的滞后性，因此，反病毒技术距离保障信息和系统安全的目标还任重道远。

本章总结

网络是信息技术领域中安全问题最突出的领域，网络安全事件时有发生，严重影响了网络资源的可用性和稳定性，这对网络安全技术提出了迫切的要求。当前，实现网络安全的主要技术包括：防火墙技术、VPN 技术、入侵检测技术、网络隔离技术和反病毒技术等。本章对这些网络安全主流技术的相关概念、工作原理、基本模型和实现方式进行了系统介绍。

需要补充说明一点，本章介绍的网络安全技术是相互补充的，它们在实际应用中通过相互配合能够实现针对系统的安全功能。但是，当前对网络与系统的攻击事件时有发生，考虑到实现网络安全具有一定的复杂性和动态性，对网络安全技术的研究依然任重道远。

思考与练习

1. 防火墙的主要类型有哪些？
2. IDS 的组成部分各有哪些功能？
3. VPN 的工作原理是什么？
4. 病毒有哪些基本特征？

第8章 信息安全管理

本章介绍了信息安全管理的几个方面：信息安全管理的组织基础架构，信息系统生命期安全管理问题，信息安全分级保护技术，信息安全管理的指导原则，安全过程管理与 OSI 安全管理，信息安全管理要素和管理模型，信息安全风险评估技术，身份管理技术，人员管理和物理环境安全。

本章的知识要点、重点和难点包括：信息安全管理的基本概念、信息安全分级保护技术、安全过程管理与 OSI 安全管理、信息安全风险评估技术、身份管理技术、物理环境管理。

8.1 组织基础架构

信息安全管理实用规则 ISO/IEC 27001 的前身为英国的 BS 7799 标准，该标准由英国标准协会（BSI）于 1995 年 2 月提出，并于 1995 年 5 月修订而成的。BS 7799 标准旨在规范、引导信息安全管理体系的发展过程和实施情况，被外界认为是一个不偏向任何技术、任何企业和产品供应商的价值中立的管理体系。只要实施得当，BS 7799 标准将帮助企业检查并确认其信息安全管理手段和实施方案的有效性。1999 年 BSI 重新修改了该标准。BS 7799 分为两个部分：BS 7799-1，《信息安全管理实施细则》；BS7799-2《信息安全管理体系规范》。第一部分对信息安全管理给出建议，供负责在其组织启动、实施或维护安全的人员使用；第二部分说明了建立、实施和文件化信息安全管理体系（ISMS）的要求，规定了根据独立组织的需要应实施安全控制的要求。

ISO 27001 标准于 1993 年由英国贸易工业部立项，于 1995 年英国首次出版 BS 7799-1：1995《信息安全管理实施细则》，它提供了一套综合的、由信息安全最佳管理组成的实施规则，其目的是作为确定工商业信息系统在大多数情况所需控制范围的唯一参考基准，并且适用于大、中、小型组织。1998 年，英国公布标准的第二部分《信息安全管理体系规范》，它规定信息安全管理体系要符合信息安全控制要求，它是一个组织的全面或部分信息安全管理体系评估的基础，它可以作为一个正式认证方案的根据。ISO 27000-1 与 ISO 27000-2 经过修订于 1999 年重新予以发布，1999 版考虑了信息处理技术，尤其是在网络和通信领域应用的近期发展，同时还着重强调了商务涉及的信息安全及信息安全的责任。2000 年 12 月，ISO 27000-1:1999《信息安全管理实施细则》通过了国际标准化组织 ISO 的认可，正式成为国际标准 ISO/IEC 17799-1:2000《信息技术-信息安全管理实施细则》。2002 年 9 月 5 日，ISO 27000-2:2002 草案经过广泛的讨论之后，终于发布成为正式标准，同时 ISO 27000-2:1999 被废止。现在，ISO 27000:2005 标准已得到了很多国家的认可，是国际上具有代表性的信息安全管理体系标准。目前除英国之外，还有荷兰、丹麦、澳大利亚、巴西等国已同意使用该标准；日本、瑞士、卢森堡等国也表示对 ISO 27000:2005 标准感兴趣；我国的台湾、香港也在推广该标准。许多国家的政府机构、银行、证券、保险公司、电信运营商、网络公司及许多跨国公司已采用了此标准对自己的信息安全进行系统的管理。截止到 2012 年 9 月，全球共有 142 家各类组织通过了 ISO 27000:2005 信息安全管理体系认证。

8.1.1　信息安全管理的基本问题

1. 信息系统生命期安全管理问题

安全管理贯穿于信息系统生命周期的各个阶段。

（1）开发（Development）：包括需求分析、系统设计、组织设计和集成。

（2）制造（Manufacturing）：包括试制和批量生产。

（3）验证（Verification）：包括对设计的论证、试验、审查和分析（包括仿真），非正式的演示，全面的开发测试和评估，以及产品的验收测试。

（4）部署（Deployment）：包括对系统及其组件的配备、分布和放置。

（5）运行（Operation）：包括对系统及其组件的操作以及系统的运转。

（6）支持和培训（Support and Training）：包括对系统及其组件的维护，对操作、使用等的了解和指导。

（7）处置（Disposal）：包括报废处理等。

安全管理在信息系统整个生命期的各个阶段中的实施内容包括以下几方面。

（1）制定策略：利用安全服务为组织提供管理、保护和分配信息系统资源的准则和指令。

（2）资产分类保护：帮助组织识别资产类别并采取措施进行适当的保护。

（3）人事管理：减少人为错误、盗窃、欺诈或设施误用所产生的风险。

（4）物理和环境安全：防止非授权的访问、损坏和干扰通信媒体和机房（及其附属建筑设施）以及信息泄露。

（5）通信与运营管理：确保信息处理设施的正确和安全运营。

（6）访问控制：按照策略控制对信息资源的访问。

（7）系统开发和维护：确保将安全服务功能构建到信息系统中。

（8）业务连续性管理：制止中断业务的活动以及保护关键的业务过程不受大的故障或灾害影响，并具有灾难备份和快速恢复的能力。

（9）遵从：保持与信息安全有关的法律、法规、政策或合同规定的一致性，承担相应的责任。

2. 信息安全中的分级保护问题

（1）信息系统保护的目标

信息系统安全的保护目标与所属组织的安全利益是完全一致的，具体体现为对信息的保护和对系统的保护。信息保护是使所属组织有直接使用价值（用于交换服务或共享目的）的信息和系统运行中有关（用于系统管理和运行控制目的）的信息的机密性、完整性、可用性和可控性不会受到非授权的访问、修改和破坏。系统保护则是使所属组织用于维持运行和履行职能的信息技术系统的可靠性、完整性和可用性不受到非授权的修改和破坏。系统保护的功能有两个：一是为信息保护提供支持，二是对信息技术系统自身进行保护。

（2）信息系统分级保护

对信息和信息系统进行分级保护是体现统筹规划、积极防范、重点突出的信息安全保护原则的重大措施。最有效和科学的方法是在维护安全、健康、有序的网络运行环境的同时，以分级分类的方式确保信息和信息系统安全既符合政策规范，又满足实际需求。其基本思想和方法如下。

敏感信息系统保护等级的划分原则

① 组织级别与等级保护的关系：组织的行政级别越高，相应的等级保护级别也越高。

② 敏感程度与保护等级的关系：信息系统及其信息的敏感程度越高，相应的等级保护级别也越高。

③ 敏感信息量与保护等级的关系：相对集中的敏感信息量越大，相应的等级保护级别也越高。

④ 履行职能与保护等级的关系：职能与国家安全、国计民生、社会稳定的关系越大，相应的等级保护级别也越高。

在遵循以上原则时，要对信息系统中个别信息和组件的保护等级与整个系统的保护等级适当加以区分，不能因为对个别信息和组件的高等级保护要求而提高整个系统其他信息和组件的保护等级。

非敏感信息系统保护等级的划分原则

① 社会影响面与保护等级的关系：社会影响面越广，相应的等级保护级别也越高。

② 危害程度与保护等级的关系：造成的社会危害越大，相应的等级保护级别也越高。

③ 资源价值与保护等级的关系：资源价值越大，相应的等级保护级别也越高。

④ 资源利用率与保护等级的关系：资源利用率越高，相应的等级保护级别也越高。

⑤ 资源密集度与保护等级的关系：资源集中度越高，相应的等级保护级别也越高。

（3）信息系统保护等级的技术标准

敏感信息系统和非敏感信息系统的保护等级及其评估的技术标准在 GB 17859—1999《计算机信息系统安全保护等级划分准则》和 GB/T 18336—2001《信息技术 安全技术 信息技术安全性评估准则》等国内外的基本技术框架内制订。对一个组织的信息系统，可以按照物理/逻辑方法划分为两个或两个以上保护等级子系统。

计算机信息系统的安全保护等级

GB 17859—1999《计算机信息系统安全保护等级划分准则》是我国计算机信息系统安全保护等级系列标准的基础，是进行计算机信息系统安全等级保护制度建设的基础性标准，也是信息安全评估和管理的重要基础。该标准虽然不具备技术上的可操作性，但其基本准则却是我国多类信息系统划分保护等级和确定等级保护措施的指导原则和策略依据。此标准将计算机信息系统安全保护从低到高划分为 5 个等级，即用户自主保护级、系统审计保护级、安全标记保护级、结构化保护级和访问验证保护级。高级别安全要求是低级别安全要求的超集。计算机信息系统安全保护能力随着安全保护等级的增高逐渐增强。

在该标准中，一个重要的概念是可信计算基（TCB）。TCB 是一种实现安全策略的机制，包括硬件、固件和软件。它们根据安全策略来处理主体（系统管理员、安全管理员、用户等）对客体（进程、文件、记录、设备等）的访问。TCB 还具有抗篡改的能力和易于分析和测试的结构。TCB 主要体现该标准中的隔离和访问控制两大基本特征，各安全等级之间的差异在于 TCB 的构造不同以及它所具有的安全保护能力不同。

第 1 级：用户自主保护级。本级的计算机信息系统可信计算基通过隔离用户与数据，使用户具备自主安全保护的能力。它具有多种形式的控制能力，对用户实施访问控制，即为用户提供可行的手段，保护用户和用户组信息，避免其他用户对数据的非法读写和破坏。

本级实施的是自主访问控制，即通过可信计算基定义系统中的用户和命名用户对命名客体的访问，并允许用户以自己的身份或用户组的身份指定并控制对客体的访问。这意味着系统用户或用户组可以通过可信计算基自主定义主体对客体的访问权限。

从用户的角度来看，用户自主保护级的责任只有一个，即为用户提供身份鉴别。在系统初始化时，可信计算基首先要求用户标识自己的身份（如口令等），然后使用身份鉴别数据来鉴别用户的身份，并实施对客体的自主访问控制，避免非法用户对数据的读写或破坏。

在数据完整性方面，可信计算基通过自主完整性策略，阻止非授权用户修改或者破坏敏感信息。

第 2 级：系统审计保护级。与用户自主保护级相比，本级的计算机信息系统可信计算基实施了粒度（粗细程度，如 IP 地址比 IP 段粒度细，IP 地址加端口号比 IP 地址粒度细。粒度越细，控制越精确）更细的自主访问控制。它通过登录规程、审计安全性相关事件和隔离资源等措施，使用户对自己的行为负责。

本级实施的是自主访问控制和客体的安全重用。在自主访问控制方面，可信计算基实施的自主访问控制粒度是单个用户，并控制访问权限扩散，即没有访问权限的用户只允许由授权用户指定其对客体的访问权。在客体的安全重用方面，在客体被初始指定或分配给一个主体之前，或在客体再分配之前，必须撤销该客体所含信息的授权；当一个主体获得一个客体的访问权时，原主体的活动所产生的任何信息，对当前主体而言是不可获得的。

从用户的角度来看，系统审计保护级的功能有两个：身份鉴别和安全审计。

身份鉴别方面，本级比用户自主保护级增加两点。

① 为用户提供唯一标识，确保用户对自己的行为负责。

② 为支持安全审计功能，具有将身份标识与用户所有可审计的行为相关联的能力。

安全审计方面，可信计算基能够创建、维护对其所保护客体的访问审计记录，还授权主体提供审计记录接口，以便记录那些主体认为需要审计的事件，并且只有授权用户才能访问审计记录。另外，本级还支持系统安全管理员可以根据主体身份有选择地审计任何一个用户的行为。

在数据完整性方面，可信计算基应提供并发控制机制，以确保多个主体对同一个客体的正确访问。

第 3 级：安全标记保护级。本级的计算机信息系统可信计算基具有系统审计保护级的所有功能。此外，还提供有安全策略模型、数据标记以及主体对客体强制访问控制的非形式化描述，具有准确地标记输出信息的能力，消除通过测试发现的错误。

本级的主要特征是可信计算基实施强制访问控制。强制访问控制就是可信计算基以敏感标记为主体和客体指定其安全等级。安全等级是一个 2 维组，第 1 维是分类等级（如秘密、机密、绝密等），第 2 维是范畴（如适用范围等）。由可信计算基控制的主体和客体，只有当满足一定条件时，主体才能读/写一个客体，即只有当主体分类等级的级别高于客体分类等级的级别、主体范畴包含客体范畴时，主体才能读一个客体；只有当主体分类等级的级别低于或等于客体分类等级的级别、主体范畴包含于客体范畴时，主体才能写一个客体。

敏感标记是实施强制访问控制的基础，因此，系统应该明确规定需要标记的客体（如文件、记录、目录、日志等），应该明确定义标记的粒度（如文件级、字段级等），并必须使其主要数据结构具有敏感标记。另外，本级可信计算基应该维护与每个主体及其控制下的存储对象相关的敏感标记，敏感标记应该准确表达相关主体或客体的安全级别。

从用户的角度来看，系统仍呈现身份鉴别和审计两大功能。本级可信计算基除了具有第 2 级的功能外，还有如下能力。

① 确定用户的访问权和授权访问的数据。

② 接收数据的安全级别，维护与每个主体及其控制下的存储对象相关的敏感标记。

③ 维护标记的完整性。

④ 维护并审计标记信息的输出，并与相关联的信息进行匹配。

⑤ 确保以该用户的名义而创建的那些在可信计算基外部的主体和授权，授其访问权和授权的控制。

在数据完整性方面，可信计算基还应该提供定义、验证完整性约束条件的功能，以维护客体和敏感标记的完整性。

第 4 级：结构化保护级。本级的计算机信息系统可信计算基建立在一个明确定义的形式化安全策略模型之上，它要求将第 3 级中的自主访问控制和强制访问控制扩展到所有主体与客体。此外，还要考虑隐蔽通道。本级的计算机信息系统可信计算基必须结构化为关键保护元素和非关键保护元素。计算机信息系统可信计算基的接口也必须明确定义，使其设计与实现能够经受更充分的测试和更完整的复审。本级还增强了鉴别机制、支持系统管理员和操作员的可确认性。提供可信设施管理，增强了配置管理机制，确保系统具有相当的抗渗透能力。

本级的主要特征有以下几个方面。

① 可信计算基基于一个明确定义的形式化安全保护策略。

② 将第 3 级实施的（自主和强制）访问控制扩展到所有主体和客体。即在自主访问控制方面，可信计算基应该维护由可信计算基外部主体直接或间接访问的所有资源的敏感标记；在强制访问控制方面，可信计算基应该对所有可被其外部主体直接或间接访问的资源实施强制访问控制，应该为这些主体和客体指定敏感标记。

③ 针对隐蔽信道，将可信计算基构造成为关键保护元素和非关键保护元素。

④ 可信计算基具有合理定义的接口，使其能够经受严格测试和复查。

⑤ 通过提供可信路径来增强鉴别机制。

⑥ 支持系统管理员和操作员的可确认性，提供可信实施管理，增强严格的配置管理控制。

在审计方面，当发生安全事件时，可信计算基还能够检测事件的发生、记录审计条目、通知系统管理员、标识并审计可能利用隐蔽信道的事件。

在隐蔽信道分析方面，系统开发者应该彻底搜索隐蔽信道，并确定信道的最大带宽，这样才能确定有关使用隐蔽信道的安全性。

第 5 级：访问验证保护级。本级的计算机信息系统可信计算基满足基准监控器（Reference Monitor）需求。基准监控器仲裁主体对客体的全部访问。基准监控器本身具备抗篡改性，且必须足够小，能够分析和测试。为了满足基准监控器的需求，计算机信息系统可信计算基在其构造时，排除那些对实施安全策略来说并非必要的代码；在设计和实现时，从系统工作角度将其复杂性降低到最小程度。支持安全管理员可确认性；扩充审计机制，当发生与安全相关的事件时发出信号；提供系统恢复机制。系统具有很高的抗渗透能力。

本级与第 4 级相比，主要区别在以下几个方面。

① 在可信计算基的构造方面，具有基准监控器。所谓基准监控器，是监控主体和客体之间授权访问关系的部件，仲裁主体对客体的全部访问。基准监控器必须是抗篡改的，并且是可分析和测试的。

② 在自主访问控制方面，因为有基准监控器，所以访问控制能够为每个客体指定用户和用户组，并规定他们对客体的访问模式。

③ 在审计方面，在基准监控器的支持下，可信计算基扩展了审计能力。本级的审计机制能够监控可审计安全事件的发生和累积，当累积超过规定的门限值，能够立即向系统管理员发出警告；并且，如果这些与安全相关的事件继续发生，能以最小的代价终止它们。

④ 在系统的可信恢复方面，可信计算基提供了一组过程和相应的机制，保证系统失效或中断后，可以进行不损害任何安全保护性能的恢复。

基于通用准则的安全等级

在《信息技术 安全技术 信息技术安全性评估准则》（GB/T 18336—2001，等同 ISO/IEC 15408:1999）中定义了 7 个递增的安全评估保证级（Evaluation Assurance Level，EAL），这种递增靠替换成同一保证子类中的一个更高级别的保证组件（即增加严格性、范围或深度）和添加另外一个保证子类的保证组件（如添加新的要求）来实现。

评估保证级是由 GB/T 18336—2001 第 3 部分中保证组件构成的包，该包代表了通用准则（Common Criteria，CC）预先定义的保证尺度上的某个位置。一个保证级是评估保证要求的一个基线集合。每一个评估保证级定义一套一致的保证要求，合起来，评估保证级构成一个预定义 CC 保证级尺度。

评估保证级并不用于直接对信息和系统的等级保护，而是用于对信息和系统的保护有效性进行评估验收，包括对保护措施（或保证组件）的功能和效能进行等级评估、测试和验证。

GB/T 18336 中定义的 7 个评估保证级如下。

① 评估保证级 1（EAL1）——功能测试。

② 评估保证级 2（EAL2）——结构测试。

③ 评估保证级 3（EAL3）——系统地测试和检查。

④ 评估保证级 4（EAL4）——系统地设计、测试和复查。

⑤ 评估保证级 5（EAL5）——半形式化设计和测试。

⑥ 评估保证级 6（EAL6）——半形式化验证的设计和测试。

⑦ 评估保证级 7（EAL7）——形式化验证的设计和测试。

评估保证级 1（EAL1）——功能测试。EAL1 适用于对正确运行需要一定信任的场合，但该场合对安全的威胁并不严重。EAL1 通过独立的保证来说明，评估对象（Target of Evaluation，TOE）对个人或类似信息的保护给予了应有的重视。实验室对客户提供的 TOE 进行 EAL1 评估，包括依据规范执行独立测试和检查客户提供的指南文档。在没有 TOE 开发者的帮助下，EAL1 评估也能成功进行。EAL1 评估所需费用最少。

EAL1 评估使用功能和接口规范以及指南文档对安全功能进行分析，了解安全行为，提供基本级别的保证。完成这种分析需要对 TOE 安全功能进行独立测试。EAL1 与未评估的 IT 产品或系统相比，在安全保证上取得了有意义的增长。

评估保证级 2（EAL2）——结构测试。EAL2 适用于以下情况：开发者或使用者需要对安全性作出低中级的独立（第三方）保证，而又缺乏现成可用的完整开发记录。在对已有系统采取安全措施或与开发者的接触受到限制时，可能会出现这种情况。EAL2 评估在提供设计信息和测试结果时，需要开发者的合作，除此之外不要求开发方付出更多的努力，因此与 EAL1 相比，不需要增加过多的费用和时间。

EAL2 评估使用功能和接口的规范、指南文档和 TOE 高层设计，对安全功能进行分析，了解安全行为，提供保证。完成这种分析需要进行的工作包括：TOE 安全功能的独立性测试，开发者基于功能规范进行测试得到的证据，对开发者测试结果进行的选择性独立确认，功能强度分析，开发者搜寻明显脆弱性的证据。EAL2 还将通过 TOE 的配置表以及安全交付程序方面的证据来提供保证。通过要求开发者测试和脆弱性分析以及根据更详细的 TOE 规范完成的独立性测试，EAL2 的安全保证与 EAL1 相比，有明显的增长。

评估保证级 3（EAL3）——系统地测试和检查：EAL3 可使一个尽职尽责的开发者，在设计阶段能从正确的安全工程中获得最大限度的保证，而不需要对现有的合理开发实践作大规模的改变。EAL3 适用的情况是：开发者或使用者需要对安全性作出中级的独立（第三方）保证。EAL3 评估要求对 TOE 及其开发过程进行彻底调查，但不需进行实质上的重设计。

EAL3 评估使用功能和接口规范、指导性文档和 TOE 高层设计，对安全功能进行分析，了解安全行为，提供保证。完成这种分析需要进行的工作还包括：TOE 安全功能的独立测试，开发者根据功能规范和高层设计进行测试取得证据，对开发者测试结果进行选择性独立确认，功能强度分析，开发者搜寻明显脆弱性的证据。EAL3 还将通过开发环境控制措施的使用、TOE 的配置管理和安全交付程序方面的证据提供保证。通过对安全功能和机制测试范围的更完整要求，以及要求相应的程序以说明 TOE 在开发过程中不会被篡改提供一定的信任，EAL3 的安全保证与 EAL2 相比，有明显的增长。

评估保证级 4（EAL4）——系统地设计、测试和复查：EAL4 可使开发者从正确的安全工程中获得最大限度的保证。开发者需要良好的商业开发实践经验，虽然要求很严格，但并不需要大量专业知识、技巧和其他资源。在经济许可的条件下，对已存在的生产线进行翻新时，EAL4 是能够达到的最高级别。因此 EAL4 适用于以下情况：开发者或使用者需要对传统的商品化 TOE 的安全性作出中高级独立的（第三方）保证，并准备负担额外的安全工程费用。

EAL4 评估使用功能和接口完整的规范、指导性文档、TOE 高层设计和低层设计、实现子集，对安全功能进行分析，了解安全行为，提供保证，并且通过非形式化 TOE 安全政策模型获得额外保证。完成这些分析需要进行的工作还包括：TOE 安全功能的独立测试，开发者根据功能规范和高层设计进行测试得到的证据，对开发者测试结果有选择地进行独立确认，功能强度分析，开发者搜寻脆弱性的证据，以及为证明可抵御具有低等攻击潜力的穿透性攻击者的攻击而进行的独立的脆弱性分析。EAL4 还将通过使用开发环境控制措施，以及 TOE 自动配置管理和安全交付程序证据，提供保证。EAL4 通过进一步要求设计描述，实现子集，以及增强机制和有关程序，为说明 TOE 在开发或交付过程中不被篡改提供了一定的信任，使安全保证与 EAL3 相比，有明显的增长。

评估保证级 5（EAL5）——半形式化设计和测试：EAL5 允许开发者严格采用商业开发实践，并适度应用专门安全工程技术的安全工程中获得最大限度的保证。这种 TOE 开发是为达到 EAL5 保证的目的而设计和开发的。相对于严格开发而不应用专门技术而言，由 EAL5 要求引起的额外开销不会很大。EAL5 适用于以下情况：开发者和使用者在按计划进行的开发中需要对安全性作出高级别的独立（第三方）保证，并且需要严格的开发方法，避免由专业安全工程技术引起的不合理开销。

EAL5 评估使用功能和完整的接口规范、指导性文档、TOE 的高层和低层设计以及全部实现，对安全功能进行分析，了解安全行为，提供保证，并且通过 TOE 安全政策的形式化模型、功能规范和高层设计的半形式化表示以及它们之间对应性的半形式化证明获得额外保证，此外还需要 TOE 的模块化设计。完成这些分析需要进行的工作还包括：TOE 安全功能的独立测试，开发者根据功能规范、高层设计和低层设计进行测试得到的证据，对开发者测试结果有选择地进行独立确认，功能强度分析，开发者搜寻脆弱性的证据，以及为证明可抵御具有中等攻击潜力的穿透性攻击者的攻击而进行的独立的脆弱性分析。另外还需要对开发者的隐蔽信道分析进行确认。EAL5 还将通过使用开发环境控制措施，以及包括自动化在内的全面的 TOE 配置管理和安全交付程序证据，提供保证。EAL5 通过要求半形式化的设计描述、整个实现，更结构化（因而更具有可分析性）的体系结构，隐蔽信道分析，以及增强机制和有关程序，为说明 TOE 在开发过程中不会被篡改提供一定的信任，使安全保证与 EAL4 相比，有明显的增长。

评估保证级 6（EAL6）——半形式化验证的设计和测试：EAL6 使开发者把安全工程技术应用于严格的开发环境，以便生产出优质昂贵的 TOE，用来保护高价值的资产，避免重大风险，从而获得高度的保证。因此 EAL6 适用于那些将应用于高风险环境下的安全 TOE 的开发，高风险环境中受保护的资产值得花费额外的开销。

EAL6 评估使用功能和完整的接口规范、指南文档、TOE 高层和低层设计以及实现的结构化表示，对安全功能进行分析，了解安全行为，提供保证。并且通过 TOE 安全政策的形式化模型、功能规范、高层设计和低层设计的半形式化表示以及它们之间对应性的半形式化证明获得额外保证。此外还要求 TOE 设计的模块化与层次化。完成这些分析需要进行的工作还包括：TOE 安全功能的独立测试，开发者根据功能规范、高层设计和低层设计进行测试得到的证据，对开发者测试结果有选择地进行独立确认，功能强度分析，开发者搜寻脆弱性的证据，以及为证明可抵御具有高等级攻击潜力的穿透性攻击者的攻击而进行的独立的脆弱性分析。另外还需要对开发者对隐蔽信道的系统分析进行确认。EAL6 还将使用结构化的开发过程、开发环境控制措施，以及包括完全自动化在内的全面的 TOE 配置管理和安全交付程序证据，提供保证。EAL6 通过要求更全面的分析，实现的结构化表示，更体系化的结构，更全面的独立脆弱性分析，系统化的隐蔽信道标识，以及增进的配置管理和开发环境控制，使安全保证与 EAL5 相比，有明显的增长。

评估保证级 7（EAL7）——形式化验证的设计和测试：EAL7 适用于用于极高风险环境或者那些资产价值高值得花更高代价加以保护的环境中的安全 TOE 的开发。目前，EAL7 的实际应用局限于具有坚固集中的安全功能的 TOE，它们能经得住广泛的形式化分析。

EAL7 评估使用功能和完整的接口规范、指南文档、TOE 高层和低层设计以及实现的结构化表示，对安全功能进行分析，了解安全行为，提供保证，并且通过 TOE 安全政策的形式化模型、功能规范和高层设计的形式化表示，低层设计的半形式化表示以及它们之间对应性的形式化和半形式化证明获得额外保证。此外，还需要 TOE 的模块化、层次化且简单的设计。完成这些分析需要进行的工作还包括：TOE 安全功能的独立测试，开发者根据功能规范、高层设计和低层设计和实现表示进行测试得到的证据，对开发者测试结果的全部独立确认，功能强度分析，开发者搜寻脆弱性的证据，以及为证明可抵御具有高等级攻击潜力的穿透性攻击者的攻击而进行的独立的脆弱性分析。另外还需要对开发者对隐蔽信道的系统分析进行确认。EAL7 还将使用结构化的开发过程、开发环境控制措施，以及包括完全自动化在内的全面的 TOE 配置管理和安全交付程序证据，提供保证。EAL7 通过要求使用形式化表示和形式化对应性进行更全面的分析以及更全面的测试，使安全保证与 EAL6 相比，有明显的增长。

3. 信息安全管理的基本内容

信息系统的安全管理涉及与信息系统有关的安全管理以及信息系统管理的安全两个方面。这两方面的管理又分为技术性管理和法律性管理两类。其中，技术性管理以 OSI 安全机制和安全服务的管理以及物理环境的技术监控为主，法律性管理以法律法规遵从性管理为主。信息安全管理本身并不完成正常的业务应用通信，但却是支持与控制这些通信的安全所必需的手段。

由信息系统的行政管理部门依照法律并结合本单位安全实际需求而强加给信息系统的安全策

略可以是各种各样的，信息安全管理活动必须支持这些策略。受同一个机构管理并执行同一个安全策略的多个实体构成的集合有时被称为“安全域”。安全域以及它们的相互作用是一个值得进一步研究的重要领域。

信息系统管理的安全包括信息系统所有管理服务协议的安全以及信息系统管理信息的通信安全，它们是信息系统安全的重要组成部分。这一类安全管理将借助对信息系统安全服务与机制作适当的选取，以确保信息系统管理协议与信息获得足够的保护。

在信息安全管理的技术性管理中，为了强化安全策略的协调性和安全组件之间的互操作性，设计了一个极为重要的基本概念，即用于存储和交换开放系统所需的与安全有关的全部信息的安全管理信息库（SMIB）。SMIB 是一个分布式信息库，在实际应用中，SMIB 的某些部分可以与 MIB 结合成一体，也可以分开使用。SMIB 有多种实现办法，例如数据表、文件以及嵌入到开放系统软件或硬件中的数据或规则。

安全管理协议以及传送这些管理信息的通信信道可能遭受攻击，因此应该特别对安全管理协议及其协议数据加以保护，其保护的强度通常不低于为业务应用通信提供的安全保护强度。

安全管理可以使用 SMIB 信息在不同系统的行政管理机构之间交换与安全有关的信息。在某些情况下，与安全有关的信息可以经由非自动信息通信信道传递，局部系统的管理也可以采用非标准化方法来修改 SMIB。在另外一些情况下，可能希望通过自动信息通信信道在两个安全机构之间传递信息。在获得安全管理者授权以后，该安全管理将使用这些通信信息来修改 SMIB，当然，具体的修改过程内容必须得到安全管理员的授权。

8.1.2 信息安全管理的指导原则

1. 策略原则

信息安全管理的基本原则包括以下几点。

（1）以安全保发展，在发展中求安全

信息安全的目的是通过保护信息系统内有价值的资产，如数据库、硬件、软件和环境等，以实现信息系统的健康、有序和稳定运行，促进社会、经济、政治和文化的发展。没有安全保证的信息化，以及牺牲信息化发展换来的安全，都是需要摒弃的错误做法。科学的安全发展观是在安全意识上全面提高对信息安全保障认识的同时，采用渐进的适度安全策略来保证和推进信息化的发展，并通过信息化的发展为信息安全保障体系的逐步完善提供充足的人力、财力、物力和技术支持。

（2）受保护资源的价值与保护成本平衡

信息安全的成本和效益比应该在货币和非货币两个层面上进行评估，以保证将成本控制在预期的范围之内。

（3）明确国家、企业和个人对信息安全的职责和可确认性

应该明确表述与信息系统有关的所有者、管理者、经营者、供应商以及使用者应该承担的安全职责和可确认性。

（4）信息安全需要积极防御和综合防范

信息安全需要综合治理的方法，坚持保护与监管结合、技术措施与管理并重的方针，综合治理方法将延伸到信息系统的整个生命周期。

（5）定期评估信息系统的残留风险

信息系统及其运行环境是动态变化的，一劳永逸的信息系统安全解决方案是不存在的。因此，

必须定期评估信息系统的残留风险，并根据评估结果调整安全策略。

（6）综合考虑社会因素对信息安全的制约

信息安全受到很多社会因素的制约，如国家法律、社会文化和社会影响等。安全措施的选择和实现还应该综合考虑法律框架下信息系统的所有者和使用者、所有者和社会各方面之间的利益平衡。

（7）信息安全管理体现以人为本

信息系统安全管理要体现人性化、社会公平和平等交换的价值观念。

2. 工程原则

为了指导信息安全工程的组织和实施，信息安全工程应该遵循 6 类基本原则，即基本保证、适度安全、实用和标准化、保护层次化和系统化、降低复杂度和安全设计结构化。这些原则简单明了，可以应用于信息系统的安全规划、设计、开发、运行、维护管理和报废处理等多个环节。

（1）基本保证

① 信息系统安全工程设计前应该制订符合本系统实际的安全目标和策略。

② 将安全作为整个系统设计中的一个重要组成部分。

③ 识别信息及信息系统资产，以此作为风险分析和安全需求分析的对象。

④ 划分安全域。

⑤ 确保软件开发者受过良好的软件安全开发培训。

⑥ 确保对信息系统用户的职业道德和安全意识进行持续培训。

（2）适度安全

① 通过对抗、规避、降低和转移风险等方式将风险降低到可以接受的水平，不追求绝对或者过度的安全目标。

② 安全的标志之一是系统可控。

③ 在减小风险、增加成本开销和降低某些操作有效性之间进行折中，避免盲目地追求绝对安全目标。

④ 采用裁剪方式选择系统安全措施，满足组织的安全目标。

⑤ 保证信源到信宿全程的机密性、完整性和可用性。

⑥ 在必要时自主开发非卖品以满足某些特殊的安全需求，将残留风险保持在可接受的水平。

⑦ 预测并对抗、规避、降低和转移各种可能的风险。

（3）实用和标准化

① 尽可能采用开放的标准化技术或者协议，增强可移植性和互操作性。

② 使用便于交流的公共语言进行安全需求的开发。

③ 设计的新技术安全机制或措施，要保证系统能够平稳过渡，并保证局部采用的新技术不会引起系统的全局性调整，或引发新的脆弱点。

④ 尽量简化操作，以减少误操作带来新的风险。

（4）保护层次化和系统化

① 识别并预测普遍性故障和脆弱性。

② 实现分层的安全保护（确保没有遗留的脆弱点）。

③ 设计和运行的信息系统对入侵和攻击应该具有必要的检测、响应和恢复能力。

④ 提供对信息系统各个组成部分的体系性保障，使信息系统面对预期的威胁具有持续阻止、对抗和恢复能力。

⑤ 容忍可以接受的风险，拒绝绝对安全的策略。

⑥ 将公共可访问资源与关键业务资源进行物理/逻辑隔离。

⑦ 采用物理或者逻辑方法将信息系统的局域网络与公共基础设施相分离。

⑧ 设计并实现审计机制，以检测非授权和越权使用系统资源，并支持事故调查和责任确认。

⑨ 开发意外事故处置和灾难恢复规程，并组织学习和演练。

（5）降低复杂度

① 安全机制和措施力求简单实用。

② 尽量减少可信系统的要素。

③ 实现访问的最小特权控制。

④ 消除不必要的安全机制或安全服务冗余。

⑤ 保证“开机-处理-关机”全程安全控制。

（6）安全设计结构化

① 通过对物理的/逻辑的安全措施进行合理组合实现系统安全设计的优化。

② 所配置的安全措施或安全服务可以作用于多个域。

③ 对用户和进程使用鉴别技术，以确保在域内和跨域间的访问权控制。

④ 对实体进行标识以确保责任的可追究性。

8.1.3 安全管理过程与 OSI 安全管理

1. 安全管理过程

政府部门、企事业单位和商业组织在开放互联的网络环境下，通过合理地使用信息来指导和处理他们的各种事务和活动。信息系统资源的机密性、完整性、可用性、不可抵赖性、可确认性、真实性和可靠性等特性的缺失，会对相应的机构和组织造成有害影响。因此，需要保护信息系统资源和管理信息系统的安全。

信息系统安全管理是一个过程，用来实现和维持信息系统及其资源适当等级的机密性、完整性、可用性、不可抵赖性、可确认性、真实性和可靠性等。信息系统安全管理包括分析系统资产、分析系统风险、分析安全需求、制定满足安全需求的计划、执行这些计划并维持和管理安全设备的安全。

信息系统安全管理行为包括以下几方面。

① 决定组织的信息系统安全目标、方针和策略。

② 分析组织内部信息系统资产存在的安全脆弱性。

③ 分析组织内部信息系统资产面临的安全威胁。

④ 评估对组织不利的影响。

⑤ 分析信息系统的风险。

⑥ 通过对抗、降低、转移和规避等方法处理风险。

⑦ 确定组织的信息系统安全需求。

⑧ 通过选择适当的保护措施减少风险。

⑨ 识别存在的残留风险。

⑩ 为了使组织内的信息系统及其资源处于有效的保护之下，需要监视安全措施的实现和运行情况。

⑪ 开发和实施可提高安全意识的计划。

⑫ 对安全事件进行检测和响应。

⑬ 制定并实施系统备份和灾难恢复计划。

2. OSI 管理

国际标准化组织（ISO）在 ISO/IEC 7498-4 中定义并描述了开放系统互连（Open System Interconnect，OSI）管理的术语和概念，提出了一个 OSI 管理的结构并描述了 OSI 管理应有的行为。OSI 管理包括故障管理、计账管理、配置管理、性能管理和安全管理等功能，这些管理功能对在 OSI 环境中进行通信的资源进行监视、控制和协调。

（1）故障管理

故障管理包括对 OSI 环境中的异常操作故障进行检测、隔离和纠正，故障导致开放系统不能实现运行目标，这些故障可能是持续性的，也可能是暂时的。故障在开放系统运行中作为特殊事件进行处理，故障检测提供识别故障的能力。

故障管理实现以下功能。

① 维护和检查故障日志。

② 接收和处理故障检测报告。

③ 识别和跟踪故障。

④ 实施一系列诊断性测试。

⑤ 隔离故障点和故障区域。

⑥ 纠正故障行为。

（2）计账管理

计账管理是对使用 OSI 环境中资源的费用进行建账，识别使用这些资源的成本和使用情况。

计账管理包括以下功能。

① 通知用户所产生的成本和所耗费的资源。

② 设置账单，使账目表和资源的使用情况相关联。

③ 使成本与被请求的多种资源相一致，进而获得给定的通信目标。

（3）配置管理

配置管理识别、操作和控制开放系统互连，从开放系统互连收集数据和为其提供数据。其目的是为初始化和系统启动提供持续性运行和终止连接服务做准备。

配置管理包括以下功能。

① 对控制开放系统互连的路由操作进行参数设置。

② 将被管理目标和目标集与其名字相关联。

③ 对被管理目标进行初始化。

④ 按需收集开放系统互连的当前状况信息。

⑤ 获得开放系统互连条件发生重大变更的信息。

⑥ 变更开放系统互连的配置情况。

（4）性能管理

性能管理激活 OSI 环境中资源的行为以及通信活动的效力。

性能管理包括以下功能。

① 收集统计信息。

② 维护和检查关于系统状态的历史记录。

③ 在自动和人工条件下判断系统性能。

④ 为处理性能管理活动变更系统运行模式。

（5）安全管理

安全管理的目的是支持和维持使用安全策略。

安全管理的功能包括：

① 创建、修改、删除以及控制安全服务和机制。

② 发布安全相关信息。

③ 报告安全相关事故。

3. OSI 安全管理

OSI 安全管理包括与 OSI 有关的安全管理和 OSI 管理的安全。OSI 安全管理本身不是正常的业务应用通信，但却是支持与控制这些通信的安全所必需。

OSI 安全管理涉及 OSI 安全服务的管理与安全机制的管理。这种管理要求给这些安全服务和机制分配管理信息，并收集与这些服务和机制运行有关的信息。例如，密钥分配、设置行政管理强加的安全参数、报告正常的与异常的安全事件以及安全服务的激活与停止等。安全管理并不保证在调用特定安全服务协议中传递与安全有关的信息，这些信息的安全由安全服务来提供。

由分布式开放系统的行政管理强加的安全策略可以是各种各样的，OSI 安全管理应该支持这些策略。

OSI 安全管理活动可以分为 4 类：系统安全管理、安全服务管理、安全机制管理和 OSI 管理的安全。这几类安全管理执行的关键功能如下。

（1）系统安全管理

系统安全管理的典型活动包括以下几方面。

① 总体安全策略的管理。

② OSI 安全环境之间的安全信息交换。

③ 安全服务管理和安全机制管理的交互作用。

④ 安全事件的管理。

⑤ 安全审计管理。

⑥ 安全恢复管理。

（2）安全服务管理

安全服务管理涉及对具体安全服务功能的管理。

安全服务管理的典型活动包括以下几方面。

① 对某种安全服务定义其安全目标。

② 指定安全服务可使用的安全机制。

③ 通过适当的安全机制管理及调动需要的安全机制。

④ 系统安全管理以及安全机制管理相互作用。

（3）安全机制管理

安全机制管理涉及的是对具体安全机制的管理。

安全机制管理的典型活动包括以下几方面。

① 密钥管理。

② 加密管理。

③ 数字签名管理。

④ 访问控制管理。

⑤ 数据完整性管理。

⑥ 鉴别管理。

⑦ 业务流填充管理。

（4）OSI 管理的安全

OSI 管理的安全包括所有 OSI 管理功能的安全以及 OSI 管理信息的通信安全，它们是 OSI 安全的重要组成部分。这一类安全管理将借助于对 OSI 安全服务和机制作适当的选取，以确保 OSI 管理协议和信息获得足够的保护。

8.1.4 信息安全组织基础架构

信息安全管理的组织结构可以分为两类：一类是行政管理、协调类型的机构；另一类是技术服务、应急响应和技术支持类型的管理机构。

在组织内部，组织的管理者应当负责信息安全相关事务的决策。一个规范的信息安全管理体系必须明确指出组织机构管理层应当负责相关信息安全管理体系的决策，同时，这个体系也应当能够反映这种决策，并且在运行过程中能够提供证据证明其有效性。

因此，机构组织内部的信息安全管理体系的建立项目应该由质量管理负责人或者其他负责机构内部重大职能的负责人负责主持。同时，应建立适当的信息安全管理委员会对信息安全政策进行审批，对安全权责进行分配，并协调单位内部安全的实施。如有必要，在单位内部设立特别信息安全顾问并指定相应人选。同时，要设立外部安全顾问，以便跟踪行业走向，监视安全标准和评估手段，并在发生安全事故时建立恰当的联络渠道。在此方面，应鼓励跨学科的信息安全安排，例如，在管理负责人、用户、程序管理员、应用软件设计师、审计人员和保安人员间开展合作和协调，或在保险和风险管理两个学科领域间进行专业交流等。

信息安全是管理团队各成员共同承担的责任。因此，有必要建立一个信息安全管理委员会来确保信息安全方面的工作指导得力，管理有方。该委员会旨在通过适当的承诺和合理的资源分配提携单位内部的安全。其可为现有管理机构的一部分，主要行使如下职能。

① 审订并批准信息安全政策和总体权责。

② 监督信息资产所面临威胁方面出现的重大变化。

③ 审订并监督安全事故。

④ 批准加强信息安全的重大举措。

在较大的单位内，有必要建立一个由各个部门管理代表组成的跨功能信息安全委员会来协调信息安全的实施。这样一个机构的功能如下。

① 批准单位内信息安全方面的人事安排和权责分配。

② 批准信息安全的具体方法和流程，如风险评估、安全分类体系等。

③ 批准并支持单位内信息安全方面的提议，如安全意识课程等。

④ 确保安全成为信息计划程序的一部分。

⑤ 针对新系统或服务，评估其在信息安全方面的充足程度并协调其实施。

⑥ 评定信息安全事故。

⑦ 全单位范围内以显要方式提携对信息安全的支持。

信息安全政策应当提供单位内安全人事和权责分配方面的具体指导原则。针对具体的地点、系统或服务的不同，可对此政策酌情进行补充。对各项有形、信息资产及安全程序所在方应承担的责任，如持续运营计划，也要加以明确定义。

在某些单位内，需任命一名专职的信息安全负责人负责发展实施安全、支持制定管制手段方面的有关事宜。但是，涉及资源分派和实施管制的事务仍应交由部门管理者负责。通常的做法是为每项信息资产都指定一个负责人，由他时时负责资产的日常安全。信息资产的负责人可将其安全权责代理给各部负责人或服务提供方，但他对资产的安全仍负有最终的责任，并要求能确认代理权没有被滥用或误用。

许多单位可能需要专业信息安全顾问。此职位最好由单位内部某位资深信息安全顾问担当。但不是所有单位都想聘用专业信息安全顾问。因此，建议单位指定一位具体个人来协调单位内部信息安全知识与经验方面的一致，及辅助该方面的决策。担此职务的人要和外部专家保持联系，能提出自己经验以外的建议。

信息安全顾问或相应的外部联络人员的任务是根据自己的或外部的经验，就信息安全的所有方面提出建议。他们对安全威胁评估及提出管制建议的质量决定了单位信息安全的有效性。为使其建议的有效性最大化，应允许他们接触全单位管理的各个方面。

如怀疑出现安全事故或漏洞，应尽早向信息安全顾问咨询，以获得专家指导或调查资源。尽管多数内部安全调查通常是在管理管制下进行，但仍可以委托信息安全顾问提出建议，领导或实施调查。

信息安全政策文件规定了信息安全的政策和权责。对其实施的审核应独立开展，确保单位的做法恰当地反应了政策的要求，并确保实施方面的可行性和有效性。此类审核可由单位内部审计部门开展，也可由独立经理人或专门从事审核的第三方组织开展，只要这些人员具有适当的技能和经验。

8.2 管理要素与管理模型

8.2.1 概述

1. 信息安全管理活动

信息安全管理活动包括以下内容。

① 决定组织的信息系统安全目标、方针和策略。

② 识别和分配组织内的角色和任务。

③ 风险管理，包括识别和评估以下各项：

- 被保护资源的分布及其价值。
- 被保护资源的脆弱性。
- 被保护资源的潜在威胁。
- 对组织的不利影响。
- 风险及其强度值。
- 安全需求，即通过降低、转移和规避风险等方法对抗风险的需求。
- 残留风险以及可接受风险值。
- 适当的安全保护措施。
- 约束条件包括：法律法规、技术规范、社会和企业文化、外部物理和人文环境等。

④ 监管具体包括：

- 决定安全事件的检测和响应机制。
- 控制组织的信息系统安全态势。

⑤ 配置管理具体包括：

- 选取和配置组织的信息系统的安全措施。
- 配置安全设备和重要资源的默认系统参数。

⑥ 变更管理。

⑦ 指定安全事件处理计划和灾难恢复计划。

⑧ 规划和开发高安全意识的计划并开展训练。

⑨ 其他活动，如：

- 系统维护。
- 安全审计。
- 过程监理。

2. 安全目标、方针和策略

一个组织的安全目标、方针和策略是有效管理组织内信息安全的基础。它们支持组织的活动并保证安全措施间的一致性。安全目标表述的是信息系统安全要达到的目的，安全方针是达到这些安全目标的方法和途径，安全策略则是达到目标所采取的规则和措施。

目标、方针和策略的确定可以从组织的领导层到操作层分层次地进行。它们应该反映组织的行政管理强加给信息系统的安全要求，并且考虑各种来自组织内外的约束，如国家法律法规、技术规范、社会文化及意识形态、组织的企业文化等，保证在各个层次上和各个层次之间的一致性。还应该根据定期的安全性评审（如风险评估，安全评估）结果以及业务目标的变化进行更新。

一个组织的安全策略只要由该组织的安全规划和指令组成。这些安全策略必须反映更广泛的组织策略，包括每个人的权利、合法的要求以及各种技术标准。

一个信息系统的安全策略必须使包含在组织的安全策略之中的安全规划和适用于该组织信息系统安全的指令相一致。

信息系统的安全目标、方针和策略用安全术语来表达，但也可能需要适用某些数学语言以更加形式化的方式来表达。这些表达的内容涉及下列关于信息系统及其资源的属性。

① 机密性。

② 完整性。

③ 可用性。

④ 抗抵赖性。

⑤ 可确认（审查）性。

⑥ 真实性。

⑦ 可靠性。

安全目标、方针和策略将为组织的信息系统建立安全的等级，可接受风险的阈值（等级水平），以及组织的安全需求。

8.2.2 与安全管理相关的要素

与安全管理相关的主要要素包括：资产、脆弱性、威胁、影响、风险、残留风险、安全措施以及约束。

1. 资产

组织在保障信息安全的过程中，首先应清晰地识别其资产。资产是指任何对组织有价值的东西。在信息安全管理体系中，要保护、管理的是信息资产的安全，但信息资产的效能发挥，还要包括信息资产制造、存储、传输、处理、销毁等辅助资产。

与信息系统相关的资产有很多类型，主要包括以下几类。

① 信息资产：数据库和数据文件、合同和协议、系统文件、研究信息、用户手册、培训材料、操作或支持程序、业务连续性计划、后备运行安排、审计记录、 归档的信息。

② 软件资产：应用软件、系统软件、开发工具和实用程序。

③ 物理资产：计算机设备、通信设备、可移动媒体和其他设备。

④ 服务：计算和通信服务、通用公用事业，例如，供暖、照明、能源、空调。

⑤ 人员及其资格、技能和经验。

⑥ 无形资产，如组织的声誉和形象。

信息安全资产管理的基本流程包括：

① 明确什么是信息资产。

② 资产识别。

③ 资产的评价。

④ 资产风险评估。

⑤ 资产的管理。

2. 脆弱性

脆弱性是指在信息系统的管理控制、物理设计、内部控制或实现中的，可能被攻击者利用来获得未授权的信息或破坏关键处理的弱点。

脆弱性是信息系统中的资产本身存在的，它可以被威胁利用，引起资产或商业目标的损害。脆弱性包括物理环境、机构、过程、人员、管理、配置、硬件、软件和信息等各种资产的脆弱性。

脆弱性识别可通过脆弱性评估来完成，脆弱性识别将针对每一项需要保护的信息资产，找出每一种威胁所能利用的脆弱性，并对脆弱性的严重程度进行评估，为其赋予相对等级值。脆弱性识别所采用的主要方法包括：问卷调查、人员问询、工具扫描、手动检查、文档审查、渗透测试等。

3. 威胁

威胁是指能够通过未授权访问、毁坏、揭露、数据修改和/或拒绝服务对信息系统造成潜在危害的任何环境或事件。无论对于多么安全的资产保护系统，安全威胁是一个客观存在的事物，它是评估资产重要与否的重要因素之一。

威胁是由多个威胁要素组成，因此从不同的视野来看，威胁有不同的分类方式。

从威胁源主体来分，威胁分为以下几类。

① 自然威胁：洪水、地震、龙卷风、山崩、雪崩、电力风暴以及其他此类事件。

② 人员威胁：由人产生或激活的威胁，例如无意行动（偶然的数据访问、误操作等）或有意的行动（基于网络的攻击、恶意软件上传和机密数据的非授权访问等）。

③ 环境威胁：长期电力故障、污染、化学和液体泄漏。

从攻击方式来分，威胁分为以下几类。

① 内部人员攻击。

② 被动攻击。

③ 主动攻击。

④ 物理临近攻击。

⑤ 分发攻击。

从威胁造成的影响结果来分，威胁分为以下几类。

① 影响结果可忽略的威胁。

② 造成一定影响的威胁。

③ 造成严重影响的威胁。

④ 造成异常严重影响的威胁。

4. 影响

影响是一个有害事件所造成的后果。事件由蓄意的或者偶然的原因引起，对资产造成损害。事件的直接结果可能是破坏某些资产，毁坏信息系统，以及丧失机密性、完整性、可用性、抗抵赖性、可确认性、真实性和可靠性等。可能的影响包括资产的流失、市场份额的丢失或公司形象损坏。对影响的评估需要在有害事件的后果与阻止这些有害事件所耗费的费用之间进行权衡。有害事件发生的频度也是评估影响的重要因素。特别是在单个事件引起的危害较低、但多个事件所积累的危害较大时，需要考虑事件的发生频度。对影响的评估是风险评估和安全措施选择的重要基础性工作。

有很多方法可以对影响进行定性和定量的度量，例如：

① 财务成本核算。

② 对其严重程度设定一个经验标度，或者进行数值化表示。

③ 使用表示影响程度的预定义形容词来度量影响的程度，如低、中、高等。

5. 风险

风险主要通过分析和评估威胁利用资产的脆弱性对组织的信息系统造成危害的成功可能性以及危害的后果来衡量。因此，风险由威胁发生的可能性、威胁所能导致的不利影响以及影响的严重程度共同决定。

风险评估就是对组织的信息系统的威胁、影响、脆弱性及三者发生的可能性的评估。它是确认安全风险及其大小的过程，即利用定性或定量的方法，借助于风险评估工具，确定信息资产的风险等级和优先风险控制。风险评估是风险管理的最根本依据，是对现有系统的安全性进行分析的第一手资料，也是信息安全领域内最重要的内容之一。

对信息系统进行风险评估应考虑的因素主要有以下几种。

① 信息系统的资产及其价值。

② 对资产的威胁及其危害性。

③ 资产的脆弱性。

④ 已有的安全控制措施。

6. 残留风险

一般情况下，通过安全措施的配置，信息系统的风险可以被消除、降低或者转移。一般来说，要减少的风险越多，需要的开销也就越大。实际上，信息系统通常都会存在残留风险，但是要保证残留风险对信息系统业务的影响是可容忍的。因此，信息系统安全的方法不是追求零风险，而在于获得适度的安全等级，或者将风险降低到可以接受的程度。判断现有的安全措施是否充分的主要依据就是残留风险是否是可接受的。

管理者应该能够意识到残留风险可能带来的影响以及发生某些事件的可能性。是否接受残留风险是由具有一定经验和职位的管理者决定的，该管理者将承担由于有害事件发生而造成后果的责任，而当该系统不能接受这种等级的残留风险时，管理者应该授权实施附加的安全措施或者调整安全策略。

7. 安全措施

安全措施是一系列技术和管理的实践、过程或者机制，用来减少信息系统的脆弱性，对抗威胁，限制有害事件的发生和影响，检测有害事件和促进恢复活动。有效地安全保护通常需要结合使用多种不同的安全措施，为资产提供足够充分的一层或者多层安全保护。

安全措施对于信息系统安全保障的作用和功能在于以下几方面。

① 防范不期望的事件或者行为发生。

② 威慑蓄意或者敌意的入侵、攻击和破坏企图。

③ 检测入侵和攻击行为、事件并发出告警和预警。

④ 限制不期望事件的影响。

⑤ 修正已有的安全措施使之满足安全需求。

⑥ 恢复设备或者系统的正常运行能力。

⑦ 监视信息系统关键业务设施的安全运行态势。

⑧ 增强与信息系统有关的多层次人员的安全意识。

选择合适的安全措施对于正确实施安全解决方案是极其重要的。在安全措施的选择上，应从以下几方面考虑。

① 资产所要求的保障程度。

② 安全措施的实施成本。

③ 实施的难易程度。

④ 法律法规的要求。

⑤ 客户及其他合同要求。

8. 约束

约束通常由组织的管理者根据国家法律和系统的具体情况设定，并且受到组织的运行环境影响。常见的约束包括以下几方面。

① 组织的结构和机构。

② 业务运行流程。

③ 业务计划及其执行。

④ 环境。

⑤ 员工素质。

⑥ 时间段或者周期。

⑦ 法律规定及强制程度。

⑧ 技术先进性与成熟度。

⑨ 文化/社会背景。

当选择并实现安全措施的时候，应该考虑以下因素：定期复核现有的或者新的约束，并识别约束发生的变化。约束可能随着时间、位置、社会环境和组织文化的变化而变化。组织运行的环境和企业文化将对一些安全要素，特别是对资产的脆弱性以及威胁和安全措施产生影响。

8.2.3　管理模型

信息安全管理有多种模型，各种模型都是从不同角度构建的，也都有各自的优缺点。这些模型所提出的概念都有利于对信息安全管理的原理和实践进行理解。归纳起来有以下几种模型。

① 安全要素关系模型。

② 风险管理关系模型。

③ 基于过程的信息安全管理模型。

④ PDCA（Plan-Do-Check-Act）模型。

上述概念模型和组织的业务目标一起可以形成一个组织的信息安全目标、方针和策略。信息安全的目标就是保证组织能够安全地运行，并且将风险控制在可以接受的水平。任何安全措施都不是万能的，即不是对任何风险都是完全有效的，因此需要规划和实施意外事件后的恢复计划，以及构建可将损坏程度限制在一定范围的安全体系。

1. 安全要素关系模型

信息系统安全是一个能从不同方面来观察和研究的多维问题。为了确定和实现一个全局的、一致的信息安全方针和策略，一个组织应该考虑与之相关的所有方面的问题。

安全要素之间的关系如图 8-1 所示，资产可能受到大量的潜在威胁的影响，一般情况下，这些威胁的集合总是随着时间变化的，并且只有部分威胁是已知的。这一模型表示的含义为：

① 环境，包含约束和威胁，它们是不断变化的并且只有部分是已知的。

② 应该给予保护的组织的资产。

③ 这些需保护的资产存在的脆弱性。

④ 为保护资产和降低风险所选择的安全措施。

⑤ 缓解风险的安全措施。

⑥ 组织可接受的残留风险。

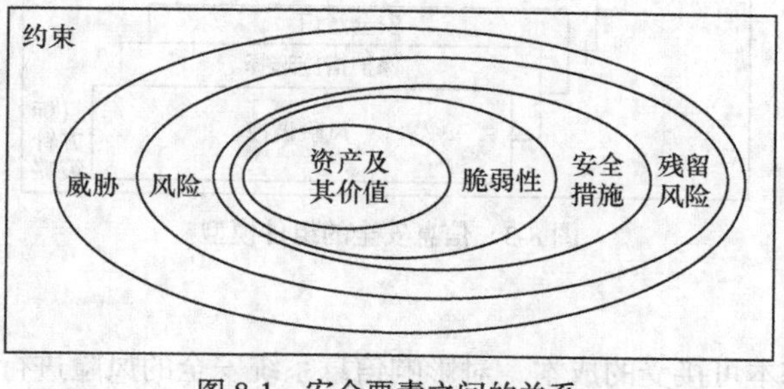

图 8-1　安全要素之间的关系

如图 8-1 所示，一些安全措施可以在减轻与多种威胁/多种脆弱性相关联的风险中起到作用。有时需要多种安全措施才能保证残留风险是可接受的。在风险是可接受的情况下，即使出现预期的威胁，也没有必要采取进一步的安全措施。另外，一些情况下可以存在某种脆弱性，但没有已知的威胁利用该脆弱性。信息系统可以实施一些安全措施来监视威胁环境，以确保没有威胁能够利用该系统的脆弱性。而约束将影响安全措施的选择。

2. 风险管理关系模型

信息系统的资产，如硬件、软件、通信服务，尤其是信息体等对组织业务的正常运行非常重要。这些对组织有价值的资产均有可能存在风险，如信息的未授权泄露、修改、抵赖以及信息或服务的不可用或者丧失。对这些风险，首先要识别出资产的真实价值，然后要考虑哪些威胁可能造成影响以及造成的影响可能有多大,还要考虑有哪些脆弱性可能会被这些威胁利用来造成影响。根据资产的价值、脆弱性的严重程度以及威胁的等级确定出风险的大小。对风险的识别和度量能够导出整个系统的保护需求，保护需求通过安全措施的实施来满足。多重实现的安全措施可以对抗威胁并减少风险。图 8-2 给出了与风险相关的安全要素之间的主要关系。

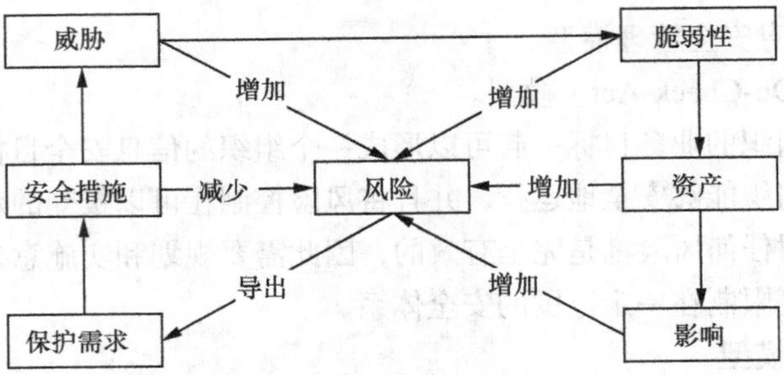

图 8-2 风险管理关系模型

3. 基于过程的信息安全管理模型

信息安全管理是一个由多个子过程组成的不间断过程。其中一些过程，如配置管理和变更管理，可以用来控制安全以外的其他过程。风险管理过程及其风险分析子过程在信息安全管理中有着极其重要的作用。图 8-3 说明了信息安全管理中的几个方面，包括风险管理、风险分析、变更管理和配置管理等。

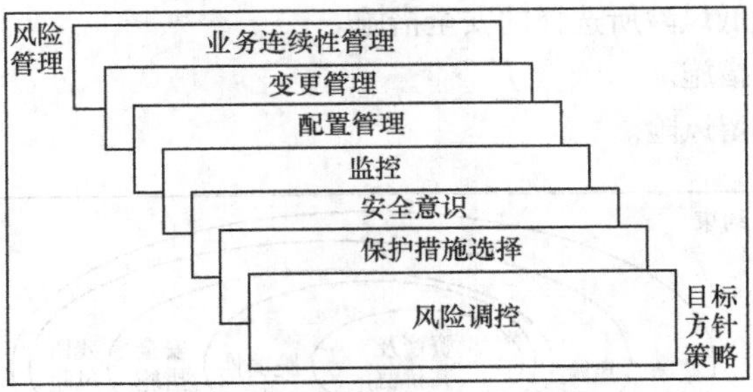

图 8-3 信息安全的组件模型

（1）风险管理

风险管理是一个基本可接受的成本，对影响信息系统安全的风险进行识别、监控、最小化或者消除的过程。风险管理根据评估的风险对保护收益和保护成本进行比较，从而导出与组织的信息安全策略和业务目标相一致的信息系统安全方针和实现策略。需要综合考虑不同类型的安全措施以及配置这些安全措施的成本和从保护中获得的收益之间的平衡。安全措施的选择与风险有关。可接受的残留风险的等级是风险评估的基准。重要的是，在识别和实施安全措施时所耗费的最小成本和组织所拥有的资产之间取得平衡是保证所有系统都得到适度的保护的前提。

风险管理是一个渐进的过程。对于新系统或者计划阶段的系统来说，风险管理应该贯穿到系统的设计和开发过程中。对于已经存在的系统，应该适时引入风险管理。而当计划对系统进行重大变更时，风险管理应该成为变更计划的一个重要组成部分。风险管理应该考虑一个组织中的所有系统，而不应该孤立地应用到某一个系统，同时应该注意到安全措施本身也可能包含脆弱性，进而可能导致新的风险。因此，选择安全措施必须小心，做到减少现存风险的同时尽量不引入新的风险。

（2）风险分析

风险分析是对那些需要被控制或者被接受的风险进行识别。信息系统的风险分析涉及资产价值、脆弱性和威胁的分析。风险是通过对资产的机密性、完整性、可用性、可靠性、真实性、抗抵赖性以及可确认性的可能损坏进行识别和分析的。

（3）责任分配与确认

责任分配与确认是风险管理中的一个有效措施，它可以明白无误地将责任进行分配并确定责任者。责任需要被分配给信息系统的资产所有者、管理者、供应商和使用者，并能在需要时给予确认。因此，资产的所有者和相关安全责任，加上对安全行为的审计，可以落实并追究安全事件的责任，以此增强相关人员的安全意识，并对恶意行为人构成威慑，这对于信息系统的安全来说非常重要。

（4）监控

监控是安全措施实施本身所需要的，它能确保安全功能正常发挥作用，并在安全设备运行期间，当环境改变后，仍然能够维持设计的效能。系统日志的自动收集和分析，是帮助系统性能达到预期效果的有效工具。这些工具也可以用来检测有害的事件，它们的使用可以对某些潜在的威胁起到威慑的作用。

需要定期验证安全措施是否有效。通过监控和安全效能符合性检测可以实现安全措施如期望的那样正常发挥效能。很多安全措施会产生输出，如日志、报警信息等。通过检验这些输出可以发现安全事件和分析潜在的安全事件。系统审计功能可以在安全方面提供有用信息，并能提供监控所需的输入信息。

（5）安全意识

安全意识是确保信息系统安全所需的基本要素。组织中有关人员缺乏安全意识和不好的陈规陋习都会在相当大的程度上降低安全措施的有效性或者引发风险。一个组织中的个体通常会被认为是安全链条中的薄弱环节之一。为了确保组织中每个人都有足够的安全意识，非常有必要建立和维持有效的安全意识规程和培训。这个规程的主要目的是向组织的雇员、合作伙伴和供应商阐明以下内容。

① 安全目标、安全方针和策略。

② 与他们相关的角色和责任的安全需求。

③ 从职业道德和行政、技术规范上需要养成的良好习惯和必须遵从的行为规范。

此外，制定的规程还应该明确规范雇员、合作伙伴和供应商在安全体系中承担的安全责任和义务。

应该使组织内从高层管理人员到负责日常活动的每个人知道并实施安全意识和规程。通常需要针对组织中不同部门的人、不同角色以及负有不同责任的人员，开发和提交不同的安全规程和培训资料。一个合理的综合安全意识规程是分阶段开发和提交的。每个阶段以前面的经验为基础，从安全的概念开始，到如何解决执行与监控安全的责任问题。

组织内的安全意识规程可以包括各种各样的活动。其中，一个活动是安全意识规程和材料的开发和发布；另一个活动是举办相应的培训，对员工有针对性地进行安全意识培训、另外，培训课程还应该提供若干种特定安全专题方面的具有专业水平的教育。一般来说，在业务培训计划中加入安全意识培训的内容是行之有效的。对于安全意识规程的开发，需要考虑以下几个问题。

① 需求分析。

② 安全意识规程的具体内容。

③ 规程的提交。

④ 对安全意识规程执行情况的监控。

（6）配置管理

配置管理或控制是启动并维持系统配置的过程，这一过程能够以正式或者非正式的方式完成。配置管理的基本安全目标是确保及时得到更新的系统配置文件，以及以不降低安全措施效能和组织整体安全的方式对已经批准的系统变更进行管理。

（7）变更管理

变更管理是另外一种过程，当一个信息系统发生变更时，变更管理用来帮助识别新的安全需求。信息系统及其运营环境经常发生变化，这些变化或者是由新的信息系统特性和服务所导致，或者是因为发现新的脆弱性和威胁。信息系统变更包括以下几方面。

① 新的程序。

② 新的特性。

③ 软件升级。

④ 硬件更换。

⑤ 新增用户，包括外部组和匿名组。

⑥ 增加子网和外部网络连接。

当信息系统发生变动或者计划变动信息系统时，重要的是要确定这些变动会对系统的安全带来什么影响。如果系统拥有配置控制中心或者其他组织机构来管理系统的技术变动，那么应该指定信息系统安全管理者并赋予相应的职责，以便对这些变更是否会影响系统的安全以及会有什么影响作出判断。在某些情况下，需要对变动可能降低系统安全的理由进行分析。这时往往需要评估安全性降低的程度，并基于所有有关的事实作出管理决策。也就是说，改变一个系统需要适时地考虑对安全的影响。对于涉及购买的新硬件、软件或服务的重大改变，需要分析以确定新的安全需求。另一方面，许多变动只会造成小的系统性能变化，不需要像大变动一样进行深入分析。然而，不管系统变动的大小，都需要对系统进行风险评估，确保保护的收益和保护的成本之间的平衡。

（8）业务持续性管理

业务持续性管理是不断发展和维持业务的管理过程。业务持续性管理为确保业务的连续运营而提供进程和资源的持续可用性。业务持续性管理包括应急计划和灾难恢复。

应急计划是当（包括信息系统）运行和支持能力降低或者不可用时如何维持基本运营业务的保证。这些计划应该涉及各种可能的情况，包括：

① 规定各种业务中断的时间长度，预估不同类型设备的损失。

② 估计的房产以及其附属建筑物的总损失。

③ 恢复到损坏发生前的状态。

灾难恢复计划描述怎样恢复运行受有害事件影响的信息系统。包括：

① 指定灾难的识别准则。

② 激活恢复计划的职责。

③ 各种恢复活动的职责。

④ 恢复活动的过程描述。

⑤ 测试恢复计划是否有效的职责。

（9）风险调控

风险调控过程贯穿于安全工程的整个生命周期，图 8-4 说明了风险调控的各个环节及其调控流程。

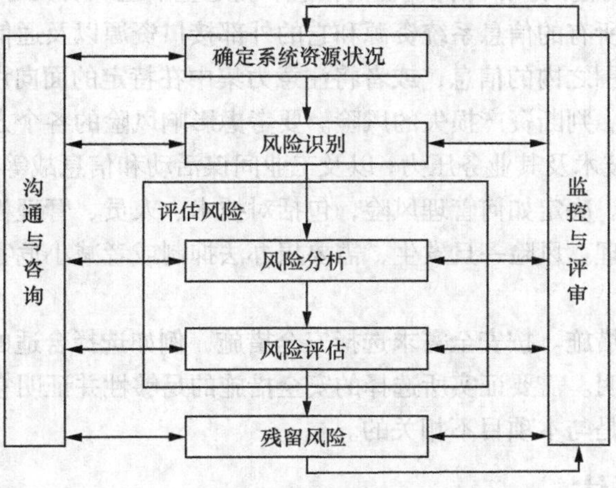

图 8-4　风险调控过程

4. PDCA 模型

PDCA（规划-实施-检测-改进）模型如图 8-5 所示，其中 ISMS（Information Security Management System）表示信息安全管理体系。

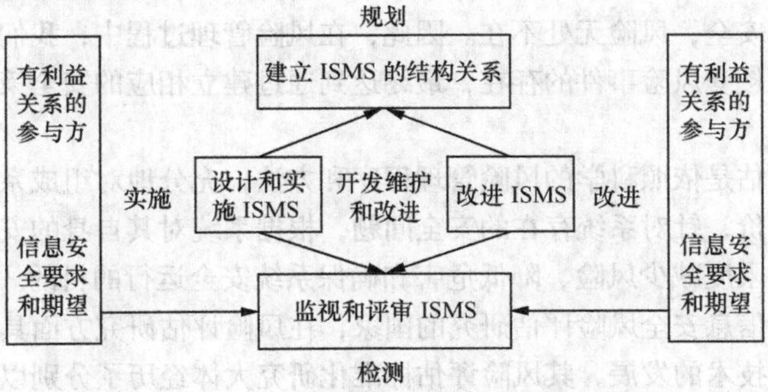

图 8-5　PDCA 过程模型

（1）各模块功能

现在对过程模型中的各个模块分别描述如下。

① 规划（Plan）：建立 ISMS 的结构关系。建立与信息安全相关的安全目标、安全方针、安全策略、安全过程和安全规程；提交与组织的整体目标和方针相一致的文档。

② 实施（Do）：设计和实现。对过程管理程序进行设计和实现。

③ 检测（Check）：监控和审核。根据安全目标、方针、策略和运行实践来度量和评估过程管理的性能，并把结果报告给决策者。

④ 改进（Act）：进一步改善过程管理的性能。

（2）建立信息安全管理体系的步骤

建立一个信息安全管理体系（ISMS）需要 6 个步骤。

第一步：制定信息安全管理策略。考虑所有的信息资产以及它们对组织的价值，然后设置一个可以用来识别信息重要程度以及理由的策略。从实践的观点来看，只有那些具有重要价值的信息才需要得到关注。

第二步：确定管理的范围。排除低价值的信息，确定整个组织所关心的信息种类或者信息体。这种情况下，需要考虑所有的信息系统资源和它的外部接口资源以及通信电子表格、文件柜、电话交流、公共关系等范围之内的信息，或者将注意力集中在特定的面向用户的系统资源上。

第三步：风险评估。判断资产损失的风险。要考虑影响风险的各个方面，极端情况还要考虑技术的复杂性、开发新技术及其业务压力，以及工业间谍活动和信息战等方面对风险评估的影响。

第四步：风险管理。决定如何管理风险，包括对技术、人员、管理程序和物理方面的因素以及保险契约等的风险管理。风险一旦发生，需要想办法抑制或者减小危害，更需要一个有效的可持续计划。

第五步：选择安全措施。按安全需求选择安全措施，例如选择合适的管理风险的方法。

第六步：可用性说明。需要证实所选择的安全措施的足够性并证明它们的正当性，以及说明没有被选中的安全措施是与本项目不相关的。

8.2.4 风险评估

信息安全风险评估工作是信息安全建设的起点和基础，为建立系统安全体系、评价系统安全等级、确定安全风险决策和组织平衡安全投入提供了重要依据，成为目前急需解决的首要任务。但是，风险是客观存在的，由于信息系统的复杂性、安全事件发生的不确定性以及信息技术发展的局限性，使得试图通过消除的方式实现对信息系统的安全保护并完全避免风险是不可能的。信息系统不存在绝对的安全，风险无处不在。因此，在风险管理过程中，我们在安全事件的发生和影响可控的前提下，接受风险事件的存在，最终达到通过建立相应的安全策略将风险降低到可接受的范围。

信息安全风险评估是依照科学的风险管理程序和方法，充分地对组成系统的各部分所面临的危险因素进行分析评价，针对系统存在的安全问题，根据系统对其自身的安全需求，提出有效的安全措施，达到最大限度减少风险、降低危害和确保系统安全运行的目的。

美国是最早开展信息安全风险评估研究的国家，在风险评估研究方面具有丰富的工作经验，引领着国际信息安全技术的发展，其风险评估标准化研究大体经历了分别以计算机、网络、信息基础设施为基础的 3 个阶段。

1985 年发布的《可信计算机系统评估准则》（TCSEC）是历史上的第一个安全评估标准，随着信息技术和安全技术的发展，信息安全评测标准也在逐年扩充。近年来，美国国家标准技术委员会（NIST），在信息安全方面为政府及商业机构提供了诸多信息安全管理的标准规范，目前，美国信息安全遵循的主要标准基本上以 NIST SP800 系列等为核心。

欧洲各国在信息安全风险评估管理方面在美国的相关成果的基础上更注重于加强信息系统的防御能力。由英国标准化协会（BSI）颁布的《信息安全管理指南》即 BS 7799 标准，是国际上具有代表性的信息安全管理体系标准。欧洲四国：英、法、德、荷，连同美国以及国际标准化组织（ISO）联合发布了《信息技术安全通用评估准则》，即 CC 标准 ISO/IEC 15408。

我国对信息系统风险评估的研究起步比较晚，但随着对信息安全问题认识的逐步深化，我国信息安全建设已从最初的以信息保密为主要目的发展为对信息系统安全测评指南、信息安全产品认证标准等相关管理规范和技术标准的研究，先后出台了《信息安全评估指南》、《信息安全风险管理指南》等一系列标准规范。2007 年编号为 GB/T 20948—2007 的《信息安全技术 信息安全风险评估规范》由国家标准化管理委员会审查批准，并于 2007 年 11 月正式实施，标志着我国信息安全风险评估进入了规范化阶段。

下面简要介绍几种国内外具有代表性的信息安全风险评估标准。

（1）《可信计算机系统评估准则》（Trusted Computer System Evaluation Criteria，TCSEC）TCSEC 标准

1970 年由国防科学委员会提出，最初仅被应用于军事领域。1985 年美国国防部公布了《可信计算机系统评估准则》，并开始应用于民用领域，是信息安全评估发展史上的首个安全评估标准，具有划时代的意义。TCSEC 中的安全评估准则主要是对计算机操作系统的评估，把保密作为其安全重点，这也与当时美国政府对军事计算机的安全需求有关。该标准将计算机系统安全划分为 7 个级别，分别对应于 4 个等级，是针对建立无漏洞和非入侵系统的需求而建立的分级标准，安全模式基于功能、角色、规则等空间概念，并不与时间相联系，仅以防护为目的。

（2）NIST SP 800 系列

由负责为美国政治和商业机构提供信息安全管理相关规范的美国国家标准和技术研究院（National Institute of Standards and Technology，NIST）出版的 NIST SP 800 系列，已形成了从计划、风险管理到安全意识培训、安全措施控制的一整套信息安全管理体系，相关标准有：SP 800-26《信息技术系统安全自评估指南》、SP 800-30《信息技术系统风险管理指南》、SP 800-34《信息技术系统应急计划指南》、SP 800-53《联邦信息系统推荐安全控制》、SP 800-60《信息系统与安全目标及风险级别对应指南》等。

（3）BS 7799 信息安全管理标准

BS 7799 标准的前身是英国标准协会（BSI）于 1993 年颁布的《信息安全管理实施细则》。1995 年首次出版了 BS 7799-1：《信息安全管理实施细则》提供了以确定工商业信息系统安全所需控制范围的参考基准，是一套通用的安全控制措施，于 2000 年通过国际标准化组织（ISO）认证，2005 年改版更名为 ISO/IEC 27002《信息技术 安全技术 信息安全管理实用规则》。1998 年公布了 BS 7799 标准的又一部分 BS 7799-2：《信息安全管理体系规范》，提出了建立、实施和维护信息安全管理体系的控制要求，规定信息安全管理体系要求与信息安全控制要求，可以作为一个正式认证方案的根据，于 2005 年升版更名为 ISO/IEC 27001《信息技术 安全技术 信息安全管理体系规范》。BS 7799 标准已在国际上得到广泛的认可，是具有代表性的信息安全管理体系标准。

（4）《信息技术安全性评估通用准则》（Common Criteria of Information Technical Security Evaluation，CCITS），简称 CC 标准

《信息技术安全性评估通用准则》是由美国、加拿大及欧洲四国的 7 个组织，于 1993 年共同起草的、统一的、国际互认的安全准则，是目前最全面的评估准则，已成为国际安全评估准则，1999 年被 ISO 批准成为国际标准 ISO/IEC 15408-1999。我国将 ISO 15408 等同采用之后颁为国家标准 GB/T 18336《信息技术 安全技术 信息技术安全性评估准则》。

CC 标准面向整个信息产品周期，定义了评估信息技术产品与系统安全性所需要的基础准则，不仅考虑到保密性，还涉及了可用性、完整性等多个方面，是度量信息技术安全性的基准，具有与之配套的评估方法。针对安全评估过程中评估对象的安全功能及与安全目标相应的安全保障措施，CC 提出了一组通用要求，将测评对象的安全保护分为 7 个等级，将安全保障要求分成了 10 个大类，对于安全功能要求，定义了 7 个针对信息系统，4 个确保自身安全的 11 个大类。

（5）《信息安全技术 信息安全风险评估规范》

《信息安全技术 信息安全风险评估规范》GB/T 20948—2007，于 2004 年由国务院信息化办公室组织编制，2007 年通过国家标准化管理委员会的审批正式开始实施。该标准给出了风险要素的基本概念和各个要素之间的关系，详细规范了风险评估流程中风险识别、风险分析、风险计算等各个环节，以及在不同的信息系统生命周期风险评估实施的要点。

风险评估的过程包括风险评估准备、风险因素识别、风险程度分析和风险等级评价 4 个阶段。风险因素的识别方式包括文档审查、人员访谈、现场考察、辅助工具等多种形式，在风险因素识别的基础上，如何对风险进行度量一直是一个难点。图 8-6 给出了信息系统风险评估的基本流程。风险评估通过资产的识别与赋值、威胁评估、弱点评估、现有安全措施评估以及综合风险分析等环节，对系统当前的安全现状进行评价，为制定改善安全措施提供依据。

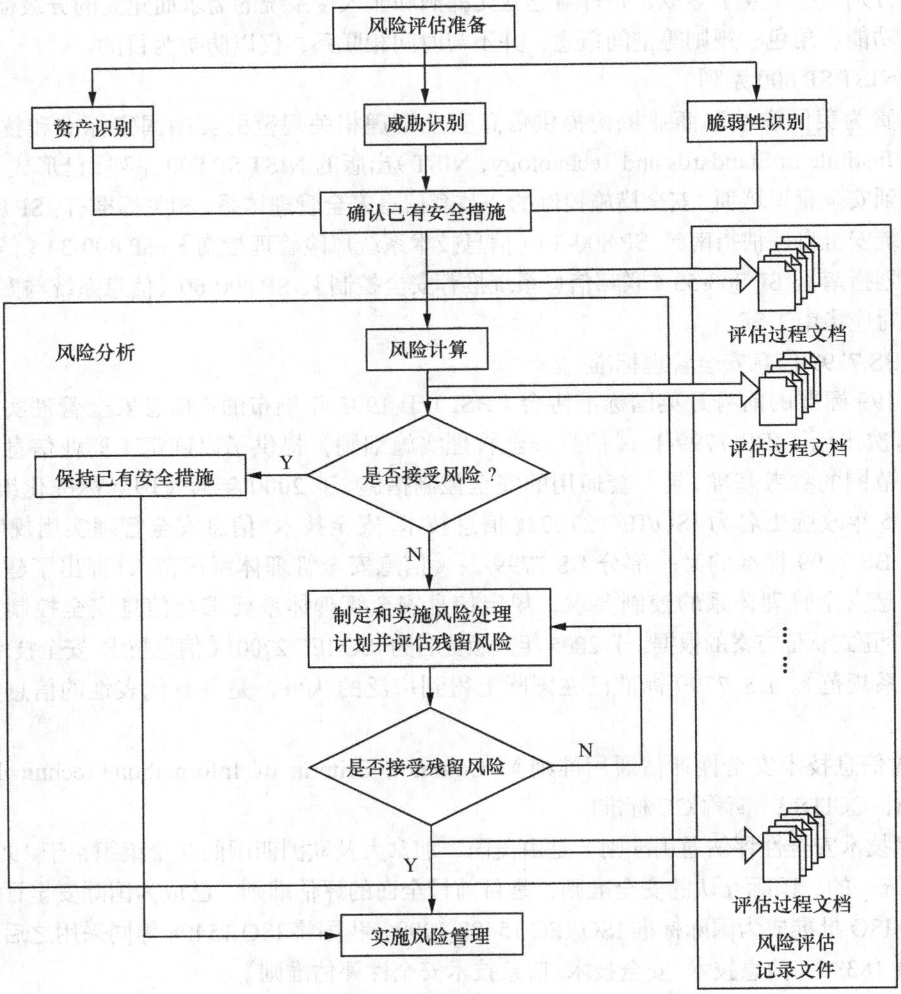

图 8-6 风险评估的基本流程

评估过程中涉及的主要文档包括以下几种。

① 设计的安全评估方案。

② 评估调查表。

③ 信息系统风险分析报告。

对信息系统进行风险评估应考虑的因素主要有以下几种。

① 信息系统的资产及其价值。

② 对资产的威胁及其危害性。

③ 资产的脆弱性。

④ 已有的安全控制措施。

风险评估的出发点就是对与风险有关的各因素的确认和分析。

评估风险有两个关键因素：一个是威胁对资产造成的影响，另一个是威胁发生的可能性。前者可以通过资产识别与评价进行确认，而后者还需要根据威胁评估、弱点评估、现有控制的评估来进行认定。

威胁事件发生的可能性需要结合威胁源的内因、弱点和控制这些外因来综合评价。可以通过经验分析或者定性分析的方法来确定每种威胁事件发生的可能性，例如以"动机—能力"矩阵评估威胁等级，以"严重程度—暴露程度"矩阵来评估弱点等级。最终对威胁等级、弱点等级、控制等级进行三元分析，得到威胁事件真实发生的可能性。并且要结合组织的安全需求及对事件的控制能力来分析威胁事件对信息系统可能造成的影响。然后，综合信息系统的关键资产、威胁因素、脆弱点、信息系统所采取的安全措施，综合事件影响来评估信息系统面临的风险。

风险分析方法有许多种，有定性的、定量的以及定性与定量相结合的方法。

定性分析方法是一种典型的模糊分析方法，它可以快捷地对资源、威胁和脆弱性进行系统评估，并对现有的防范措施进行评价，从主观的角度对风险成分进行排序。在实际中常被首选。原因是定性分析方法相对比较简单，利于理解和执行，免去了很多没有必要定量的威胁概率、影响以及成本的计算过程，而且这类方法能够提供对应该表明的关键风险区域的一般性识别。但是，利用风险定性分析法进行风险评估的过程和结果过于主观，没有为目标信息资产的价值创造一个客观的货币基础，因而对价值的理解不能真实反映其风险价值；没有提供安全措施的"成本—效益"分析，只能主观地识别问题；当所有的度量都是主观的时候，进行客观的风险管理是不可能的。此时，定量分析是很有必要的。

定量风险分析是按照设备的更新费用，每个资源、冲击的费用，每次威胁攻击的定量频次，为资源、威胁和脆弱性提供的一套系统分析手段，分析所形成的量化值，用来计算年度损失概率。定量分析法对风险的量化，大大增加了与运营机制和各项规范、制度等紧密结合的可操作性。分析的目标能够更加具体准确，其可信度显然会大大增加，这必将为应急计划的制定提供更可信赖的依据。然而，定量分析法同样也存在自己的缺点：计算很复杂。如果它们不能被理解或不能很好地得到理解，管理层将不会信任这一"黑箱"计算的结果；没有公认的自动工具和相关的知识支持，手工进行安全风险分析是不现实的，这将花费大量的时间；关于目标资产和信息系统网环境的大量信息必须被收集。目前，定量分析并没有标准的、独立的相关知识作为基础，单独的使用定量分析法也变得不现实。

通过上面的分析，我们可以看到，定量分析是定性分析的基础和前提，定性分析只有建立在定量分析的基础上才能揭示客观事物的内在规律。定性分析则是形成概念和观点、作出判断、得出结论所必须的。

对信息系统进行风险评估是一项复杂的工作，涉及信息系统安全管理、技术、运行以及评估标准、评估实施等诸多方面，存在着管理者、供应商和用户等多角度的不同需求。信息系统风险评估还要随着网络的变化而不断地完善和发展。因此，信息系统的风险评估是一个循序渐进的过程，通过风险评估可以及时发现信息系统中存在的安全隐患，从而采取相应的安全措施将风险控制在可接受的范围内，以减少各种风险对信息系统造成的损失。

8.3 身份管理

8.3.1 概述

随着互联网等现代通信技术的飞速发展和日益普及，我国的信息化建设越来越完善，电子政务、电子商务得到了迅猛的发展。各个现代企业也越来越重视网络信息系统的建设，各种电子邮件系统、网络办公、电子财务、人事管理等针对特定行业的业务系统的信息网络化发展速度飞快。经常进行的网络活动——发送电子邮件、进行个人或单位的报税、网上银行账户管理和交易、网上购物、在线电子游戏、网上办公系统的使用等，都需要通信双方之间或者通信一方向另一方发送相应的用户名、口令等身份信息进行身份确认。由于互联网上针对同一个用户或者应用系统存在着大量不同类型的身份信息，同时，同一用户也会面对各种不同的应用场景。也就是说，当应用系统正常运营时，用户可能需要同时访问多个应用系统，并且有可能要经常访问应用系统中部分受保护的信息资源。为了简化用户身份信息的认证和管理，保证用户身份信息的保密性和应用系统的安全性，需要创建一个灵活的身份管理基础设施（Privilege Management Infrastructure，PMI）。

身份管理（Identity Management，IdM），广义上讲应当包括用户的认证、授权以及认证和授权之后相关信息的保存和管理。它必须灵活地支持已有的和被广泛使用的多种身份认证机制和协议，还要支持各种不同的应用和服务平台。身份管理的框架必须在用户、应用平台和网络需求中寻求某种平衡。这些网络需求对身份管理的设计有着深远的影响。此外，这还为各种身份管理系统的互联性提供了新的商机。

对企业用户来说，身份是访问组织内部不同服务的钥匙，保证了他们的效率。从信息安全的角度来看，身份则被视作需要保护的资产，同时也用于保护其他信息资源。身份管理的最佳定义是“用于保证身份完整性和隐私性，并确定如何将指令译为准入口令的商业流程、组织和技术”。这个定义强调身份管理在安全基础构建中所起的重要作用，身份是企业基础构建的重要元素，不论是在操作系统、网络、数据库或是应用软件环境下，每个系统都需要一个特有的身份验证系统。这可以通过创建用户或系统来做到。在分立的环境中，这一身份创建过程可能需要跨多个系统，而每一个系统都有自己的身份验证方式，因此导致多用户身份混乱的情况。所以，身份管理不是一个单独的解决方法，而是一个商业流程和技术框架。

身份管理所涉及的用户身份生命周期，主要包括账户建立、维护和撤销3个部分，账户建立包括给用户建立账户并分配适当的级别以访问完成工作所需的资源；账户维护包括保持用户身份的更新、依据工作完成的需要适当调整用户可访问资源的级别，以及用户更改自身身份信息时在不同系统之间进行修改的同步；账户撤销包括在用户离开组织或公司之后，使用户账户及时失效以实现对用户既得资源访问权限的回收。

目前实现的所有身份管理系统都包括请求/声明流程和实体发出的一份声明，该实体可能是真正的人、法人或是一个对象，这个对象是某种形式的身份信任方联同一个网络或信息和通信技术服务，包括身份服务本身。信任方根据预期的安全等级，做出与身份提供方（可能是信任方自己或是联邦的其他信任方）进行通信的决定，然后通过证书确认声明、标识符、特征和身份服务的其他模式。声明可能包含首选的确认或授权的表示，声明也可能是匿名的或是假名的。因此，所有的要求似乎都涉及和支持一种公共的身份模式，对这个模式的描述将在后续章节中具体介绍。如果需要，这个模式会考虑身份服务的开放式供应，这个模式也通过保护的、可信的能力包含在可信的身份管理平台中，这种保护和可信能力用于网络传输，就像现在的信令基础设施一样。

身份管理平台必须允许用户快速评估哪些信息将透露给哪一方做什么用途，如何可以信赖这些缔约方，他们如何处理信息，发布的处理结果是什么。也就是说，这些工具应该包含用户提交一个同意通知。

身份管理平台必须考虑到多种用户设备，包括台式电脑、手提电脑、智能身份证、智能卡、电子驾照等。身份管理的基础结构必须是一个统一的方便用户使用并且架构在这些设备之上。

为了确保创建的身份信息是一个对实体确定的描述，发布这种身份必须由规定引导。这包括规定什么信息是有用的和为什么它们有用（类似于现在的能用计算机处理的、改良的隐私规定），以及作为一个棘手的规定，一旦信息发布，在身份信息的生命周期内可以传播，并且还要保证信息确实是依照规定使用的。

目前的身份管理平台可以划分为存储、认证、授权、用户注册和登录、口令管理、审计、用户自助服务、集中管理和分级管理等功能模块。下面具体说明各个模块的作用和这样划分的用意。

（1）存储信息。身份管理系统存储着下列资源中全部的身份信息：应用（如商业应用、Web应用、桌面应用）、数据库、设备、资源、群组、人员、策略（如安全策略、访问控制策略）、角色（如职位、职责、工作职能）。

（2）认证和授权。身份管理系统同时为内部和外部用户做认证和授权。当一个用户初始化一个请求来访问某个资源时，身份管理首先要对其进行认证——要求其提供证书，可能是以用户名和密码的形式，也可能是数字签名、智能卡或生物数据中的某种形式。当用户认证成功之后，身份管理系统授权给这个用户，根据用户身份和属性信息，授予其适当的数据资源的访问权限。

访问控制组件将管理这个用户后续的认证和授权请求，这样大大减少了用户需要记忆密码的数量，也大大减少了用户登录操作的次数。这就是通常所说的“单点登录”或“简单登录”。身份管理系统的一个很现实和很容易为公众所接受和理解的好处，就是对所有Web应用实现单点登录。

（3）外部用户注册与登录。身份管理系统允许外部用户来注册账户并登录以获得某种资源的访问权限。如果用户不能通过身份管理系统的认证，系统将提供其一个注册账户的机会。一旦账户建立且用户认证成功，用户就必须通过登录来获得请求资源的访问权限。登录进程或者是基于已有设置策略自动完成的，或者也可以经由资源拥有者手工批准这个访问。只有在用户成功注册到身份管理系统和通过登录获得某种资源的访问权限之后，对请求资源的访问才被许可。

（4）内部用户登录。身份管理系统允许内部用户登录获得访问权限。与外部用户不同，内部用户没有注册的选项，因为内部用户的身份信息已经存在于身份管理系统中，而且其与系统内部信息交互的范围更大、频率更高。内部用户的具体登录进程与外部用户的相同。

（5）口令管理。身份管理系统具有口令管理功能，用户可以重置口令和在不同系统间同步口令；信息部门管理人员也可以在用户授权下重置其口令。

（6）审计。身份管理系统可以使用户审计和权限审计更加容易和更加有效。一方面，可以通过查询身份管理系统来校验用户权限级别；另一方面，身份管理系统也给审计者提供授权资源的数据和精确的用户及用户权限信息。

（7）用户自助服务。身份管理系统允许用户维护自己的身份信息和执行一些常规的账户操作。例如，用户可以更新自己的通信信息，更改密码，或者在所有的系统中同步密码等。如果需要，这些修改要经过确认之后才可以生效，生效之后，适当的授权资源才会得到更新。

（8）集中管理。身份管理系统允许管理员集中管理多种身份。管理员既可以集中管理身份管理系统中的内容，也可以集中管理身份管理系统中的组织架构。

（9）分级管理。身份管理系统允许分级管理，也就是说，管理员可以建立一些二级管理员，来分别负责辖域内的身份管理任务。二级管理员不能修改组织架构，只能维护所管理区域内存储的身份信息。

当前身份管理的重要性正逐渐获得其应有的重视，国内外对身份管理的研究总的来说正处于起步阶段。由于目前的工具、框架和标准还不成熟，部署全面的身份管理系统几乎是不可能的。但人们仍然可以通过针对单点登录、双因素认证、自动配置或基于角色的访问控制等技术来实现身份管理的某些功能。

8.3.2 身份和身份管理

在特定的背景中，一个请求/声明方实体的身份是被唯一确认的，即身份表示唯一的一个实体。广义的请求/声明方实体可以指自然人（人类）、法人（组织、公司）、物体（信息、系统、设备、智能卡、无线射频识别技术等）或它们的组合。身份管理（IdM）是实体身份信息的安全管理。身份管理周期过程是 IdM 的一部分，在该环节中请求/声明方实体可能被鉴别、传输，并在某些背景下与实体相关联（见图 8-7）。不同的实体特征形成不同背景下的身份，因此在不同的背景下，同一实体可能有不同的身份。例如，一个人可能有以下不同背景中的独立身份：与其生理相关的生物身份（如 DNA、指纹等）；与一种或多种网络行为相关的一个或多个虚拟身份；与社会团体相关的社会身份；与特定情况下的法律权限和政府代理相关的法律身份。

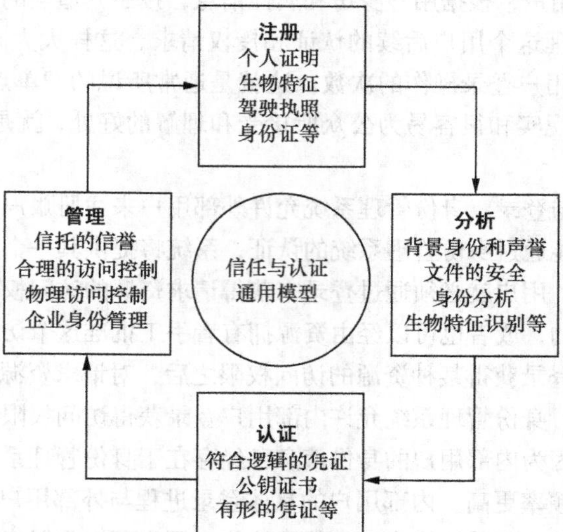

图 8-7　身份管理生命周期

1. 身份生命周期

身份（如实体）是一个暂时性的概念。因此身份有一个可被管理的生命周期，包括它们的建

立、更改、延缓、废除、存档或重分配。实体与身份是相关联的，但这种关联可能随时改变。一些实体关联可能是正式的、特定的关系，如人、财产和财务账户能在一段时间内保持不变；有些关联则可能是非正式的，弱关联的，一对多或多对多的关系，而且是经常改变的。

2. 身份选择、提供及登记

根据不同的背景，身份可能被实体选择或由身份管理系统提供。例如，人们可能选择一个新的名称作为他们的账户名。一个企业内员工的电子邮件地址通常由身份管理系统（如员工的受雇企业或其邮件管理系统）来选择。身份通常和其某些特征（如口令或认证的共享信息）一同被登记到身份管理系统中。实体身份标识的选择是由相关规定控制的。这些规定的作用是在其管理域内使用唯一的标识符与实体相关联。

（1）服务和资源的发现

信任方能在相关政策下，发现其他被认证并能够提供身份信息的身份提供方的能力，对于身份的登记和注册是至关重要的。这些包括接口特性、关联关系的动态注册和注销、认证、许可及特征。发现还包括通过诸如 DNS 和其他机制去发现身份资源。例如，身份信息、关系和设备等。

（2）身份认证

身份认证是查证已声明身份并建立有效身份的过程。这一过程通常发生在为创建初始 IT 账户或发布初始证书或在生命周期中更新账户或证书所进行的登记之前。

登记和校验：初始身份登记和校验发生在为实体提供特权，连续创建 IT 账户、子账户或发布信任状之前。这一过程的复杂性变化很大，可能像允许实体选择一个未被使用的标识那样简单，也可能像要求用户提供外貌特征和他所拥有的官方凭证那样严格。其复杂性一般取决于为实体提供的特权的敏感程度。

正在进行的认证：对一个声明实体的确认是基于对被要求的安全等级的认证过程。一旦基于声明身份的信任凭证被发布，无论他们何时被使用，都可能要求确认被实体使用的身份是不是分配给他的。这种正在进行的认证过程需要使一实体伪装成另一实体进行欺骗（例如被我们熟知的身份泄露和“网络钓鱼”）的可能性达到最小。

相互认证：相互认证或双向认证是指通信双方彼此间的认证。在技术层面上，它是指请求/声明实体向信任方/服务方提供自己的认证信息，而服务方向实体提供自己的认证信息，这样一来双方都能够确认对方的身份。当然，还有一种信任关系较弱的单向认证，即实体向信任方/服务方提供自己的认证信息，而并不检验与其通信的信任方/服务方是否可靠。

网络应用正在不断增加，为了保护财产、个人信息及提供用户安全，网络自动地对那些需要接入网络的实体进行鉴别和证实。这些自动的认证方法正经历前所未有的恶意攻击，目标指向个人和财务信息。同时，远程接入式的安全电子商务（包括银行、投资和其他财务活动）也面临冲击的威胁。

业界最初发展操作策略、技术、标准、方针和工具是为了提高效率。这种效率表现在用户和服务方可以利用它们完成一系列需要验证的商业运作。由于这些初衷，一些技术被用于用户应用端的测试，但是对这些验证更广泛的测试由于缺乏国际性的标准而搁置。业界仍然普遍相信更多先进的验证方法，结果广泛地部署那些非常复杂、没有任何标准、不成熟而且代价昂贵的设备。个人身份证号码（PINs）、请求/声明实体名称和口令仍然是网络服务和用户财务服务中的主流认证技术。目前对业界来说，一个最主要的挑战是无法在一个可接受的级别上提供有效的双方相互检验的双向认证技术。

那些为电子商务提供身份信息和鉴别系统的组织正研究它们在身份管理和客户验证中应扮演

的角色。可以提供安全可靠的双向认证的身份管理系统正在被开发，这也必须被标准化用来改进现在的基础设施以适应新的商机。

3. **身份绑定**

身份和特征的绑定用于建立和保存实体标识符和实体其他信息间的关系，例如，实体特性，身份地位或证书。这种绑定可以方便处理对实体的一些特定操作，例如，排队等待时的优先级。

4. **身份证明**

实体的特征能被第三方所证实。例如，通过实体上特征的标记。这种通过身份和特征的组合（身份证）的证明可以被用于不知道对方实体但是却相信各自信任方的认证。

5. **身份变更**

可能由于种种原因，身份需要变更。社会风俗（如结婚）可能会改变姓氏，因此需要一个新的标识（如特征）。在另外一些情况下，身份更新是由于实体感觉原来的身份标识已经被破坏，例如被泄露，或官方身份资源由于某些原因需要改变，如身份更新政策。

6. **解除绑定**

解除绑定是解除实体标识和身份信息（如实体特性、身份地位或证书）关系的过程。这种情况一般发生在实体丢失了某些特定的特性、身份地位或证书。

7. **身份注销**

身份注销是消除已提供或已选择身份的过程。注销可能是由实体或官方身份源提出。注销通常是信任方对不安全的、被滥用的无效身份执行的。注销过程必须完全记录以用于审核和复查。所有与已建立身份相关的系统和进程都必须被告知该身份已经被废除。注销及注销通知必须在实体得到授权后方可进行。注销请求是为了防止有潜在错误和不安全环境的身份继续使用。如果注销处理不当，身份认证授权可能遭受潜在的重大威胁。

8. **身份数据模型**

为了应对身份管理系统所面临的复杂挑战，我们的首要任务是理解数字身份的概念，它与身份信息间的关系及一组帮助引导建立解决用户寻址难题的结构性理论。对用于传输的身份平台和其必须实现的各种安全等级而言，平台的每一部分必须能够识别实体和实体信息，这一点至关重要。

一个实体，如一个人或组织，在给定情况下会有一个或多个身份。因此，对于一个给定的实体，数字身份定义了一系列特征（由特征和相关信息定义）以标明实体的不同方面。例如，一个人拥有很多身份——作为一个人，Bob Smith 在公司有雇员的身份；作为一个实体，Bob Smith 有一个身份（身份标识符是他的 Email 地址和其他特征比如职位、等级）。这个身份有一个特定的背景（如 ACME 雇员系统）。类似地，对于政府来说，Bob Smith 有一个公民的身份等。对于给定实体，人、组织、物是拥有数字身份的不同类型实体。这些类型的实例如 Bob Smith（个人身份）、ACME 航运公司（组织身份）、手机设备用其 SIM 卡 ID 作为标识。

数字身份：它是特定个体、群或组织身份信息的数字表示，也是一个实体有关其自己数字声明的集合或能被其他实体识别的数字身份。

注：这仅仅是一个实体声明的一个可能集合。它是现代社会用于完成基于身份交易行为的身份子集的特定表示。通常情况下，对于给定的任意数字实体，存在很多数字身份对其进行声明。

属性：实体会拥有不同的属性集合以区别不同的数字身份。这些属性可能是静态的（如眼睛的颜色、性别等），也可能是动态的（如地理位置、声望等）。其中的一些属性是同特定的环境相联系的（如名字、账户号码等），还有一些属性只能用于特定背景下的特定角色；当然，有些属性

可以在不同的背景下共享。例如，Bob Smith 拥有其 Email 地址、电话号码、护照、指纹数据等信息，这些信息可被他的公司、出入境管理局等不同机构所共享。

数字声明：一份声明是由申请人一个或一组特征值构成的，通常一份声明是需要确认的。此处的声明是指数字身份的一些属性。

例如：

（1）一份声明可能只表示一个标识符——如一个学生的学生证号是 490525。这是现在使用的身份系统的工作方式。

（2）一份声明也可能是指主体有一个可以代表他的密钥——这可以在数学上证明。

（3）声明集可能表示个人标识信息——如名字、地址、籍贯、国籍等。

（4）一份声明可能仅仅说明主体是一个确定的组群的一员——如一个女孩未满 16 周岁。

（5）一份声明可能说明主体有某种能力——如按规则排序或更改一份文件。

标识符：数字身份可以被一个或几个标识符标识，这些标识符仅仅是数字身份的其他一些特征。例如：Email 地址、名字的缩写等。一个身份可能含有多重证书。一个给定的证书可能只能确认一部分特征，而不是全部特征（如口令只能说明有人登录，而不能确认该人身份）。这用于帮助处理强认证情况。一些标识符是自我管理标识（用户正确通过实体操作），一些标识符被分配给标识命名权（如序列号）、系统标识（系统使用）。这些标识符中必须有一个能够唯一地识别一个给定的数字身份（如 X.500 这个名称），这个标识符也可能是多重标识符。因此，一个给定的数字身份至少有一个特征用于标识符。例如，Bob Smith 有"bobs"这个标识符用于 A 公司的系统，bsmith@acme.com 用在它的雇佣系统，SSN 用在社会管理系统，等等。

账户：账户是另一种特别的数字身份特征。它的一个典型的请求/声明实体是一个公开的系统。例如，Bob Smith 可能在一个系统里有他的账户——bobs 用在 AIX 系统，bsmith 用在消息库系统等。在这个例子中，Bob Smith、bobs、bsmith，都是 Bob 的数字身份。身份提供了一个给定实体在一个时期内的描述。因此，身份在一个特定的环境中也被叫做账户，在本书中它们是同义词。

证书：证书是另一种特别的数字身份特征，一个数字身份可能有多重证书。一个给定的证书只能确认一些身份特征而不是全部的特征。这用于帮助处理强认证情况。因此，认证数据能帮助确认身份的正确性。认证数据种类有很多，例如口令，生物特征等。这些基于一个实体所知道的（口令、母亲未婚前的姓氏等）、拥有的（智能卡、徽章等）、特有的（指纹、面部特征识别等）。基于身份信息的敏感性，一次处理必须附加的安全需求，不同的认证数据被用于辨别身份和身份的所有特征。这些使得认证数据能帮助确认特征和作为一种强认证方法。

9. 身份关系

身份之间可能有很多种不同的关系，例如：

（1）实体 Bob Smith 在 ACME 中可能拥有作为标识符的身份 bsmith 和身份 bsmith，而且这两者可建立联系。

（2）一个组织身份拥有员工的个人身份。

（3）一个群组身份（如美国网球队）是与其组成队员相关联的。

（4）个人身份 bsmith 是与手机 SIM 卡号 1234 这一设备身份相关联的。

当然，在以上讨论中，实体的身份也是与给定背景相关联的。背景可能是一个企业、一个组织等。在这些例子中，背景可以被嵌套（一个企业有好多组织，并且企业或组织内部又有不同的系统，等等）或者可通过其他方式相联系（例如，同一个人在员工系统和顾客系统中将分别作为员工和顾客)。因此,我们就要在身份和它相关的背景之间建立某种关系,从而为该身份提供一个全面的信息。一个给定的物理实体可能拥有许多不同的身份,那么这些身份间的关系该如何进行管理呢?对一些环境,我们可为其开辟单独空间进行管理。而对其余的情况,我们将仍视其为身份,并考虑身份联合(不论在同一环境、企业或组织内部,还是在它们之间)。

这种方法表明。一个实体不论在企业内还是企业外部都拥有多重身份。这就意味着要对身份进行联合从而得到给定实体的全面信息。这种方法将帮助我们把不同系统不同平台的身份用同一技术途径进行方便管理。信任模式和存储将成为区分这两种情况的主要因素。

10. 群组和角色

群组:对群组这一概念的理解可谓仁者见仁,智者见智。用户组是众所周知的一个概念,它为我们提供了一种表示用户集合的方法(当然这是定义在特定环境下的)。在这种情况下,还有可能出现嵌套组,即一个组中包含有其他的组。但是,当一个讨论组包含一个分配表时,就有可能出现与组相关的特征,如组中成员的电子邮件地址集合。这些电子邮件地址可能是一个给定系统的标识符,也可能仅仅是系统中与用户相独立的数值。给定的群组也有特征和标识符,因此也可被看作一种身份。它可能在获取身份关系时涉及其他的身份。

角色:在本章节中,角色是指一个人在给定组织或给定环境中的责任。它可能轮流为用户提供其享有的权利。因此,一个实体可能没有角色或有多个角色。而这将取决于实体在生命周期中所处的位置。一个给定角色的范围是与适当的环境相联系的。一旦作为某个角色,一个身份就可能包含一些附加特征。因此,当一个角色被分配给某个身份时,这一角色的特征赋值也被特定给该身份。当该身份不再扮演这一角色时,角色的特征赋值也不再与该身份相关联。

8.3.3 ITU-T 身份管理模型

1. ITU-T 身份管理生态系统

身份管理(Identity Management,IdM)是实现大规模异构网络身份管理的一种网络安全新技术,它是通过标识一个系统中的实体并将用户权限和相关约束条件与身份标识相关联,进而控制成员对于系统资源的访问。身份管理的目标是在提高效率和安全性的同时,降低原有的管理用户及用户的身份、属性和信任证书产生的相关成本,保护用户的隐私,方便信息共享,提高组织运营的灵活性(如企业兼并带来的系统整合问题可以因此而大大简化)。

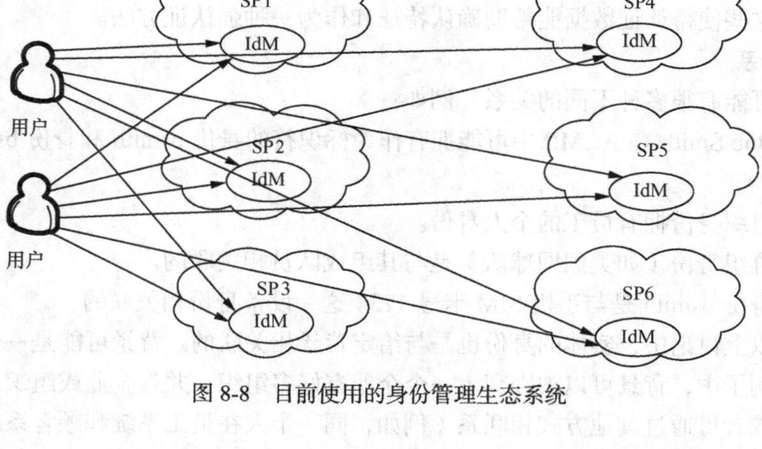

图 8-8 目前使用的身份管理生态系统

图 8-8 是目前被广泛使用的身份管理生态系统的基本模型，该模型给出了身份信息的交互传递过程。通过对该系统进行分析可以发现，该身份管理系统存在以下缺陷。

（1）首先，各个服务提供方（Services Provider，SP）的身份管理服务器相互独立工作，用户无论向哪个 SP 请求服务都要独立地提供他的数字身份，由 SP 进行验证和管理。随着 SP 的增多，用户需要记忆的口令也随之增多，并且需要安全地保存大量的 SP 提供的证书、智能卡等信任状，为身份信息的安全管理带来了不便。

（2）其次，当用户需要新的服务时，不得不重新填写大量重复的身份信息，同时，新的 SP 需要建设其专有的身份管理服务器，整体效率非常低且成本很高。

（3）最后，当多个用户或组织需要进行跨域访问时（当前商业和技术发展对此需求越来越迫切），现存的身份管理无法解决跨域身份的识别和授权问题。

为了有效解决这些问题，ITU-T 于 2006 年 12 月组建身份管理工作组（Focus Group on Identity Management，FG IdM），并提出了全球兼容的联邦身份管理模型。所谓联邦，是指在 SP 间建立信任协议，基于密码学的信任关系，使用标识符或属性的统一与跨安全和策略域的无缝接合的互操作能力。联邦身份管理系统除了其他身份管理系统的目标之外，还要能够使认证和授权数据跨越 SP 的边界，使得在同一信任域内的 SP 间的身份信息可以自由互通，而不同信任域的身份信息也能相互传输。同时联邦身份管理不应该破坏现存的身份数据格式，仅仅是将各种身份数据格式整合后，进行统一管理。

ITU-T 提出的联邦身份管理应实现以下基本功能。

（1）身份信息的管理，包括身份信息的登记、创建、保存和注销。

（2）身份信息的关联，将实体的标识信息与身份相关联。

（3）身份信息的认证，能够准确确认实体的身份。

（4）身份信息的发现与桥接，能够发现新的身份信息，并与其他信任域相互通信。

（5）身份信息的传输，保证身份信息传输的安全。

（6）身份信息的审计与追踪，保存和追踪身份信息的使用记录，便于核查。

图 8-9 是实行联邦身份管理后的身份管理生态系统模型，从图中可以看出，身份提供方（Identity Provider，IdP）从 SP 中独立出来，并与各个 SP 的身份服务器（ID Server）建立了一对多的关系。用户的身份信息是由 IdP 统一管理和认证，各个 SP 的身份服务器负责转发实体的身份标识信息并从 IdP 接收确认信息和临时管理用户相关的身份信息。IdP 与各个 SP 的身份服务器共同组成了一个信任域（Circle of Trust，COT），身份信息在该信任域内能自由互通。一个信任域内必须包含一个或多个 IdP。而实体可以是用户、设备或是一个组织，并不局限于人。

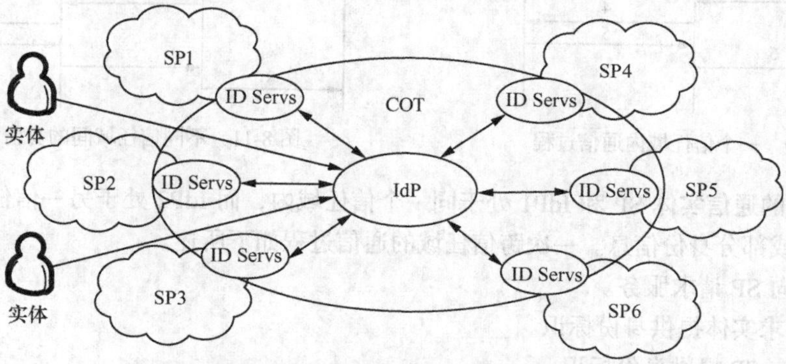

图 8-9 理想的身份管理生态系统（IdP 是逻辑概念）

对比图 8-8 中现存的身份管理模型，我们可以看出 ITU-T 所提出的全球兼容的联邦身份管理模型具有以下优点。

（1）用户要访问不同的 SP 只需登录一次，并且只需与 IdP 进行一次认证，节省了时间，提高了效率。

（2）增强了模型的整体安全性，由于一个用户只需记住一个口令和密码，因此密码设计可以更复杂，以增加攻击者对用户密码的猜解难度，同时，身份信息的统一管理也方便管理员集中实行各种安全策略。

（3）解决了身份信息的跨域传输问题，使得不同信任域间的身份信息可以相互传输。

2. 身份管理的流程

身份管理模型是由实体（Entity）、服务提供方（SP）、身份提供方（IdP）3 个基本要素组成的，ITU-T 提出的身份管理模型分为信任域内的通信，信任域内的身份认证管理和跨域身份认证管理。

信任域内身份认证管理的通信过程如图 8-10 所示。

图 8-10 中的通信实体 SP 和 IdP 均处于同一个信任域内，它们之间的通信过程如下所述。

（1）实体向 SP 请求服务。

（2）SP 要求实体提供身份标识（如证书、生物特征、口令等）。

（3）实体向 SP 提供身份标识。

（4）SP 根据实体提供的标识信息向相关 IdP 发出确认实体身份请求。

（5）IdP 确认实体身份后向 SP 返回响应。

（6）SP 根据响应决定是否向实体提供相应的服务。

在实体未请求服务时，实体身份应该是未激活状态，当实体第一次完成确认之后，它的身份将保持激活状态，直到实体关闭所有的通信才转为未激活状态。当实体身份处于激活状态时，它向其他 SP 请求服务时，就不需要再次提供身份标识，而是由 IdP 直接向 SP 确认用户身份。

图 8-11 表示跨域身份认证管理流程，当实体向处于另一个信任域的 SP 发送服务请求时，SP 无法直接与保存实体的身份信息的 IdP 通信。这就需要使用身份管理的发现与桥接功能，使得不同信任域的 IdP 可以相互传输身份信息。

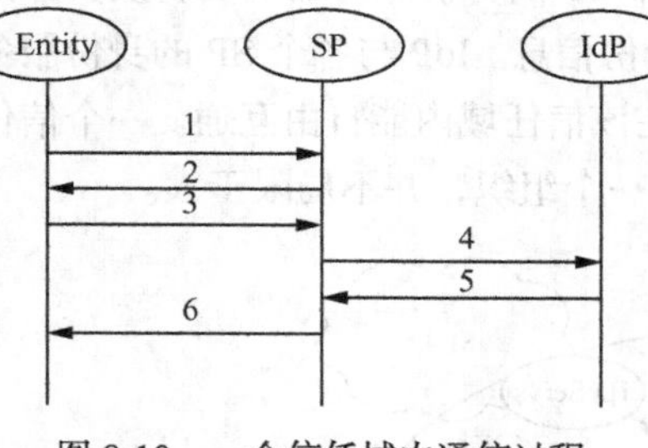

图 8-10　一个信任域内通信过程

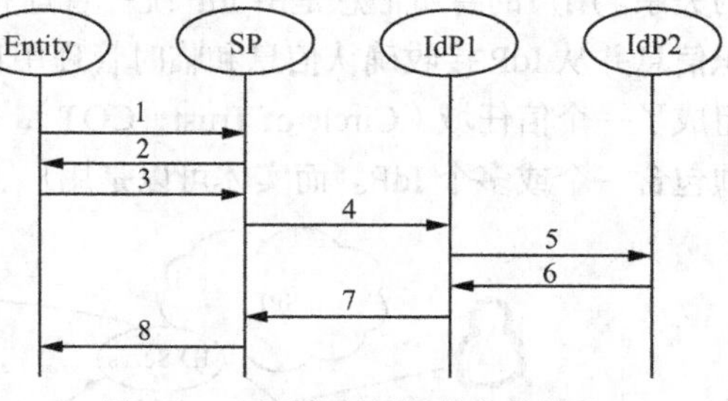

图 8-11　不同信任域间的身份管理

图 8-11 中的通信实体 SP 和 IdP1 处于同一个信任域内，而 IdP2 处于另一信任域内，它保存着实体的全部或部分身份信息。一次跨信任域的通信过程如下所述。

（1）实体向 SP 请求服务。

（2）SP 要求实体提供身份标识。

（3）实体向 SP 提供身份标识。

（4）SP 根据实体提供的标识信息向相关 IdP1 发出确认用户身份请求。

（5）IdP1 无实体身份或实体身份信息不完整，则根据实体的标识信息发现并桥接另一信任域内的 IdP2，并发出通信请求。

（6）IdP2 响应 IdP1 的通信请求。

（7）IdP1 确认实体身份后向 SP 返回请求响应。

（8）SP 根据响应决定是否向实体提供相应的服务。

虽然同目前的身份管理通信模型相比，该通信模型增加了向 IdP 传输身份信息的过程，但是当服务增多的时候，实体不需要再次执行完整的通信过程，只需要两个过程就可以完成通信。

（1）通告 SP 身份已经验证成功，并提供相应的信息。

（2）SP 检验信息，根据结果决定是否提供服务。不需要实体再次输入其身份信息，大大简化了通信过程和用户管理身份信息的难度。

该通信模型是在各个网络通用的，在某些特定网络（如互联网）中用户可以直接与 IdP 通信。则以上模型的步骤（3）和步骤（4）可以合并为一步，即用户直接向 IdP 提供身份信息，达到简化通信过程的目的。

此外，该模型没有涉及安全结构，仅仅是使用 IdP 认证了用户身份，没有对 SP 进行认证，存在身份泄露的问题。同时，该模型也没有定义安全需求等级，当两个 SP 间安全需求等级不同时的通信问题仍然没有解决。

8.3.4 身份管理技术

目前较成熟的身份管理技术主要有 Microsoft 的 Net Passport 单点登录系统（Single Sign On，SSO）和自由联盟工程（The Liberty Alliance Project，LAP）。

1. NET Passport

Passport 是 Microsoft 实现的单点登录系统，它提供了一种跨域在线验证用户的服务。目前只提供了实现用户跨多个 Web 站点之间的单点登录功能，还不能直接用于 Web 服务。用户在开发基于 Passport 的 Web 服务应用程序时候，还需要添加处理 SOAP 消息的接口。

（1）Passport 的 SSO 过程

Passport 为实现用户跨域身份验证提供了一种技术手段，基本过程即用户的身份验证过程。在这个过程中，参与方包括用户、访问的 Web 站点和 Passport 服务器，处理流程如图 8-12 所示。

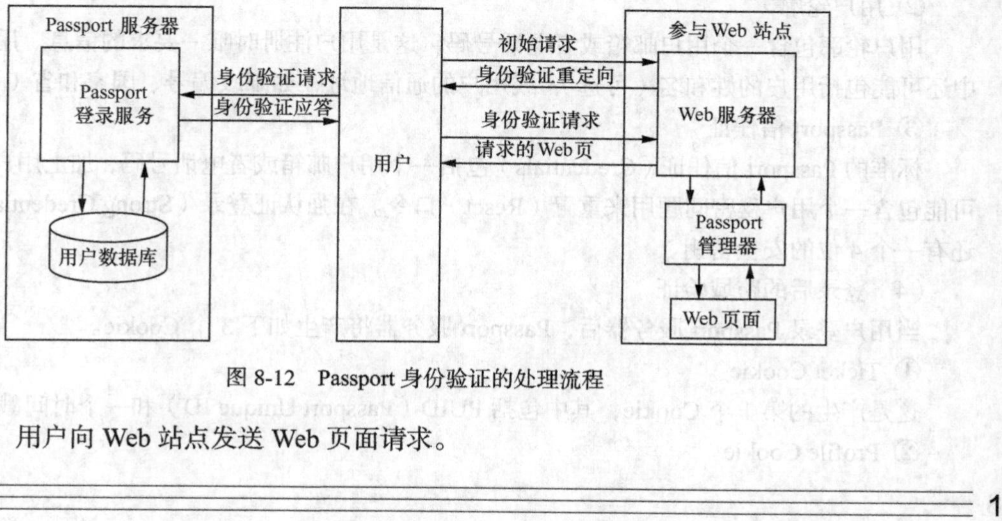

图 8-12 Passport 身份验证的处理流程

第 1 步：用户向 Web 站点发送 Web 页面请求。

第 2 步：如果 Web 站点需要验证用户身份，则使用重定向（Redirect）技术把用户定向到 Passport 登录服务器。在重定向中包括两个重要的参数，一是用户初始请求站点的唯一站点 ID；二是用户身份验证完毕后返回 URL（即用户初始请求的 URL）。

第 3 步：Passport 登录服务器首先查询站点的唯一站点 ID 号，如果站点不是 Passport 参与站点，则返回错误；否则出现一个登录界面，用户需要输入用户名和口令（这部分信息使用 SSL 传输）。

第 4 步：Passport 登录服务器查询用户数据库，如果用户存在，则为用户生成 Cookie，即用户的身份验证标识，它用 Passport 和站点间的共享密码加密（每个站点不同）。

第 5 步：Web 站点提取 Cookie 并交给 Passport 管理器处理，如果能够解密 Cookie，提取 Cookie 中的用户信息，则用户身份通过。

第 6 步：Web 站点返回用户请求的 Web 页。

（2）前提条件

为了保证 Passport 基本身份验证过程的顺利实现，有两个基本前提条件，一是 Passport 服务器和参与的 Web 站点之间需要一个共享密钥来加密 Cookie：二是为了保护用户输入的用户名和口令免受网络监听攻击，需要使用 SSL 保护好用户名和口令。

① 建立共享密钥

Web 站点（或者 Web 应用程序）和 Passport 需要建立一个共享密钥，用来加密两个服务器直接通信的敏感信息，如 Cookie。可以通过安全邮件或者带外信息的方式实现。

② SSL（Secure Socket Layer）

SSL 是 TCP 协议层上的一种安全协议，它提供了数据加密、身份验证和数据完整性保护功能，在 Microsoft .NET Passport 中，需要使用 SSL 来保护传输中的敏感信息，如用户输入的用户名和口令等信息。在后续内容中，我们将介绍在安全级别要求比较高的情况下使用 SSL 的要求。但是无论在什么情况下，用户输入用户名和口令始终都使用 SSL 保护。

（3）用户账号信息

一个 Passport 用户账号信息主要包括以下 3 个部分。

① Passport 唯一标识符

当用户注册且 Passport 服务产生用户账号的时候，为用户产生一个唯一的标识符，这是一个 64 位的数字。

② 用户轮廓

用户轮廓包含一个用户邮箱或者电话号码，这是用户注册时唯一要求的信息。用户轮廓信息中还可能包括用户的姓和名（可选），或用户的通信地址，如邮政编号、国家和省（可选）。

③ Passport 信任证

标准的 Passport 信任证（Credentials）包括一个用户邮箱或者电话号码，加上用户的口令，还可能包含一个用户秘密问题用来重置（Reset）口令。在强认证登录（Strong Credential）的时候，还有一个 4 位的安全密钥。

（4）登录后的跨域验证

当用户登录 Passport 服务器后，Passport 服务器将产生如下 3 个 Cookie。

① Ticket Cookie

这是产生的第 1 个 Cookie，其中包括 PUID（Passport Unique ID）和一个时间戳。

② Profile Cookie

这是第 2 个 Cookie，其中包括用户轮廓信息。

③ Visitied Sites Cookie

这是第 3 个 Cookie，其中包括用户已经登录过的站点信息。

所有这些 Cookie 信息都使用了 Web 站点和 Passport 服务器之间的共享密钥加密。当用户需要访问同一个站点时，只需要递交相应站点对应的 Cookie 即可实现身份验证。

当用户访问不同的站点时，由于没有相应站点的 Cookie，因此还有一个相应的身份验证过程。不过，由于用户已经在 Passport 登录服务器验证过，所以其身份验证过程和基本身份验证过程的不同是在第 3 步和第 4 步。

（5）安全登录措施

Passport 还提供了安全强度更高的安全登录措施，主要包括强制登录和安全级别。

① 强制登录

强制登录是指在一些情况下为了保证安全，要求用户重新输入用户名和口令的措施。如一个在线银行账号，为了防止用户登录后被其他人员使用在线信息，银行要求用户每 30 分钟登录一次。

在 Passport 中，Web 站点（或 Web 应用程序）的 Passport 管理器可以通过两个参数来设置强制登录机制，即 TimeWindow 和 ForceLogin。

- TimeWindow。TimeWindow 是一个时间窗口，它表示用户 Cookie 有效时间的范围。单位是 s，取值范围为 100～1 000 000。如果用户 Cookie 时间超过时间窗口，则用户需要重新登录。如果使用了 ForceLogin，用户 Cookie 在时间窗口范围内也需要重新登录。
- ForceLogin。这是一个布尔值，如果为 True，则表示用户需要立即重新登录；如果为 False，则用户 Cookie 超过时间窗口后需要重新登录。

② 安全级别

安全级别是对用户身份验证过程的安全强度要求，通过参数 SecureLevel 实现，该参数有 3 个值，代表意义如下。

- 参数值为 0，表示为一般正常的用户登录过程。在该过程中除了用户名和用户口令使用 SSL 加密外，所有的通信信息均没有采用其他安全措施，也被称为“标准登录方式”。
- 参数值为 10，表示用户的登录过程需要安全通道。在标准登录方式中，由于没有其他安全措施，因而黑客可以通过网络监听获得用户 Cookie 即可进行重放攻击，从而冒充用户。在该等级下，安全通道目前主要通过 SSL 实现，即用户在访问 Web 站点级重定向过程中使用 HTTPS 代替 HTTP。
- 参数值为 100，表示用户的登录过程除了安全通道外，还需要 4 位安全密码验证，这一过程称为“强信任证登录”（Strong Credential Sign In）。为了防止用户口令被破解，强信任证登录使用两阶段登录（Two-Stage Sign-In）过程。在第一阶段，用户登录过程和安全通道登录过程一样；在第二阶段，要求用户输入 4 位安全密码。如果输入口令 5 次错误，用户的安全密码将失效，这时，用户还可以使用正常的登录过程，但是如果用户需要强信任证登录，则需要通过另一个安全过程重置安全密码。

2. 自由联盟工程

自由联盟工程的目标是建立一套标准，以方便开发基于身份的基础设施、软件和 Web 服务，它定义了确保异构系统间交互的框架。

和 Microsoft .NET Passport 不同，自由联盟工程不使用中心身份服务器，而使用分布式方式，不同的服务提供者和身份提供者之间通过联盟的方式建立信任。自由联盟工程由 3 个基本部分组成，即建立信任圈、建立身份联合及实现 SSO。

（1）自由联盟工程目标

自由联盟工程是为了个人或组织很好地利用网络进行事务处理，具体目标如下：

① 适用于联合身份管理和 Web 服务。

② 支持和推荐基于个人身份的许可（Permission）共享。

③ 在分布式验证和授权的多个提供者（Provider）之间提供一种单点登录的标准。

④ 创立一个开放的网络身份基础设施，支持所有当前和未来可能出现的用户代理形式（如用户浏览器等网络访问设备）。

⑤ 支持用户保护自己的网络身份信息。

（2）基本概念

在自由联盟工程中，重要的基本概念如下。

① 服务提供者（Service Provider）：提供服务的实体，参与者可以通过特定的各种方式来访问，但是服务提供者并不对其他提供者保证参与者身份的可靠性。

② 身份提供者（Identity Provider）：为其他提供者提供保证，保证使用服务的参与者身份的可靠性。

③ 信任圈（Circle of Trust）：多个有业务关系的服务提供者和身份提供者之间建立的一种信任关系。

④ 本地身份（Local Identity）：一个参与者相对于某特定服务提供者或身份提供者的一个身份。

⑤ 联合网络身份（Federated Network Identity）：由一组本地身份组成，可以相互认可并通过一定的协议相互协调工作。

（3）建立信任圈

为了保护用户的隐私和组织的声誉，只有在建立信任关系的组织之间才能够交换身份信息，这种信任的建立需要组织之间的法律合同。

从实现的技术上讲，如果身份提供者和服务提供者之间要建立信任圈，则其之间相互交换元数据（Metadata）。

假设一个身份提供者 Idp1 和一个 Web 站点 BigWebRetailer 之间要建立一个信任圈，那么它们之间将交换自己的元数据。

（4）建立联合身份

一个人在一天中可能需要多次在线工作，如发送及接收邮件、查看银行账单、规划自己的旅行等。这时，可能需要多个账号对应不同服务的本地身份，每一个账号有自己的身份标识和验证方式。为了简化登录过程，或许需要一个联合身份连接用户所有的本地身份。这样在访问所有服务器的过程中，用户只需要登录一个本地身份即可完成所有服务的访问，实现联合身份的协议即身份联合。

下面我们通过一个例子来介绍身份联合的基本过程。

例如：IdP1 是一台身份服务器，BigWebRetailer 是一个大零售商的 Web 站点，Joe 在这两台服务器中各有一个本地身份。现在 Joe 通过身份联合将这两个服务器的本地身份联合起来，基本过程如下。

第 1 步：IdP1 和 BigWebRetailer 建立信任圈，只有在同一信任圈中的服务器的本地身份才能实现联合。

第 2 步：Joe 登录 IdP1，如果成功，IdP1 将通知 Joe 可以联合自己的本地身份，在通知中包括信任圈的所有成员（当然包括 BigWebRetailer），询问 Joe 是否同意联合，Joe 为了实现联合，选择 Yes。

第 3 步：在此之后，如果 Joe 访问了信任圈的一个成员，如 BigWebRetailer，而 BigWebRetailer 已经知道 Joe 同意了身份联合。Joe 使用 BigWebRetailer 的本地身份成功登录后，BigWebRetailer 会询问 Joe 是否实现和 IdP1 的身份联合，如果愿意，则选择 Yes。这时，Joe 实现 Idp1 和 BigWebRetailer 两个本地身份的联合。

通过相同方式可以实现多个本地身份的联合，联合后即可利用联合身份实现单点登录。

（5）单点登录

以身份联合为基础，单点登录的实现方式就非常简单。继续上例，Joe 完成 Idp1 和 BigWebRetailer 两个本地身份联合后，单点登录的基本过程如下。

第 1 步：Joe 登录 IdP1，使用 IdP1 的本地身份成功登录。

第 2 步：Joe 访问 BigWebRetailer 站点进行商务活动。

第 3 步：由于已建立了身份联合，BigWebRetailer 站点接收到 Joe 的状态是身份已验证。此时不需要再进行身份验证，因此实现了单点登录。

从以上两种技术我们不难发现，单点登录是为解决用户要记忆多个口令和用户名的烦恼而提出的，它为用户提供认证信息的集中管理及灵活、强健的主认证。然而，该系统只是帮助用户完成了身份认证，而资源的访问控制则完全是由各应用自己管理，有的甚至没有控制。因此，目前的单点登录系统应该说只是解决了用户在访问各应用系统时要输入多个口令和用户名的麻烦，它并没有给安全域中的用户提供统一的身份管理安全平台，这就需要用到单点访问系统（Single Access System，SAS），该系统主要包括授权管理基础设施和公钥基础设施两部分，这两种技术在单点访问系统中分别用来实现身份认证和访问授权控制功能。

考虑到网络环境中的实际应用，单点访问系统不应该仅仅是帮助用户记忆多个用户名和口令，它应该为安全域中的用户提供完整的安全服务，包括身份认证和资源的授权管理。在身份认证和资源管理方面，X.509V3 使用访问控制（Access Control）技术，实现对用户身份信息的认证管理，该版本提出了公钥基础设施（Public Key Infrastructure，PKI）模型，它提供了信任服务框架。PKI 和 PMI 结合起来，可以实现对系统资源的安全访问控制。

8.4 人员与物理环境安全

8.4.1 人员安全

1. 岗位定义与资源分配安全

组织应该在新员工聘用阶段就提出安全责任问题并将其包括在聘用合同条款中，在员工的雇佣期间对其进行培训和监管，从而降低人为错误的风险，如盗窃、诈骗或者滥用设备和信息等。

在条件允许的情况下，组织可以对员工进行充分选拔，尤其是对于从事敏感工作的员工。所有雇员以及信息处理设施的第三方用户（如产品供应商、信息安全咨询服务商和工程队伍等）都应该签署并落实好保密协议。

（1）岗位责任中的安全

对安全角色和责任要形成文件。这些角色和责任应该既包括实现或者保持安全策略的一般责任，又包括保护特定资产或者执行特定安全过程或者活动的具体责任。

（2）人员选拔及方针

对长期雇佣员工的考核检查应该在招聘过程进行，这应该包括以下措施。

① 审查能力、人品推荐材料。

② 检查应聘者所学课程简历。

③ 对应聘者声称的学术或者专业资格进行确认。

④ 对应聘者的个人身份进行检查。

无论是员工的初次任命还是升职，当该员工有访问信息处理设备的机会，特别是一些敏感信息处理设备，如财务信息或者高度机密的信息时，组织应该附加信用度审查。对于处在有相关权力位置的人员，这种审查应该定期重复进行。

对于承包方和临时员工应该执行类似的审查筛选程序。如果这些人员是由代理机构推荐的，则在与代理机构签订的合同中应该明确规定该代理机构的推荐责任；如果该代理机构没有完成筛选工作或者组织对筛选结构不满意，必须补充筛选或者终止推荐程序。

管理层应该对有权访问敏感系统的新员工和缺乏经验的员工的监管工作进行评价，每一名员工的工作都应该定期经过一个更高层职员的监督和指导。

管理层应该意识到员工的个人环境可以影响他们的工作。个人或者收入问题、行为或者生活方式的改变、重复的缺勤以及压力或者抑郁等可能导致员工进行欺诈、偷窃、错误或者带来其他安全隐患，应该据此充分考虑这类员工接触的信息的保护问题。

（3）保密协议

保密协议用于向协议双方告知信息是机密信息，以及为保守秘密必须遵守的行为规范和应该承担的义务。员工通常应该签署此类协议作为他们受聘的先决条件。应该要求临时员工和第三方用户在被授予信息处理设备访问权之前签署保密协议。

在雇佣条款或合同条款发生变化时，特别是员工要离开组织或合同到期时，应该对保密协议的执行情况进行审查。

（4）雇佣期限和雇佣条件

雇佣期限和雇佣条件应该阐明雇员对信息安全的责任和义务。必要时，在雇佣关系结束后，这些责任应该延续一段时间，包括如果雇员无视安全要求时必须承担的责任。

雇员的法律责任和权利，如果涉及版权法或数据保护法，应该阐明并将其包括在雇佣条款中，还应该包括对雇主数据分类和管理的责任，在合同需要的地方，雇佣期限和条件应该说明这些责任应该延伸到组织范围以外和正常工作时间以外。

2. 用户培训

组织应该开展对用户的安全管理规程和正确使用信息处理设备的培训，以尽量降低可靠的安全风险，确保用户意识到对信息安全的威胁和危害关系，并且具有在日常工作中支持安全策略的能力。

组织中所有员工以及相关的第三方用户，应该接受适当的信息安全教育和培训，以适应组织的安全策略和管理规程。这包括安全要求、法律责任和业务控制措施，还包括在被授权访问信息或者服务之前正确使用信息处理设备的培训，如信息系统登录程序、软硬件的使用等。

（1）安全意识教育和培训

安全意识教育和培训是员工培训教育中的重要组成部分，这种教育与培训将改变个人和组织对信息安全的认识和态度，使他们意识到安全的重要性和安全失败导致的不良后果。安全意识教育与培训过程对所有雇员都是必需的。

安全意识教育和培训必须考虑到人员的接受能力，循序渐进、逐步强化。如果只考虑采用刺激方式进行教育，刚开始可能能够引起人们的注意，但如果重复使用，学习者就会有选择性地忽略某些刺激。因此，意识培养必须是不断发展的、具有创造性的和有新意的，以吸引学习者的注意，将那些条款式的规范和操作行为变成潜意识或者习惯行为，这一过程称为同化。通过同化过程，可以把经验融合到个人的习惯模式中。

总之，安全意识是要雇员建立对信息系统脆弱性和威胁的敏感性，以及认识到需要保护数据、信息和对它们进行处理的方法。信息安全意识计划的基本价值是使人们通过改变组织文化的态度为培训准备条件。因为安全失败对每个人都会造成潜在的不利后果。因此，信息安全是每个人的必要工作。

培训的目的是使受培训的人员获得相关的和所需的安全技能，这也是信息安全之外的功能专业（如管理，系统设计与开发、部署、审计等）的从业者所必须具备的能力。

教育则将所有的安全技能和各种功能性专业的能力整合成为一个公共的知识体系，通过多学科的概念、问题和原则等的学习和互相渗透、融合，努力培养出具有远见的信息安全技术专家和专业人才。

（2）在职安全教育

组织中所有在岗的员工应该针对实际工作需要，不断接受管理、技术和安全意识方面的教育和培训。

3. 对安全事件和故障的响应

影响安全的事件应该尽快通过适当的管理渠道报告给相关人员和机构，尽量较少安全事件造成的损失，监视此类事件并吸取教训。

应该使所有雇员和签约人员知道可能影响组织资产安全的不同种类事件的各种报告程序。应该要求他们以最快的速度把看到的或者可疑事件报告给指定的联络人。组织应该建立正式的惩罚条款以处理破坏安全的员工。为了妥当地处理安全事件，应该在安全事件发生后尽快搜集证据。

（1）报告安全事件

安全事件应该尽快通过适当的管理渠道报告给相关人员和机构。为此，应该建立正式的报告程序，同时建立事件影响程序，阐明接到事件报告后应该采取的措施和行动。应该使所有员工和签约方知道报告安全事件的程序，并且应该要求他们严格按照要求报告此类事件。应该在事件被处理后执行适当的反馈程序，以确保对事件报告的响应。

（2）报告安全脆弱点

应该要求提供信息服务的用户记录并报告任何察觉的或者怀疑的系统或服务的安全脆弱点或对它们的威胁预测，用户应该尽快把这些问题向管理者或直接向服务提供商反映。应该告知用户，在任何情况下，他们都不应该擅自对一个被察觉和怀疑的弱点进行验证，这是为了保护他们自己，因为测试脆弱点可能被认为是滥用系统或者可能对系统造成致命的损害。

（3）报告软件故障

建立报告软件故障的规程，应该考虑以下步骤。

① 记录故障问题的征兆和显示在屏幕上的信息。

② 如果可能，故障设备应该被隔离并停止使用，应该立即对与使用软件有关的行为产生警觉，如果需要检测设备，应在重启前将其与组织的所有网络断开，存储在硬盘或者移动硬盘上的信息不应该再传送给其他设备。

③ 该安全事件应该立即报告给信息安全管理者。

除非被授权，用户不应该试图删除可疑的软件，应该由经过适当培训并有经验的员工在授权状态下执行修复和恢复工作。

（4）从事件中学习

应该有适当的机制使事件和故障的种类、数量和损失被量化并受监控。这类信息可用于识别事件是初次发生还是再次发生，是偶然事件还是条件性事件，是重大影响事件还是故障。

（5）惩罚程序

对违反组织安全策略和规程的雇员应该有正式的惩罚程序。这样一个程序对可能无视安全策略的雇员能够起到威慑作用。另外，应该保证正确、公正地处理被怀疑严重或者连续破坏安全的雇员。

8.4.2 物理环境安全

1. 安全区域

组织内的关键或者敏感的业务信息处理设备应该放置在安全区域，有规定的安全防护带、适当的安全屏蔽和人员控制保护，这些设备应该受到物理保护，防止未授权的访问、破坏和干扰。

所提供的保护应该与识别出的风险相当。建议采用清空桌面和清除屏幕显示的策略降低对文件、介质和信息处理设备的未授权的访问或破坏的风险。

（1）物理安全防护带

物理保护可以通过在业务场所和信息处理设备周围设置若干屏障，使用安全防护带来保护放置信息处理设备的区域。每个屏障形成一个安全防护带，每个防护带都能增强整体防护。安全防护带是构成屏障的某些东西，如墙体、卡控门禁或有人值守的接待室等。每个屏障的位置和强度依据评估出来的风险而定。

应该考虑下述原则和控制措施。

① 应该明确规定安全防护带的边界、构成形式。

② 放置信息处理设备的建筑物或场所的防护带在物理上应该是固定的（例如，在防护带或安全区域不应该有能够轻易闯入的缺口），场所的外墙应该是坚固的建筑物，所有的外门应该受到适当的保护，防止未经授权的访问。这些防护设施应该设置有控制机制、栅栏、警铃、安全锁等。

③ 应该设置有人值守的接待区或者其他隔离控制方法对场所或者建筑物实施访问的物理控制，对场所和建筑物的访问应该仅限于被授权的人员。

④ 如果有必要，物理屏蔽应该从地板延伸到天花板，以防止未经授权的访问和应对诸如火灾、水灾等引起的环境污染。

⑤ 安全防护带的所有防火门应该具备报警功能。

（2）物理进入控制措施

安全区应该通过适当的进入控制措施实施保护，以确保只有经过授权的人员能够进入。

应该考虑以下的控制措施。

① 对安全区的访问者应该被监控或者批准，同时记录他们进入和离开的日期和时间。他们应该仅被允许访问指定的、经过授权的场所和目标，并发给他们关于安全区域要求和应急程序的说明。

② 对敏感信息和信息处理设备的访问应该受到控制并仅限于获得授权的人员。鉴别控制措施，如带个人身份标识的扫描卡，对所有访问进行身份鉴别和授权。应该对所有访问的审计日志

进行安全保护。

③ 应该要求所有员工配戴某种明显的身份标识，并鼓励员工对没有陪伴的陌生人和没有配戴明显身份标识的人进行盘问。

④ 对安全区的访问权应该进行定期评审和更新。

（3）保护办公室、机房和设备的安全

安全区可能是上锁的办公室或者物理安全防护带中的若干房间，这些房间可能存放有上锁的柜子和保险箱。安全区的选择和设计应该考虑在火灾、水灾、爆炸、暴乱和其他形式的自然和人为灾害发生时的应对措施和疏散通道，遵从相关的卫生、安全法规和标准，以及应对来自相邻场所的安全威胁，如来自其他区域的水泄漏或火蔓延。

应该考虑以下控制措施。

① 关键设备的放置场所应该避免被公众访问。

② 建筑物不要过分显眼，并尽可能少地对外公布其用途，建筑物内外不放置可表明存在信息处理活动的明显标志。

③ 辅助功能和设备，如影印机、传真机应该妥善放置在安全区，以避免可能危害信息安全的访问。

④ 房间在无人看管时门窗应该关闭上锁，必要的地方应该考虑对窗户，特别是地面层窗户的外部实施保护和掩护措施。

⑤ 应该在所有的外门和可以进出的窗户按照专业标准安装防盗系统并定期进行测试，对无人区应该时刻保持警戒状态。

⑥ 由组织管理的信息处理设备应该和第三方管理的信息处理设备加以物理隔离。

⑦ 显示敏感信息处理设备位置的目录和内部电话本不应该被公众获取。

⑧ 危险或者易燃物品应该放置在与安全区有安全距离的地方，大宗消耗品（如文具等）一般不必存放在安全区内。

⑨ 备用设备和备份介质的放置应该与原设备和介质保持安全距离，以避免因为灾害蔓延造成的毁坏。

（4）在安全区内工作

对在安全区内工作的员工和第三方人员以及发生在安全区的第三方活动，需要额外的控制措施和指导原则来加强安全区域的安全性。

应该考虑以下控制措施。

① 员工只有在有必要的时候才应该知道安全区的存在或其内的活动。

② 在安全区内应该避免无人值守的活动。

③ 空闲的安全区应该关门上锁并定期检查。

④ 第三方服务人员只有在必要时才应该被允许有限制地访问安全区或者敏感信息处理设备，这种访问应该经过授权并接受监督。在安全防护带内，具有不同安全要求的区域之间需要设置控制访问的额外屏障和防护带。

⑤ 只有经授权，才允许使用照相、录像、录音或者其他记录设备。

（5）隔离安全区

交接区应该予以控制，必要时与信息处理设备隔离，以避免未经授权的访问，此类区域的安全要求应该由评估出来的风险决定。

可以考虑以下控制措施。

① 从建筑物外对接货区的访问应限于经过确认和授权的人。

② 应该将接货区设计成送货员能够卸货但却无法访问建筑物安全防护区。

③ 当接待区的内门打开时，外门应该是安全的。

④ 进入的物品在从接货区转移到使用地点之前应该接受检查，以防止潜在的危险。

⑤ 如有必要，进入的物品应该在入口处登记备案。

2. 设备安全

应该在物理上保护设备免受安全威胁和环境危害，并考虑设备的放置和布局，以降低对数据未经授权的访问风险以及防止丢失或损坏。

（1）设备放置和保护

合理放置和保护设备应该考虑以下控制措施：

① 放置设备的工作区应该避免不必要的参观访问。

② 敏感数据的信息处理和存储设备应该妥善放置。

③ 需要特殊保护的设备或物品应该隔离放置，以降低总体保护等级。

④ 尽量避免潜在威胁的风险，包括偷窃、火灾、爆炸、烟雾、供水故障、灰尘、震动、化学反应、电源干扰、电磁辐射等。

⑤ 禁止在信息处理设备附近饮食或吸烟等行为。

⑥ 对于可能对信息管理设备的运行有负面影响的环境条件应该进行监控。

⑦ 考虑在工业环境下设备的特殊保护方法。

⑧ 考虑发生在临近区域的灾害的影响，如临近建筑物着火、天花板漏水、低于地平面的地面渗水或临街爆炸等。

（2）供电设施安全

应该保护供电设施以防止电源中断和其他与电有关的异常情况，根据设备制造商的说明保证合适的电力供应。

实现不间断供电的可选措施包括以下几个方面。

① 多条线路供电。

② 配备不间断电源（UPS）。

③ 配备备用发电装置。

④ 配备电源净化装置。

在支持关键业务运行的设备上，推荐使用不间断电源（UPS），以保证设备的正常关机或持续运转。UPS 设备应该定期检查，以确保其有足够的电量，并按照制造商的建议进行测试。还应该包括在 UPS 失效时所采取的应急行动。

在长时间停电的环境中，应该考虑备用发电装置。发电机应该按照制造商的说明定期检测，并保证有足够的燃料供应，以确保发电机能够长时间工作。

另外，紧急电源开关应该位于设备室紧急出口附近，以便在危急情况下迅速切断电源。在电源发生故障时，应该提供应急照明设备。应该对所有建筑物采用雷电防护装置，并在所有外部通信线路上安装雷电防护过滤器。

（3）电缆安全

应该保护传送数据或支持信息服务的电源和通信电缆，防止窃听或损坏。应该考虑以下控制措施。

① 如有可能，接入信息处理设备的电源和通信线路应该铺设在地下管网内，或者采取其他安

全保护措施避免暴露。

② 应该保护通信电缆以防止搭线窃听或破坏，例如，通过使用电缆屏蔽管道和避免电缆通过公共区域。

③ 电力电缆应该与通信电缆隔离，并保证安全距离以防干扰。

④ 对于敏感或者关键系统，需要考虑附加的控制措施，包括在监控点和端点处安装坚固的管道以及给房间或柜子上锁、使用可替换的路由选择或传输介质、使用光纤电缆、扫描监视未经授权而连接在电缆上的设备。

（4）设备维护

正确地维护设备以确保其具备持续的可用性和完整性，应该考虑以下控制措施。

① 设备应该按照供应商推荐的服务周期和规定进行维护。

② 只有经过授权的维护人员才能够修理和保养设备。

③ 应该对所有可疑的和确认的故障以及所有预防和纠正措施进行完整记录。

④ 在将设备送到组织外维护时，应该选择定点授权单位，并采取适当的控制措施。

（5）场所外设备的安全

信息处理的设备运行在组织场所外必须经管理者授权批准。考虑到设备在组织外运行的风险，所提供的保护应该等同于组织内相同用途的设备。应该考虑以下指导原则。

① 从组织带出的设备和介质不应留在无可靠人员看管的公共场所，旅行途中移动设备应该随身携带并加以适当掩饰。

② 应该始终遵从生产商对设备保护的规定，如设备不暴露于强电磁场等。

③ 对用于家庭工作设备的控制应该通过风险评估，并采取合适的措施，如文件柜上锁、清空桌面以及控制对计算机的访问等。

损坏、被盗和窃听的安全风险在不同地点差别很大，应该考虑适合不同环境的恰当的控制措施。

（6）设备的安全处置或再启用

草率地处置或再启用设备可能泄露信息。存储敏感信息的存储设备应该从物理上销毁或安全地重写，而不是使用一般的删除功能。

带存储介质的所有信息处理设备处置前应该仔细检查，以确保任何敏感数据和授权软件在处置前已经被清除或重写。被损坏的存有敏感信息的存储设备，需要经过风险评估后决定其是否应该销毁、修理或者丢弃。

3. 日常性控制措施

日常性的控制措施应该到位，以尽量减少所保护信息和信息处理设备的损失或损坏。

（1）清空桌面和清屏

组织应考虑对文件以及便携式的存储介质采取桌面清空策略，防止遗留在桌面；对信息处理设备采取清屏策略，以降低在正常工作时间以外信息未经授权的访问、丢失和损坏风险。此策略应该考虑信息安全等级、相应的风险和组织文化等方面的因素。

留在桌面上的信息存储介质也有可能被诸如火灾、水灾或者爆炸等灾害损坏或销毁。日常性控制措施有以下几个方面。

① 适当情况下，文件和计算机介质处在不同状态时，特别是在工作时间以外，应存放在适当的上锁柜子或者其他的安全设备中。

② 敏感或者关键业务信息在不使用时，尤其是办公室无人看管时，应该妥善存放。

③ 个人计算机、计算机终端和打印机，在无人看管时不应处于登录状态，不用时应采用键盘锁或其他的控制措施加以保护。

④ 收发信件的场所、无人看管的传真机和电传机应该加以保护和监视。

⑤ 下班后应将复印机上锁，防止未经授权的使用。

⑥ 敏感或机密信息打印完后，应该立即从打印机存储区中将其清除。

（2）资产的转移

设备、信息或者软件未经授权不应该带离原场所；有必要带离时，设备应该先行注销并在带回时再注销。应该建立抽查制度，以检查财产的非授权移动。

本章总结

人们常说，实现信息安全，“三分靠技术，七分靠管理”。信息安全管理是把分散的技术和人为因素通过规则和制度的形式统一协调整合为一体，是获得信息安全保障能力的重要手段，也是构建信息安全体系非常重要的一个环节。

信息安全管理涉及的内容非常庞杂，本章重点介绍了信息安全管理的以下几个方面：信息安全分级保护技术，信息安全管理的指导原则，安全过程管理与OSI安全管理，信息安全管理要素和管理模型，信息安全风险评估技术，身份管理技术，人员管理和物理环境安全。当然，信息安全管理涉及管理方法、实现技术、规章制度等多方面因素，需要高度重视信息安全管理在实现信息系统安全中的作用。

思考与练习

1. 风险评估的基本过程是什么？
2. 信息安全管理的指导原则有哪些？
3. 身份管理模型中，IdP 的作用是什么？
4. 简要说明等级保护的重要性。

第9章 信息安全标准与法律法规

本章概要介绍了信息安全领域国内外相关标准，具体包括：BS 7799 的发展、主要内容及其适用范围，CC 的发展历程及其主要内容，SSE-CMM 的发展史、用途和主要内容、模型架构和应用前景，我国的相关信息安全标准，介绍了重要的国内外标准化组织的概况。同时，介绍了我国在信息安全领域的法制化建设情况以及其他主要国家和组织的信息安全立法情况。

本章的知识要点、重点和难点包括：信息安全标准的主要内容、我国主要的信息安全标准、国内外主要的标准化组织以及国内外在信息安全领域的立法情况。

9.1 概 述

为在一定范围内获得最佳秩序，对活动或其结果规定共同的和重复使用的规则、导则或特性的文件就是标准。标准应以科学技术和经验的综合成果为基础，以促进最佳社会效益为目的。标准文件必须经协商一致并由一个公认的机构批准。

信息技术安全方面的标准化，兴起于 20 世纪 70 年代中期，80 年代有了较快的发展，90 年代引起了世界各国的普遍关注，特别是随着信息数字化和网络化的发展和应用，信息技术的安全技术标准化变得更为重要。因此标准化的范围在拓展，标准化的进程在加快，标准化的成果也在不断涌现。

图 9-1 给出了目前信息安全标准体系框架，该图提供了对信息安全标准整体组成的直观表示。

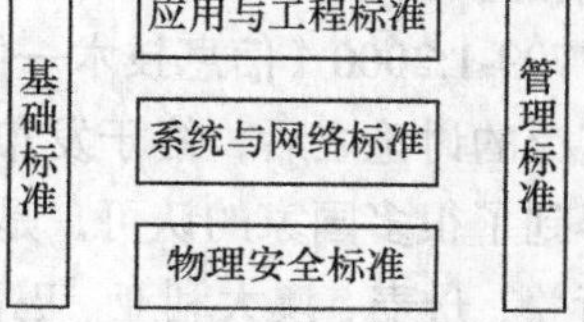

图 9-1 信息安全标准体系框架

基础标准是整个信息安全标准体系的基础部分，并向其他的技术标准提供所需的服务支持。基础标准包括信息安全术语、信息安全体系结构、信息安全框架、信息安全模型、安全技术等。物理安全标准针对物理环境和保障、安全产品、介质安全等提出标准进行规范。系统与网络标准针对软硬件应用平台、网络、安全协议、安全信息交换语法规则、人机接口以及业务应用平台提出安全要求。应用与工程标准则针对安全工程和服务、人员资质、行业应用进行详细规定。管理类标准分为 3 大块：管理基础、系统管理和测评认证。

建立科学的信息安全标准体系，将众多的信息安全标准在此体系下协调一致，才能充分发挥信息安全标准系统的功能，获得良好的系统效应，取得预期的社会效益和经济效益。信息安全标准体系框架描述了信息安全标准整体组成，是整个信息安全标准化工作的指南。在标准框架中，基础标准和管理标准是支持该框架的支柱，物理安全标准、系统与网络标准和应用工程标准也都是组成信息安全保证的重要依据。

信息和网络技术的普及产生了一个虚拟的网络社会，为了保障这个虚拟社会的有序运行和有效管理，许多国家很早就开始了有关信息安全的法律法规的制定工作。近年来，在我国，面临着日益严峻的信息安全问题，社会各界强烈呼吁我国出台相关的信息安全法律法规，保护公民在的各种合法的信息权益，保障网络这个虚拟社会的健康发展。为此，我国在信息安全法律法规的制定方面取得了很大的进展和阶段性成果。

9.2 国际安全标准

信息安全技术标准是信息安全产业的重要领域，一直受到国内外的普遍关注，早在1977年，美国国家标准局就正式颁发了世界第一个数据加密标准（DES），随着通信和计算机网络的发展，信息安全的标准化工作也取得了很大的进展。

本节介绍国际上信息安全管理与评估的几个主要标准：BS 7799、CC和SSE-CMM。

9.2.1 BS 7799

（1）BS 7799的发展

英国标准BS7799是目前世界上应用最广泛的典型的信息安全管理标准，它是在BSI/DISC的BDD/2信息安全管理委员会指导下制定完成的。BS 7799标准于1993年由英国贸易工业部立项，于1995年英国首次出版BS 7799-1:1995《信息安全管理实施细则》，它提供了一套综合的、由信息安全最佳惯例组成的实施规则，其目的是作为确定工商业信息系统在大多数情况所需控制范围的参考基准，并且适用于大、中、小组织。1998年，英国公布标准的第二部分BS 7799-2《信息安全管理体系规范》，它规定信息安全管理体系要求与信息安全控制要求，它是一个组织的全面或部分信息安全管理体系评估的基础，它可以作为一个正式认证方案的根据。BS 7799-1与BS 7799-2经过修订于1999年重新予以发布，1999年版考虑了信息处理技术，尤其是在网络和通信领域应用的近期发展，同时还非常强调了商务涉及的信息安全及信息安全的责任。2000年12月，BS 7799-1:1999《信息安全管理实施细则》通过了国际标准化组织ISO的认可，正式成为国际标准——ISO/IEC 17799-1:2000《信息技术—信息安全管理实施细则》。2002年9月5日，BS 7799-2:2002草案经过广泛的讨论之后，终于发布成为正式标准，同时BS 7799-2:1999被废止。现在，BS 7799标准已得到了很多国家的认可，是国际上具有代表性的信息安全管理体系标准。目前除英国之外，还有荷兰、丹麦、澳大利亚、巴西等国已同意使用该标准；日本、瑞士、卢森堡等国也表示对BS 7799标准感兴趣；中国台湾、香港地区也在推广该标准。许多国家的政府机构、银行、证券、保险公司、电信运营商、网络公司及许多跨国公司已采用了此标准对自己的信息安全进行系统的管理，依据BS 7799-2:2002建立信息安全管理体系并获得认证正成为世界潮流。在某些行业（如IC和软件外包），信息安全管理体系认证已成为一些客户的要求条件之一。例如，著名跨国公司IBM、NOKIA对其合作方就提出了信息安全认证的要求。

BS 7799标准提供一个开发组织安全标准、有效实施安全管理的公共基础，还提供了组织间交易的可信度。该标准第一部分为组织管理者提供了信息安全管理的实施惯例，如信息与软件交换和处理的安全规定、设备的安全配置管理、安全区域进出的控制等一些很容易理解的问题。这恰巧符合信息安全的“七分管理，三分技术”的原则。这些管理规定一般的单位都可以制定，但要想达到 BS 7799 的全面性则需要一番努力。在信息安全管理方面，BS 7799 的地位是其他标准无法取代的。总的来说，BS 7799 涵盖了安全管理所应涉及的方方面面，全面而不失可操作性，提供了一个可持续提高的信息安全管理环境。推广信息安全管理标准的关键在重视程度和制度落实方面，但是 BS 7799 标准里描述的所有控制方式并非都适合于每种情况，它不可能将当地系统、环境和技术限制考虑在内，也不可能适合一个组织中的每个潜在的用户，因此，这个标准还需在进一步的指导下加以补充。

（2）使用 BS 7799 标准建立信息安全管理体系

组织可以参照信息安全管理模型，按照先进的信息安全管理标准 BS 7799 建立组织完整的信息安全管理体系并实施与保持，达到动态的、系统的、全员参与、制度化的、以预防为主的信息安全管理方式，用最低的成本，达到可接受的信息安全水平，从根本上保持业务的连续性。

组织建立、实施与保持信息安全管理体系将会产生如下作用：强化员工的信息安全意识，规范组织信息安全行为；对组织的关键信息资产进行全面系统的保护，维持竞争优势；在信息系统受到侵袭时，确保业务持续开展并将损失降到最低程度；使组织的生意伙伴和客户对组织充满信心；如果通过体系认证，就表明体系符合标准，证明组织有能力保障重要信息，提高组织的知名度与信任度；促使管理层坚持贯彻信息安全保障体系。

（3）BS 7799 的应用范围

BS 7799 分两个部分，第一部分，也就是纳入到 ISO/IEC 17799:2000 标准的部分，BS 7799-1:1999《信息安全管理实施细则》（Code of Practice for Information Security Management），是组织建立并实施信息安全管理体系的一个指导性的准则，主要为组织制定其信息安全标准和进行有效的信息安全控制提供一个大众化的最佳惯例，推进企业间的贸易往来，尤其是为使用电子商务的企业对共享信息的安全问题提供信任，供负责信息安全系统开发的人员作为参考使用。第一部分 10 个标题，分别是：信息安全方针、安全组织、资产分类与控制、人员安全、物理与环境安全、通信与运营安全、访问控制、系统开发与维护、业务持续性管理和符合性。10 个标题下共定义了 127 个安全控制。

第二部分，BS 7799-2:1999《信息安全管理体系规范》（Specification for Information Security Management Systems）是建立信息安全管理体系（Information Security Management Systems，ISMS）的一套规范，其中详细说明了建立、实施和维护信息安全管理系统的要求，指出实施机构应该遵循的风险评估标准。该标准适用于以下情况：组织可以按照标准要求建立并实施信息安全管理体系，进行有效的信息安全风险管理，确保商务可持续性发展；作为寻求信息安全管理体系第三方认证的标准。当然，如果要得到 BSI 最终的认证（对依据 BS 7799-2 建立的 ISMS 进行认证），还有一系列相应的注册认证过程。

BS 7799 标准第二部分明确提出安全控制要求，标准第一部分对应给出了通用的控制方法（措施）。因此可以说，第一部分为第二部分的具体实施提供了指南，两个标准中控制方式章节的对照如表 9-1 所示。

表 9-1　　两个标准控制方式章节的对照

控制方式内容	BS 7799-1:1999	BS 7799-2:1999
信息安全方针	3	4.1
安全组织	4	4.2
资产分类与控制	5	4.3

续表

控制方式内容	BS 7799-1:1999	BS 7799-2:1999
人员安全	6	4.4
物理与环境安全	7	4.5
通信与运营安全	8	4.6
访问控制	9	4.7
系统开发与维护	10	4.8
业务持续性管理	11	4.9
符合性	12	4.10

9.2.2 CC

本节我们来介绍信息技术安全性评估的标准——信息技术安全性评估通用准则（Common Criteria，CC），通常简称通用准则，也即是国际标准 ISO/IEC 15408-99，该标准是评估信息技术产品和系统安全特性的基础准则。它是在 TESEC、ITSEC、CTCPEC、FC 等信息安全标准的基础上综合形成的，通过建立信息技术安全性评估的通用准则库，使得其评估结果能被更多的人理解、信任，并且让各种独立的安全评估结果具有可比性，从而达到互相认可的目的。

此标准是现阶段最完善的信息技术安全性评估标准，我国也采用这一标准（GB/T 18336）对产品、系统和系统方案进行测试、评估和认证。

（1）CC 的主要用户

① 消费者

当消费者选择 IT 安全要求来表达他们的组织需求时，CC 起到重要的技术支持作用。当作为信息技术安全性需求的基础和制作依据时，CC 能确保评估满足消费者的需求。

消费者可以用评估结果来决定一个已评估的产品和系统是否满足他们的安全需求。这些需求就是风险分析和政策导向的结果。消费者也可以用评估结果来比较不同的产品和系统。

CC 为消费者（尤其是消费者群和利益共同体）提供了一个独立于实现的框架，命名为“保护轮廓”（PP），用户在保护轮廓里表明他们对评估对象中 IT 安全措施的特殊需求。

② 开发者

CC 为开发者在准备和参与评估产品或系统以及确定每种产品和系统要满足安全需求方面提供支持。只要有一个互相认可的评价方法和双方对评价结果的认可协定，CC 还可以在准备和参与对开发者的评估对象（TOE）评价方面支持除 TOE 开发者之外的其他人。

CC 还可以通过评价特殊的安全功能和保证来证明 TOE 确实实现了特定的安全需求。每一个 TOE 的安全需求都包含在一个名为“安全目标”（ST）的概念中，广泛的消费者基础需求由一个或多个 PP 提供。

③ 评估者

当要做出 TOE 及其安全需求一致性判断时，CC 为评估者提供了评估准则。CC 描述了评估者执行的系列通用功能和完成这些功能所需的安全功能。

（2）CC 的组成

CC 由一系列截然不同但又相互关联的部分组成，定义了一套能满足各种需求的 IT 安全准则，整个标准分为 3 部分，其基本构成如图 9-2 所示。

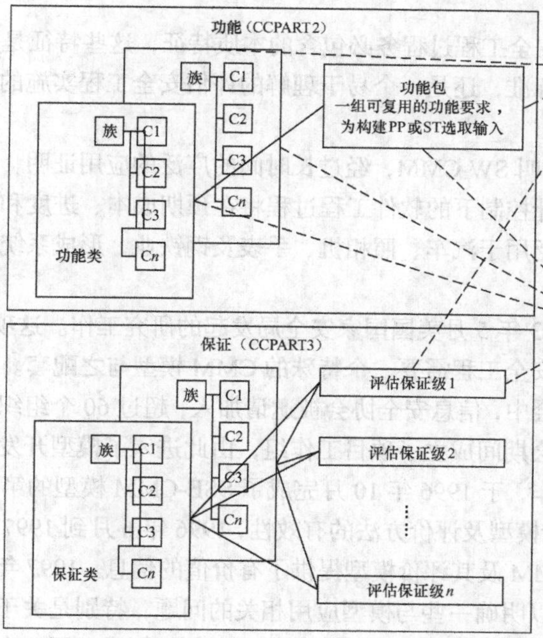

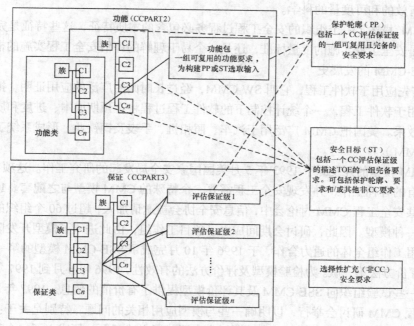

图 9-2 CC 各部分及其关系

第一部分——简介和一般模型，正文介绍了 CC 中的有关术语、基本概念和一般模型以及与评估有关的一些框架，附录部分主要介绍保护轮廓（PP）和安全目标（ST）的基本内容。

第二部分——安全功能要求，按“类-子类-组件”的方式提出安全功能要求，每一个类除正文外，还有对应的提示性附录作进一步解释。

第三部分——安全保证要求，定义了评估保证级别，建立了一系列安全保证组件作为表示 TOE 保证要求的准则方法。第三部分列出了一系列保证组件、族和类。第三部分也定义了 PP 和 ST 的评估准则，并提出了评估保证级别。

CC 的 3 个部分相互依存，缺一不可。其中，第一部分是介绍 CC 的基本概念和基本原理，第二部分提出了技术要求，第三部分提出了非技术要求和对开发过程、工程过程的要求。这三部分的有机结合具体体现在 PP 和 ST 中，PP 和 ST 的概念和原理由第一部分介绍，在第二部分和第三部分，分别详细介绍了为实现 PP 和 ST 所需要的安全功能要求和安全保证要求，并对安全保证要求进行了等级划分（共分为 7 个等级）。与传统的软件系统设计相比较，PP 实际上就是安全需求的完整表示，ST 则是通常所说的安全方案，PP 和 ST 的安全功能要求和安全保证要求在第二、三部分选取，这些安全要求的完备性和一致性由第二、三两部分保证。CC 的中心内容是：当在 PP 和 ST 中描述 TOE 的安全要求时，应尽可能使其与第二部分描述的安全功能组件和第三部分描述的安全保证组件相一致。对于安全功能要求，CC 虽然没有进行明确的等级划分，但是在对每一类功能进行具体描述时，要求上还是有差别的。

9.2.3 SSE-CMM

系统安全工程能力成熟模型简写为 SSE-CMM，是原英文 Systems Security Engineering Capability Maturity Model 的缩写。它是一个模型，正如开放系统互连参考模型（OSI）一样，它指导着系统安全工程的完善和改进，使系统安全工程成为一个清晰定义的、成熟的、可管理的、可控制的、有效的和可度量的科学。

SSE-CMM 描述了一个组织的安全工程过程务必包含的本质特征，这些特征是完善安全工程的保证，也是安全工程实施的度量标准，还是一个易于理解的评估安全工程实施的框架。

（1）SSE-CMM 的发展史

CMM 首先应用于软件工程，它叫 SW-CMM，经过长时间的广泛的应用证明，把统计过程控制的概念应用于软件工程，一个统计控制下的软件工程过程将在预期成本、进度和质量范围内产生出预期的效果。美国把 CMM 广泛用于汽车、照相机、手表及钢铁业，形成系统工程能力成熟模型（SE-CMM）。

SSE-CMM 模型的开发源于 1993 年 5 月美国国家安全局发起的研究工作。这项工作用 CMM 模型研究现有的各种工作，并发现安全工程需要一个特殊的 CMM 模型与之配套。1995 年 1 月，在第一次公共安全工程 CMM 讨论会中，信息安全协会被邀请加入，超过 60 个组织的代表再次确认需要这样一种模型。因此，研讨会期间成立了项目工作组，由此进入了模型开发阶段。通过项目领导、应用工作组全体的通力合作，于 1996 年 10 月完成了 SSE-CMM 模型的第一版，1997 年 5 月完成了评价方法第一版。为检验模型及评价方法的有效性，1996 年 6 月到 1997 年 6 月进行了试验工作。一些试验组织向 SSE-CMM 及其评价模型提供了有价值的信息。1997 年 8 月，第二次公共安全工程 CMM 研讨会举行，以明确一些与模型应用相关的问题，特别是关于：获取领域、过程改善、产品及系统的安全保证。由于研讨会中明确了上述问题，便成立了一个新的工作组以直接落实这些问题，于 1999 年 4 月完成了 SSE-CMM 模型的第二版。

（2）SSE-CMM 的用途和内容

SSE-CMM 确定了一个评价安全工程实施的综合框架，提供了度量与改善安全工程学科应用情况的方法。SSE-CMM 项目的目标是将安全工程发展为一整套有定义的、成熟的及可度量的学科。SSE-CMM 模型及其评价方法可达到以下几个目的。

① 将投资主要集中于安全工程工具开发、人员培训、过程定义、管理活动及改善等方面。

② 基于能力的保证，也就是说这种可信性建立在对一个工程组的安全实施与过程的成熟性的信任之上。

③ 通过比较竞标者的能力水平及相关风险，可有效地选择合格的安全工程实施者。

系统安全工程能力成熟模型（SSE-CMM）描述的是为确保实施较好的安全工程，一个组织的安全工程过程必须具备的特征。SSE-CMM 描述的对象不是具体的过程或结果，而是工业中的一般实施。这个模型是安全工程实施的标准，它主要涵盖以下内容。

① SSE-CMM 强调的是分布于整个安全工程生命周期中各个环节的安全工程活动。包括概念定义、需求分析、设计、开发、集成、安装、运行、维护及更新。

② SSE-CMM 应用于安全产品开发者、安全系统开发者及集成者，还包括提供安全服务与安全工程的组织。

③ SSE-CMM 适用于各种类型、规模的安全工程组织，如商业、政府及学术界。

尽管 SSE-CMM 模型是一个用以改善和评估安全工程能力的独特模型，但这并不意味着安全工程将游离于其他工程领域之外进行实施。SSE-CMM 模型强调的一种集成，它认为安全性问题存在于各种工程领域之中，同时也包含在模型的各个组件之中。

（3）SSE-CMM 的模型结构

SSE-CMM 的结构被设计以用于确认一个安全工程组织中某安全工程各领域过程的成熟度。

这种结构的目标就是将安全工程的基础特性与管理制度特性区分清楚。为确保这种区分，模型中建立了两个维度——“域维”和“能力维”，如图 9-3 所示。“域维”包含所有集中定义安全过程的实施，这些实施被称作“基础实施”。“能力维”代表反映过程管理与制度能力的实施。这些实施被称作“一般实施”，这是由于它们被应用于广泛的领域。“一般实施”应该作为执行“基础实施”的一种补充。SSE-CMM 模型中大约含 60 个基础实施，被分为 11 个系统安全工程过程域（简称 PA）PA01～PA11 和 11 个与项目和组织相关的过程域 PA12～PA22，这些过程域覆盖了安全工程的所有主要领域。基础实施是从现存的很大范围内的材料、实施活动、专家见解之中采集而来的，是强制性项目，即当且仅当一个过程域的所有基本实践都被成功地实现才算达到了它们所隶属的过程域的目标，否则认为该过程没有被完全执行。另外，虽然每个过程域都有一个顺序编号，但并不意味这些过程域在实施时要按照这种顺序执行。事实上，工程组织不但不需要按这些顺序来执行和评估过程域，甚至可以对这些过程域进行筛选和剪裁，只要满足自身的安全需求即可。

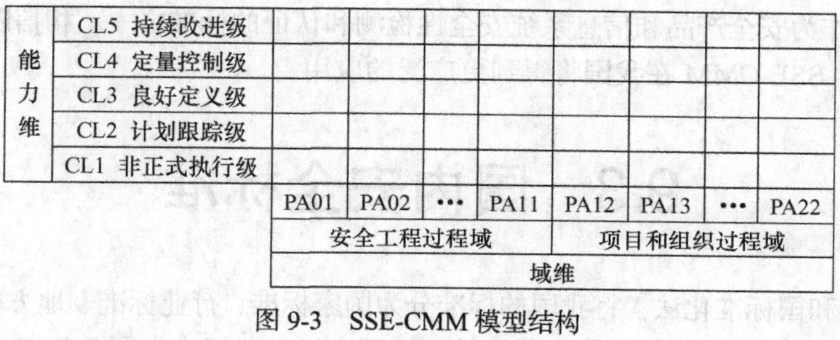

图 9-3　SSE-CMM 模型结构

“一般实施”是一些应用于所有过程的活动。它们强调一个过程的管理、度量与制度方面。一般而言，在评估一个组织执行某过程的能力时要用到这些实施。一般实施被分组成若干个被称作“共同特征”的逻辑区域，这些“共同特征“又被分作 5 个能力水平，分别代表组织能力的不同层次，每一个级别都包含一个或几个反映此能力级别特性的公共特性（简称 CF）。能力维的作用就是用于评价过程域执行情况，只有某地级别的所有公共特性都得以实现时，才说明该过程域达到了相应的能力级别。与域维中的基础实施不同的是，能力维中的一般实施是根据成熟性进行排序的。因此，代表较高过程能力的一般实施会位于能力维的顶层。

SSE-CMM 模型的 5 个能力水平如下。

级别 1：“非正式执行级”（Performed Informally）。这一级别将焦点集中于一个组织是否将一个过程所含的所有基础实施都执行了。

级别 2：“计划跟踪级”（Planned and Tracked）。主要集中于项目级别的定义、计划与实施问题。

级别 3：“良好定义级”（Well Defined）。集中于在组织的层次上有原则地将对已定义过程进行筛选。

级别 4：“定量控制级”（Quantitatively Controlled）。焦点在于与组织的商业目标相结合的度量方法。尽管在起始阶段就对项目进行度量十分必要，但这并不是在整个组织范围内进行的度量。直到组织已达到一个较高的能力水平时才可以进行整个组织范围内的度量。

级别 5：“持续改进级”（Continuously Improving）。在前几个级别进行之后，我们从所有的管理实施的改进中已经收到成效。这时需要强调必须对组织文化进行适当调整以支撑所获得的成果。

（4）SSE-CMM 的应用及其前景

SSE-CMM 模型适用于所有从事某种形式安全工程的组织，而不必考虑产品的生命周期、组织的规模、领域及特殊性。这一模型通常以下述 3 种方式来应用。

“过程改善”——可以使一个安全工程组织对其安全工程能力的级别有一个认识，于是可设计出改善的安全工程过程，这样就可以提高他们的安全工程能力。

“能力评估”——使一个客户组织可以了解其提供商的安全工程过程能力。

“保证”——通过声明提供一个成熟过程所应具有的各种依据，使得产品、系统、服务更具可信性。

目前，SSE-CMM 已经成为西方发达国家政府、军队和要害部门组织和实施安全工程的通用方法，是系统安全工程领域里成熟的方法体系，在理论研究和实际应用方面具有举足轻重的作用。在模型的应用方面，Texas Instruments（美）和参与模型建立的一些公司采用该模型指导安全工程活动，可以在提供过程能力的同时有效地降低成本。我国国家及军队信息安全测评认证中心已准备将 SSE-CMM 作为安全产品和信息系统安全性检测和认证的标准之一。相信随着对 SSE-CMM 的更进一步研究，SSE-CMM 在我国将得到更广泛的应用。

9.3 国内安全标准

《中华人民共和国标准化法》将我国的标准分为国家标准、行业标准、地方标准、企业标准 4 级。我国的国家标准由国务院标准化行政主管部门制定；行业标准由国务院有关行政主管部门制定；地方标准由省、自治区和直辖市标准化行政主管部门制定；企业标准由企业自己制定。

我们国家的信息安全从保密技术、难度、标准的特点出发，将信息安全保密标准分 3 级，第一级国家标准，第二级国家军队标准，第三级国家保密标准。在这 3 级标准中，国家保密标准最高。其他标准还包括：公共安全行业标准（GA）。

我国信息安全标准在相关标准化组织的有效领导下，取得了长足的发展，颁布了多项标准，国家标准、军队标准、行业标准对信息安全领域均有涉及，大致从以下物理安全、密码及安全算法、安全技术及安全机制、开放系统互连、边界保护、信息安全评估等几方面规定了信息安全的不同技术要求。本节介绍一些常用的国内计算机信息系统相关安全标准，在本节最后给出主要标准目录供读者参考。

9.3.1 计算机信息系统安全保护等级划分简介

（1）GB 17859-1999

为了提高我国计算机系统安全保护水平，以确保社会政治稳定和经济建设的顺利进行，公安部提出并组织制定了强制性国家标准《计算机信息系统安全保护等级划分准则》（GB 17859-1999），该准则于 1999 年 9 月 13 日经国家质量技术监督局发布，并于 2001 年 1 月 1 日起实施。

《计算机信息系统安全保护等级划分准则》是建立安全等级保护制度、实施安全等级管理的重要基础性标准。它将计算机信息系统安全保护划分为 5 个级别，通过规范、科学和公正的评定和监督管理，一是为计算机信息系统安全等级保护管理法规的制定和执法部门的监督检查提供依据；二是为计算机信息系统安全产品的研制提供技术支持；三是为安全系统的建设和管理提供技术指导。

《计算机信息系统安全保护等级划分准则》中明确规定了计算机系统安全保护能力的 5 个等级，即：

第一级：用户自主保护级。

第二级：系统审计保护级。

第三级：安全标记保护级。

第四级：结构化保护级。

第五级：访问验证保护级。

《计算机信息系统安全保护等级划分准则》定义了计算机信息系统、计算机信息系统可信计算基、客体、主体、敏感标记、安全策略、信道、隐蔽信道、访问监控器，对 5 个等级的细则进行了详细描述。GB-17859—1999 适用计算机信息系统安全保护技术能力等级的划分，计算机信息系统安全保护能力随着安全保护等级的增高，逐渐增强。

（2）GA/T390—2002

公安部于 2002 年 7 月 18 日公布并实施《计算机信息系统安全等级保护通用技术要求》（GA/T 390—2002）。《计算机信息系统安全等级保护通用技术要求》作为计算机信息系统安全等级保护要求系列明确的基础标准，详细说明了计算机信息系统为实现 GB17859 所提出的安全等级要求应采取的通用安全技术，以及为确保这些安全技术所实现的安全功能达到其应具有的安全性而采取的保证措施，并将对计算机信息系统 5 个安全保护等级中每一级的要求从技术要求方面进行详细描述。

《计算机信息系统安全等级保护通用技术要求》主要内容包括以下几个方面：

1）安全功能技术要求，包括物理安全、运行安全和信息安全。

2）安全保证技术包括可信计算基（Trusted Computing Base，TCB）自身安全保护、TCB 设计和实现、TCB 安全管理。

3）5 个安全等级划分要求技术方面的细则。

（3）GA/T 388—2002

公安部于 2002 年 7 月 18 日公布并实施《计算机信息系统安全等级保护操作系统技术要求》（GA/T 388—2002）。《计算机信息系统安全等级保护操作系统技术要求》作为计算机信息系统安全等级保护要求系列标准的重要组成部分之一，用于指导设计者如何设计和实现具有所需要的安全等级的操作系统，主要从对操作系统的安全等级进行划分来说明其技术要求，即主要说明为实现 GB 17859 所提出的安全等级要求，对操作系统应采取的安全技术措施，以及各安全技术要求在不同安全级中具体实现的差异。对计算机信息系统 5 个安全保护等级中每一级的安全功能技术要求和安全保证技术要求进行详细描述。

《计算机信息系统安全等级保护操作系统技术要求》的主要内容包括操作系统安全技术要求和 5 个安全等级划分要求技术方面的细则两方面内容。其中，操作系统安全技术要求包括：标记和访问控制、身份鉴别、客体重用、审计、数据完整性、隐蔽通道分析、可信恢复、可信路径。

（4）GA/T 389—2002

公安部于 2002 年 7 月 18 日公布并实施《计算机信息系统安全等级保护数据库管理系统技术要求》（GA/T 389—2002）。《计算机信息系统安全等级保护数据库管理系统技术要求》作为计算机信息系统安全等级保护要求系列标准的重要组成部分之一，用于指导设计者如何设计和实现具有所需要的安全等级的数据库管理系统，主要从对数据库管理系统的安全等级进行划分来说明其技术要求，即主要说明为实现 GB 17859 所提出的安全等级要求，对数据库管理系统应采取的安全技术措施，以及各安全技术要求在不同安全级中具体实现的差异。对计算机信息系统 5 个安全保护等级中每一级的安全功能技术要求和安全保证技术要求进行详细描述。

《计算机信息系统安全等级保护数据库管理系统技术要求》的主要内容包括：数据库管理系统安全技术要求和5个安全等级划分要求技术方面的细则两方面内容。其中，数据库管理系统安全技术要求包括：身份鉴别、标记和访问控制、数据完整性、数据库安全审计、客体重用、数据库可信恢复、隐蔽信道分析、可信路径、推理控制。

（5）GA/T 387—2002

公安部于2002年7月18日公布并实施《计算机信息系统安全等级保护网络技术要求》（GA/T 387—2002）。《计算机信息系统安全等级保护网络技术要求》作为计算机信息系统安全等级保护要求系列标准的重要组成部分之一，用于指导设计者如何设计和实现具有所需要的安全等级的网络系统，主要从对网络安全等级的划分来说明其技术要求，即主要说明为实现GB 17859所提出的安全等级要求，对网络系统应采取的安全技术措施，以及各安全技术要求在不同安全等级中具体实现的差异。对计算机信息系统5个安全保护等级中每一级的安全功能技术要求和安全保证技术要求进行详细描述。

《计算机信息系统安全等级保护网络技术要求》的主要内容包括以下几方面。

1）简单描述了关于安全等级划分、主体、客体、TCB、密码技术、建立网络安全的一般要求，以及网络安全组成与相互关系。

2）详细描述了网络基本安全技术，包括自主访问控制、强制访问控制、标记、用户身份鉴别、剩余信息保护、安全审计、数据完整性、隐蔽信道分析、可信路径、可信恢复、抗抵赖、密码支持等。

3）详细描述了网络安全技术要求。

4）5个安全等级划分要求技术方面的细则。

（6）GA/T 391—2002

公安部于2002年7月18日公布并实施《计算机信息系统安全等级保护管理要求》（GA/T 391—2002）。《计算机信息系统安全等级保护管理要求》作为GB 17859的管理要求，是根据《中华人民共和国计算机信息系统安全保护条例》的规定编写的。GA/T 391—2002是GB 17859的配套标准中重要的标准之一，与上述所介绍的技术要求、工程要求和评估要求共同组成计算机信息系统的安全等级保护体系。计算机信息系统的安全等级保护体系从计算机信息系统的管理层面、物理层面、系统层面、网络层面、应用层面和运行层面对计算机信息系统资源实施保护，作为计算机信息系统安全保护的支撑服务。其中，管理层面贯穿其他5个层面，是其他5个层面实施安全等级保护的保证。

《计算机信息系统安全等级保护管理要求》主要内容包括：简单描述了信息系统安全管理的内涵、主要安全要素、信息系统安全管理的基本原则、安全管理的过程、安全管理组织、人员安全、安全管理制度等，以及5个安全等级划分要求管理方面的细则等的内容。

9.3.2 其他计算机信息安全标准

（1）GA 163—1997《计算机信息系统安全专用产品分类原则》

为配合《计算机信息系统安全专用产品检测和销售许可证管理办法》的实施，1997年4月21日，公安部发布了《计算机信息系统安全专用产品分类原则》（GA 163—1997）（Classification of Security Production Computer Information Systems），于1997年7月1日起实施。

《计算机信息系统安全专用产品分类原则》标准共包括4个方面的内容：标准所适用范围、标准所采用的分类原则、定义相关的概念以及标准所确立的类别体系。

《计算机信息系统安全专用产品分类原则》规定了计算机信息系统安全专用产品的分类原则，

适用于保护计算机信息系统安全专用产品，涉及实体安全、运行安全和信息安全 3 个方面。实体安全包括环境安全、设备安全和媒体安全 3 个方面；运行安全包括风险分析、审计跟踪、备份与恢复和应急 4 个方面；信息安全包括操作系统安全、数据库安全、网络安全、病毒防护、访问控制、加密和鉴别 7 个方面。

为了保证分类体系的科学性，应遵循如下原则。

1）适度的前瞻性。

2）标准的可操作性。

3）分类体系的完整性。

4）与传统的兼容性。

5）按产品功能分类。

（2）GB 9361—88《计算机场地安全要求》

中华人民共和国国家标准《计算机场地安全要求》（GB 9361—88：Safety Requirements for Computation Centerfield）由中国科学院计算机技术研究所起草，原中华人民共和国电子工业部于 1988 年 4 月 26 日批准，1988 年 10 月 1 日实施。

《计算机场地安全要求》规定了计算机场地的安全要求，定义了与计算机场地相关的概念，规范计算机场地的安全等级，确定了对计算机场地的建设安装装修等各个方面的要求。

计算机场地包括计算机系统的安置地点、计算机供电、空调以及该系统维修和工作人员的工作场所。该标准适用于各类地面计算站、不建站的地面计算机机房、改建的计算机机房和非地面计算机机房等。计算机机房是计算站场地最主要的房间，是放置计算机系统主要设备的地点。计算机机房的安全要求如表 9-2 所示。

计算机机房的安全分为 A 类、B 类和 C 类 3 个基本类别。

1）A 类：对计算机机房的安全有严格的要求，有完善的计算机机房安全措施。

2）B 类：对计算机机房的安全有较严格的要求，有较完善的计算机机房安全措施。

3）C 类：对计算机机房的安全有基本的要求，有基本的计算机机房安全措施。

表 9-2 计算机机房的安全要求

安全类别 / 安全项目	C 类安全机房	B 类安全机房	A 类安全机房
场地选择	−	+	+
防火	+	+	+
内部装修	−	+	+
供配电系统	−	+	+
空调系统	−	+	+
火灾报警及消防设施	−	+	+
防水	−	+	+
防静电	−	−	+
防雷击	−	−	+
防鼠害	−	−	+
电磁波的防护	−	−	+

表中符号说明：−无需要求；＋有要求或增加要求

根据计算机机房安全的要求，机房安全可按某一类执行，也可按某些类综合执行（综合执行是指一个机房可按某些类执行，如某机房按照安全要求可选：电磁波防护 A 类，火灾报警及消防设施 C 类）。

（3）GJB 2646—96《军用计算机安全评估准则》

中华人民共和国国家军用标准《军用计算机安全评估准则》（GJB 2646—96：Military Computer Security Evaluation Criteria）是由国防科学技术工业委员会 1996 年 6 月 4 日发布，于 1996 年 12 月 1 日实施的。《军用计算机安全评估准则》共分 5 个部分：

1）范围，即确定主题内容和适用范围。

2）引用文件，引用 GJB 2255—95《军用计算机安全术语》。

3）定义相关的概念。

4）一般要求，计算机系统安全将通过使用特定的安全特性控制对信息的访问，只有被授权的人或为人服务的操作过程可以对信息进行访问。

5）详细要求，即等级划分和每个等级的安全要求。它划分为 A、B、C、D4 个等级，其中：①D 等：最小保护；②C 等：自主保护，分为 C1 自主安全保护和 C2 可控制访问保护两个级别；③B 等：强制保护，分为 B1 有标号的安全保护、B2 结构化保护和 B3 安全域 3 个级别；④A 等：验证保护，分为 A1 验证设计和超 A1 两个级别。

9.4 相关国家标准目录

物理安全相关国家标准：

① GB 9254—1988《信息技术设备的无线电干扰极限值和测量方法》。

② GB 9361—1988《计算机场地安全要求》。

③ GB 4943—1995《信息技术设备（包括电气事务设备）的安全》。

密码及安全算法相关国家标准：

① GB/T 15277—1994《信息处理 64 bit 分组密码算法的工作方法》。

② GB/T 15278—1994《信息处理 数据加密 物理层可互操作性要求》。

③ GB/T 15851—1995《信息技术 安全技术 带消息恢复的数字签名方案》。

④ GB/T 15852—1995《信息技术 安全技术 用块密码算法作密码校验函数的数据完整性机制》。

⑤ GB/T 185238.1—2000《信息技术 安全技术 散列函数 第 1 部分：概述》。

⑥ GB/T 185238.2—200X《信息技术 安全技术 散列函数 第 2 部分：使用 n-bit 分组密码算法的散列函数》。

⑦ GB/T 185238.3—200X《信息技术 安全技术 散列函数 第 3 部分：专用散列函数》。

安全技术及安全机制相关国家标准：

① GB/T 17903.1—1999《信息技术 安全技术 抗抵赖 第 1 部分：概述》。

② GB/T 17903.2—1999《信息技术 安全技术 抗抵赖 第 2 部分：使用对称技术的机制》。

③ GB/T 17903.3—1999《信息技术 安全技术 抗抵赖 第 3 部分：使用非对称技术的机制》。

④ GB/T 15843.1—1999《信息技术 安全技术 实体鉴别 第 1 部分：概述》。

⑤ GB/T 15843.2—1997《信息技术 安全技术 实体鉴别 第 2 部分：采用非对称加密算法的机制》。

⑥ GB/T 15843.3—1998《信息技术 安全技术 实体鉴别 第 3 部分：采用非对称签名技术的机制》。

⑦ GB/T 15843.4—1999《信息技术 安全技术 实体鉴别 第 4 部分：采用密码校验函数的机制》。

开放系统互连相关国家标准：

① GB/T 9387.2—1995《信息处理系统 开放系统互连 基本参考模型 第 2 部分：安全体系结构》。

② GB/T 17963—2000《信息技术 开放系统互连 网络层安全协议》。

③ GB/T 17965—2000《信息技术 开放系统互连 高层安全模型》。

④ GB/T 17143.7—1997《信息技术 开放系统互连 系统管理 安全报警报告功能》。

⑤ GB/T 17143.8—1997《信息技术 开放系统互连 系统管理 安全审计跟踪功能》。

⑥ GB/T 18231—2000《信息技术 开放系统互连 低层安全模型》。

⑦ GB/T 18237.1—2000《信息技术 开放系统互连 通用高层安全 第 1 部分：概述、模型和记法》。

⑧ GB/T 18237.2—2000《信息技术 开放系统互连 通用高层安全 第 2 部分：安全交换服务元素（SESE）服务定义》。

⑨ GB/T 18237.3—2000《信息技术 开放系统互连 通用高层安全 第 3 部分：安全交换服务元素（SESE）协议规范》。

边界保护相关国家标准：

① GB/T 17900—1999《网络代理服务器的安全技术要求》。

② GB/T 18018—1999《路由器安全技术要求》。

③ GB/T 18019—1999《信息技术 包过滤防火墙安全技术要求》。

④ GB/T 18019—1999《信息技术 应用级防火墙安全技术要求》。

信息安全评估相关国家标准：

① GB 17859—1999《计算机信息安全保护等级划分准则》。

② GB/T 18336.1—2001《信息技术 安全技术 信息技术安全性评估准则 第 1 部分：简介和一般模型》。

③ GB/T 18336.2—2001《信息技术 安全技术 信息技术安全性评估准则 第 1 部分：安全功能要求》。

④ GB/T 18336.3—2001《信息技术 安全技术 信息技术安全性评估准则 第 1 部分：安全保证要求》。

9.5 重要的标准化组织

为适应信息技术的迅猛发展，国内外成立了很多标准化组织，目前国际上有两个重要的标准化组织，即国际标准化组织（ISO）和国际电工委员会（IEC）。ISO/IEC JTC1（第一联合技术委员会）是制定信息技术领域国际标准的机构，下辖 19 个分技术委员会（SC）和 SGFS（功能标准化专门组）等特别工作小组，还有 4 个管理机构（一致性评定特别工作小组、信息技术任务组、注册机构特别工作组和业务分析与计划特别小组）。SC27 负责信息技术和安全技术。P 成员（积极成员）29 个，O 成员（观察成员）27 个，内部联络员 14 个，外部 A 类联络员 3 个，外部 B 类联络员 18 个。P 成员有表决权并承担指定任务；O 成员没有表决权，但有发表意见及参加会议和获得某些文件的权利。中国是 P 成员之一。

美国的信息技术标准主要由 ANSI 和 NAST 制定，其电子工业协会（EIA）和通信工业协会（TIA）也制定了部分信息技术标准。欧洲的 ECMA 主要在世界范围内制定与计算机及计算机应用有关的标准。IETF 主要制定与因特网相关的标准。另外还有 ITU、IEEE、EDTI 和 OMG 等组织制定有关的信息技术标准。我国主要由中国通信标准化协会负责相关的标准制定工作。下面详细介绍这些组织。

9.5.1 国际组织

（1）国际标准化组织 ISO

国际标准化组织（International Organization for Standardization，ISO），是一个全球性的非政府组织，是国际标准化领域中一个十分重要的组织。ISO 成立于 1946 年，当时来自 25 个国家的代表在伦敦召开会议，决定成立一个新的国际组织，以促进国际间的合作和工业标准的统一。于是，ISO 这一新组织于 1947 年 2 月 23 日正式成立，总部设在瑞士的日内瓦。ISO 于 1951 年发布了第一个标准—工业长度测量用标准参考温度。

ISO 的任务是促进全球范围内的标准化及其有关活动，以利于国际间产品与服务的交流，以及在知识、科学、技术和经济活动中发展国际间的相互合作。ISO 的组织机构包括全体大会、主要官员、成员团体、通信成员、捐助成员、政策发展委员会、理事会、ISO 中央秘书处、特别咨询组、技术管理局、标样委员会、技术咨询组和技术委员会等。

ISO 技术工作是高度分散的，分别由 2 700 多个技术委员会（TC）、分技术委员会（SC）和工作组（WG）承担。在这些委员会中，世界范围内的工业界代表、研究机构、政府权威、消费团体和国际组织都作为对等合作者共同讨论全球的标准化问题。管理一个技术委员会的主要责任由一个 ISO 成员团体（诸如 AFNOR、ANSI、BSI、CSBTS、DIN、SIS 等）担任，该成员团体负责日常秘书工作。与 ISO 有联系的国际组织、政府或非政府组织都可参与工作。

国际标准由技术委员会（TC）和分技术委员会（SC）经过 6 个阶段形成。第一阶段：申请阶段；第二阶段：预备阶段；第三阶段：委员会阶段；第四阶段：审查阶段；第五阶段：批准阶段；第六阶段：发布阶段。若在开始阶段提交的文件比较成熟，则可省略其中的一些阶段。

（2）国际电工委员会 IEC

国际电工委员会（International Electrotechnical Commission，IEC）成立于 1906 年，是世界上最早的非政府性国际性电工标准化机构，总部设在日内瓦，是联合国经社理事会（E-COSOC）的甲级咨询组织。IEC 负责有关电工、电子领域的国际标准化工作，其他领域则由 ISO 负责。IEC 的宗旨是促进电工、电子领域中标准化及有关方面问题的国际合作，增进相互了解。IEC 的工作领域包括了电力、电子、电信和原子能方面的电工技术。目前，IEC 成员国包括了大多数的工业发达国家及一部分发展中国家。这些国家拥有世界人口的 80%，其生产和消耗的电能占全世界的 95%，制造和使用电气、电子产品占全世界产量的 90%。

IEC 下设 80 多个标准化技术委员会，已制定标准 4 000 余项。在信息安全技术标准化方面，除了同 ISO 联合建立的 JTC1 下属几个分委员会外，还在电磁兼容等方面成立了技术委员会，并制定了相关的国际标准。

（3）国际电信联盟 ITU

国际电信联盟 ITU（International Telecommunication Union，ITU）是世界各国政府的电信主管部门之间协调电信事务方面的一个国际组织，于 1865 年 5 月 17 日成立于巴黎。ITU 现有成员国 189 个，总部设在日内瓦。ITU 是联合国负责电信事务的专门机构，但在法律上不是联合国附属机构。ITU 的宗旨是：维持和扩大国际合作，以改进和合理地使用电信资源；促进技术设施的发展及其有效运用，以提高电信业务的效率，扩大技术设施的用途，并尽量使公众普遍利用；协调各国行动，以达到上述目的。

ITU 的组织原有全权代表会、行政大会、行政理事会和 4 个常设机构，即总秘书处、国际电报电话咨询委员会（CCITT）、国际无线电咨询委员会（CCIR）和国际频率登记委员会（IFRB）。1993 年 3 月 1 日，ITU 第一次世界电信标准大会（WTSC-93）确立 ITU 的改革首先从机构上进行，对原有的 3 个机构 CCITT、CCIR 和 IFRB 进行了改组，取而代之的是电信标准化部门（TSS，即 ITU-T）、无线电通信部门（RS，即 ITU-R）和电信发展部门（TDS，即 ITU-D）。电信标准化部门 ITU-T 由原来的 CCITT 和 CCIR 从事标准化工作的部门合并而成。其主要职责是完成国际电信联盟有关电信标准方面的目标，即研究电信技术、操作和资费等问题，出版建议书，目的是在世界范围内实现电信标准化，包括在公共电信网上无线电系统互联和为实现互联所应具备的性能。

国际电信联盟 ITU 单独或与 ISO 合作开发诸如消息处理系统、目录系统（X. 400 系列、X. 500 系列）、安全框架和安全模型等标准。

（4）因特网工程任务组 IETF

IETF（Internet Engineering Task Force）主要提出 Internet 标准草案和成为征求意见稿（RFC）的协议文稿，也包括安全方面的建议稿，内容比较广泛，经过网上讨论修改，被大家接受的就成了事实上的标准。目前有关安全方面的 RFC 有 170 多个，例如：RFC1352《SNMP 安全协议》、RFC 1421-1424《因特网电子邮件保密增强协议》和 RFC 1825《因特网协议安全体系结构》等。有关信息安全的工作组有 PGP 开发规范（OpenPGP）、鉴别防火墙遍历（AFT）、通过鉴别技术（CAT）、域名服务系统安全（Dnssec）、IP 安全协议（IPSec）、一次性口令鉴别（Otp）、X. 509 公钥基础设施（PKI）、S/MIME 邮件安全、安全 Shell（Secsh）、简单公钥基础设施（SPKI）、传输层安全（TLS）和 Web 处理安全（WTS）12 个。

9.5.2　区域组织

（1）美国国家标准学会 ANSI

美国国家标准协会（American National Standards Institute，ANSI），是非营利性质的民间标准化团体，是由公司、政府和其他成员组成的自愿组织。它们协商与标准有关的活动，审议美国国家标准，并努力提高美国在国际标准化组织中的地位。它实际上已成为美国国家标准化中心，美国各界标准化活动都围绕着它进行。通过它使政府有关系统和民间系统相互配合，起到了政府和民间标准化系统之间的桥梁作用。此外，ANSI 使有关通信和网络方面的国际标准和美国标准得到发展。ANSI 是 IEC 和 ISO 的成员之一。

ANSI 协调并指导美国全国的标准化活动，给标准制定、研究和使用单位以帮助，提供国内外标准化情报，同时又起着行政管理机关的作用。

（2）欧洲计算机厂商协会 ECMA

ECMA（European Computer Manufacturers Association）成立于 1961 年，除欧洲计算机厂商外，还吸收了全球其他洲的各大计算机公司和厂商成为其会员，主要制定计算机及其相关应用的标准和技术报告，目标是评估、开发和认可电信和计算机标准，经常向 ISO 提交标准提案，JTC1 的欧洲秘书处就设在 ECMA。它由 11 个技术委员会，其中 TC32（通信、网络和系统互联）曾定义了开放系统应用层安全结构，TC36（IT 安全）负责信息技术设备的安全标准，目前制定了商用和政府用信息技术产品和系统安全性评估标准化框架，还制定了开放系统环境下逻辑安全设备的框架。

（3）欧共体电信标准委员会 ETSI

欧共体电信标准委员会（Europe Telecommunication Standard Institute，ETSI），是非营利性的欧洲地区性电信标准化组织，创建于 1988 年，总部设在法国南部的尼斯。ETSI 的标准化领域主要是电信业，并涉及与其他组织合作的信息及广播技术领域。ETSI 作为一个被欧洲标准化协会（CEN）和欧洲邮电主管部门会议（CEPT）认可的电信标准协会，其制定的推荐性标准常被欧共体作为欧洲法规的技术基础而采用并被要求执行，成功地运作了第三代移动通信合作项目（3GPP）逐步在实施全球化的标准战略，已有 13 000 多项标准或技术报告发布。

9.5.3 国内组织

我国的标准组织和管理机构主要有中国通信标准化协会和中国国家标准化管理委员会。

（1）中国通信标准化协会

中国通信标准化协会（China Communications Standards Association，CCSA），该协会是国内企业、事业单位自愿联合起来，经业务主管部门批准，国家社团登记管理机关登记，开展通信技术标准化活动的非营利性法人社会团体。

（2）中国国家标准化管理委员会

中国国家标准化管理委员会（Standardization Administration of the People's Republic of China，SAC），SAC 是国务院授权履行行政管理职能，统一管理全国标准化工作的机构。

信息安全标准化是一项涉及面广、组织协调任务重的工作，为了加强信息安全标准化工作的组织协调力度，国家标准化管理委员会批准成立了全国信息安全标准化技术委员会（简称信息安全标委会，委员会编号为 TC260）。2002 年 4 月 15 日，信息安全标委会在北京正式成立，秘书处设在中国电子技术标准化研究所。该技术委员会的成立标志着我国信息安全标准化工作步入了“统一领导，协调发展”的新时期，该标委会是我国在信息安全的专业领域内，从事信息安全标准化工作的技术工作组织。它的工作任务是向国家标准化管理委员会提出本专业标准化工作的方针、政策和技术措施的建议。

9.6 信息安全法律法规

9.6.1 我国信息安全立法工作的现状

我国历来重视信息安全法律法规的建设，经过多年的探索和实践，我国已经制定和颁布了涉及信息系统安全、信息内容安全、信息产品安全、网络犯罪、密码管理等方面的多项法律法规，构建了较为完善的信息安全法律框架。

从发展过程来看，我国的信息安全法律法规建设是一个与一些关键信息安全技术和事件密切相关的动态发展过程。

1994 年，国务院颁布了《计算机信息系统安全保护条例》，在该条例中首次使用了“信息系统安全”的表述，以该条例为起点，中国开始了信息安全领域的立法进程。

2002 年 12 月 28 日，第九届全国人民代表大会常务委员会第十九次会议通过了《全国人民代表大会常务委员会关于维护互联网安全的决定》，该决定规定禁止利用互联网实施危害互联网安全运行、危害国家安全和社会稳定、危害社会主义市场经济秩序和社会管理秩序、危害个人、法人和其他组织的人身、财产等合法权益，开启了我国在信息安全领域实施法治化的新纪元。

2003 年 7 月 22 日，国家信息化领导小组第三次会议通过了《国家信息化领导小组关于加强信息安全保障工作的意见（中办发［2003］27 号）》，简称 27 号文，意见明确要求加强信息安全法制建设和标准化建设，抓紧研究起草《信息安全法》，建立和完善信息安全法律法规和制度，明确社会各方面保障信息安全的责任和义务。以此为标志，我国的信息安全立法工作进入了全面发展的阶段。

2012 年 12 月 28 日，全国人民代表大会常务委员会第三十次会议通过了《全国人民代表大会常务委员会关于加强网络信息保护的决定》，该决定的内容全面涵盖了个人网络电子信息保护、垃圾电子信息治理、网络和手机用户身份管理、网络服务提供商对国家有关主管部门的协助执法等重要制度。其核心内容和立法宗旨是建立公民个人电子信息保护制度，将公民信息权利保护，特别是信息安全的保护，提升到了十分显著的位置，这是我国信息安全立法的重大突破，填补了长久以来我国在个人信息保护方面的立法缺位，反映了我国信息安全立法开始加强对个人信息安全的关注。

我国的信息安全立法建设是一项复杂的系统工程。近年来，我国对信息安全的立法工作高度重视，陆续出台了一些信息安全的法律法规，在一定程度上呈现出我国信息安全立法的繁荣态势。但是从总体来看，我国目前信息安全立法的整体水平相对滞后，立法成果还不能满足保护信息安全的需要，同中国面临的日益严峻的国际化信息安全风险形成较大反差，这对在大数据时代维护我国的国家安全、社会稳定和个人权益较为不利。因此，需要各方面加强工作，尽快制定我国的信息安全基本法，逐步构建完善的信息安全法律体系。

9.6.2　我国信息安全法制建设的基本原则

要实现我国信息安全立法工作的有序进行，必须首先明确信息安全法制建设的基本原则。法律原则是法律的基础性原理，是立法主体进行立法活动的重要依据，体现着立法的内在精神。信息安全法制建设必须在基本原则的指导下进行，这样才能准确把握信息安全的客观规律，更好地发挥信息安全法律的保障作用。

结合信息安全的客观规律和现状，信息安全法制建设应当遵循以下原则。

（1）通过保障安全促进发展的原则。随着信息技术的发展和普及，互联网及其应用技术已经渗透到人们日常工作、学习和生活的各个领域。鉴于互联网具有的开放性、自由性和脆弱性，使得国家安全、社会稳定和个人权益安全面临多种威胁，考虑的信息技术面临的安全现状和信息安全技术的发展现状，国家应该在技术允许的范围内保持符合实际的安全要求，即满足适度安全的需求。在此基础上，信息安全法制建设的立法范围要与应用的重要性相一致，不能不计成本地限制信息系统的可用性。同时，应该确保通过信息安全法制建设，能够积极促进科技创新、市场繁荣和社会进步。

（2）积极预防原则。积极预防原则是指国家在实现信息和网络安全保护过程中，应该采取多种技术防范措施，完善各项管理制度，规范信息安全教育，依托信息安全法律法规防范国家在信息化建设过程中出现的各种安全风险。考虑到信息安全风险具有“不可逆”的特点，信息安全法制建设应该遵循积极预防的原则。使得采取积极主动的预防原则成为解决信息安全威胁的首选，通过落实发现威胁、降低风险、控制风险的措施构建信息安全法律法规体系。

（3）重点保护原则。信息安全涉及的范围广泛，在实际应用中，明确信息安全的关键环节，强化对关键环节的保护，是信息安全法制建设的基本出发点。针对关键环节的保护，很多国家都制定了相应的信息基础设施和关键环节保护法规，我国的信息安全法制建设也应该重点关注国家重要的信息基础设施安全，在立法过程中通过法律法规的形式重点体现保护关键环节的基本原则。

（4）谁主管、谁负责和协同原则。谁主管、谁负责体现了信息和网络空间需要合理分配信息安全风险的技术特点，这就要求互联网的建设者、使用者和管理者对其系统造成的信息网络基础设施灾难，或者严重影响公共安全、社会秩序的事件承担相应的责任。协同原则是为了应对信息安全的复杂性和艰巨性的必然选择。因为随着信息技术的发展和互联网的日益庞大，信息安全的问题涉及的深度和广度不断加强，依靠单一职能部门已经不能有效防范和应对信息安全风险，传统的明确分工和职责的社会管理经验已经不能解决信息安全面临的复杂环境。必须坚持既有分工又有协作，共同防范和应对信息安全的基本原则。因此，信息安全法制建设必须将谁主管、谁负责和协同原则有机结合起来，通过法律条文，明确相关部门的职责及部门之间协同治理网络空间的法律机制，以保证国家应对信息安全问题时的有效性和及时性。

综上所述，我国的信息安全法制建设应当在确立以上基本原则的基础上，构建体系化的信息安全法律法规。

9.6.3 其他国家的信息安全立法情况

（1）美国的信息安全立法

作为信息技术起步较早、发展程度最高的国家，美国通过不断完善其政策和法律体系，应对日益复杂的信息安全风险。其始终将维护政府信息安全，保障关键基础设施正常运行和保护个人隐私作为信息安全保护的主要内容，目标是通过法律保护，提供一个可信、可靠、有序的互联网环境。

1946 年通过的《原子能法》和 1947 年通过的《国家安全法》可以看作是美国信息安全法律保护开始的标志。随着计算机和互联网技术的快速发展，美国根据需要不断修正已经实施的法律，并通过制定新的法律加强信息安全保护的力度。

1966 年，美国通过了《信息自由法》，并且分别于 1974 年、1986 年和 1996 年进行了修订，这部法律的主要内容涉及对政府信息的获取、公开方式、可分割性以及相关的诉讼事宜等。该法律规定，除了属于本法律规定的不可披露的 9 类文件外，无需任何解释或理由，任何公民可以查看现有的、可识别的、未经公开的执行委员会机构记录。

1987 年，通过了《计算机安全法》，该法律规定美国国家标准与技术委员会（NIST）负责开发联邦计算机系统的安全标准。除了国家安全系统被用于国防和情报任务，商务部承担公布标准，加强联邦计算机系统安全保护的培训任务，以提高联邦计算机系统的安全性和保密性。

1996 年，通过了《克林格——科恩法》，该法律又名《信息技术管理改革法》，规定设立首席信息官（CIO）职位，信息官在 IT 收购和管理方面帮助机构负责人。该法律还授予商务部长发布安全标准的权利，要求各个机构开发和维护信息技术架构。该法律同时要求美国管理与预算办公室（OMB）监督主要信息技术的收购，并且与国土安全部长协商，公布 NIST 制定的强制性联邦计算机安全标准。

2000 年，通过了《政府信息安全改革法》，该法律规定联邦政府部门在保护信息安全方面的责任，明确了商务部、国防部、司法部、总务管理局、人事管理局等部门维护信息安全的具体职责，建立了联邦政府部门信息安全监督机制。

2000 年，制定通过《全球及全国商务电子签名法》。该法案赋予电子签名和一般书写签名同等的法律效力，其内容涉及商务电子记录与电子签名的保存、准确性、公证与确认、电子代理等问题，并对优先权、特定例外以及对联邦和州政府的适用性等问题作了相应的规定。它是美国第一部联邦级的电子签名法，极大地推动了电子签名、数字证书的应用。

2002年，通过了《网络安全研究和发展法》，该法律明确了国家科学基金会（NSF）和NIST网络安全研究的责任。该法律要求在NSF和NIST的领导下开展网络安全研究相关的项目，计划在5年内为这些项目投资9亿美元，另外投资1亿美元用于成立信息安全项目办公室。

2003年3月，通过了《联邦信息安全管理法》，该法律的实施为联邦信息系统创建了一个安全框架。该法律强调风险管理，规定了OMB、NIST、CIOs、首席信息安全官（CISOs）、联邦机构监察长（IGs）的具体责任，倡导建立由OMB监督的中央联邦事件中心，负责分析安全事件并提供技术帮助，通知机构运营商当前和潜在的安全威胁。

此外，美国颁布的信息安全相关法律还有：1984年，《伪造连接装置及计算机欺诈与滥用法》；1986年，《计算机欺诈与滥用法》；1986年，《电子通信隐私法》；1996年，《国家信息基础设施保护法》；1998年，《儿童网上隐私保护法》；2002年，《国土安全法》。

通过对美国信息安全立法过程的认识可以看出，美国规范信息安全的法律经历了一个从预防为主到先发制人、从控制硬件设备到控制网络信息内容的演化过程。总体而言，美国当前有关信息安全立法的发展趋势是要扩大政府部门在网络监管中的权限，明确其职责和任务，以满足应对与日俱增的信息安全风险的需求。

（2）俄罗斯的信息安全立法

俄罗斯联邦有关信息安全领域的法律法规建设起步较早，现在已经形成了比较完备的信息安全法律体系。俄罗斯政府始终十分重视信息安全立法工作，在《俄罗斯联邦宪法》、《国家安全法》、《国家保密法》、《电信法》等中都对国家的信息安全做出了相应的规定，并陆续制定和公布了《俄罗斯网络立法构想》、《俄罗斯联邦信息和信息化领域立法发展构想》、《信息安全学说》、《2000—2004年大众传媒立法发展构想》等纲领性文件，起草和修订《电子文件法》、《俄罗斯联邦因特网发展和利用国家政策法》、《信息权法》、《个人信息法》、《国际信息交易法》、《〈国际信息交易法〉联邦法的补充和修改法》、《信息、信息化和信息保护法》、《电子合同法》、《电子商务法》、《电子数字签名法》等法律。诸多信息安全方面的法律法规和政策表明了俄罗斯在信息安全领域的重大战略布局和方向。

1999年，通过了《俄罗斯网络立法构想》（草案）。该构想明确了俄罗斯网络立法建设的主要目标、原则及十项主要工作。该构想认为，在信息安全方面，俄罗斯应加强个人数据的保护、特别是要加强网上数据保护的立法工作，应加强因特网服务商和用户间数据传输过程中的信息保护的立法工作，其关键是对现行法律适用于因特网环境下的相关准则加以明确，并作出具体化和更为详细的补充规定。

2000年9月，正式批准生效了《俄罗斯联邦信息安全学说》。该学说是有关俄罗斯联邦信息安全保障的目标、任务、原则及基本方针等官方观点的总和，是制定俄罗斯联邦信息安全保障方面的国家政策和进行信息安全活动的基础。该学说全面阐述了俄罗斯联邦在信息领域的国家利益及其保障、面临的信息安全威胁种类和来源，以及俄罗斯联邦信息安全的现状与保障信息安全的主要任务，在此基础上提出了保障国家信息安全的基本方法，并认为利用法律的方法保证俄罗斯联邦信息安全是最为有效的方法。

2000年，公布了《俄罗斯联邦信息和信息化领域立法发展构想》。该构想对俄罗斯信息和信息化领域内现行的法律条文和法制建设的发展方向进行了简要分析，认为随着俄罗斯进入信息社会脚步的加快，计算机犯罪呈现出上升趋势，对个人、社会和国家造成的危害也越来越严重。但目前俄罗斯对这一危害尚缺乏必要的法律保护，对计算机犯罪没有统一的鉴定，为此，要尽快研究、制定和通过有关计算机犯罪的法规。该构想还对俄罗斯信息和信息化领域法制建设的条件和优先等级进行了剖析，指出俄罗斯信息和信息化领域的立法工作的优先级应分为 4 级。

第一级是制定各类跨部门信息协作的协议和约定，这是当前最为迫切的任务。

第二级是加紧对现有的法律条文进行修订，以便使俄罗斯的信息立法与国际上通用的公约、指令及标准接轨。

第三级是根据国家最高立法机构的建议，有计划地对那些有利于解决信息化建设中出现的新问题的立法建议进行审议。

第四级，制定一些基础性的联邦法律。

1995 年 2 月，通过了《信息、信息化和信息保护法》，于 2001 年进行了修订，并通过了《〈信息、信息化和信息保护法〉联邦法的补充和修改法》。该法对信息资源、信息资源的利用、信息化、信息系统、技术及其保障手段，以及信息和信息化领域中的信息保护和主体权益保护等内容作出了规定。该法规定，国家应根据俄联邦《国家机密法》等相关的法律规定制定信息保护制度，信息资源的所有者或其授权者有权监督信息保护要求的实施情况。

1996 年 7 月，通过了《国际信息交易法》，于 2000 年 7 月进行了修订，并通过了《〈国际信息交易法〉联邦法的补充和修改法》。该法主要对参与国际信息交易的法律制度、对国际信息交易的监督及国际信息交易过程中的责任进行了规定。

1997 年，通过《信息权法》。该法认为，信息权是公民的基本权利之一，每个公民都享有搜集、获取和传递信息的权利，信息权是公民不可剥夺的权利。该法对信息权的实现原则、信息访问的保障、信息查询的要求和方法、拒绝信息访问的原则和方法、信息使用费补偿办法、信息存储的保障、信息权的司法保护和侵犯信息权应承担的责任都作出了相应的规定。

2000 年 8 月，通过《俄罗斯联邦因特网发展和利用之国家政策法》。该法律的主要内容涉及因特网领域国家政策的基本原理、调整各种关系的原则和网上信息交换等。该法规定，公民在接入因特网时，国家权力机构要对宪法赋予公民的权利和义务予以保障；利用因特网进行信息交换，必须符合联邦现行法律之要求；在进行信息交换时，禁止因特网供应商向网络用户传播联邦法律所禁止或受到法律传播限制的信息，未经用户允许禁止向其传播商业、广告、宣传或类似性质的信息；在接入国家权力机关信息系统网络或访问受到限制的涉及国家信息资源的信息系统时，应遵照俄罗斯联邦政府相关规定执行。

2000 年 10 月，通过《个人信息法》。该法的主要内容包括合法使用个人数据的条件、个人数据主体的权利、个人数据持有者的权利和责任及国家对个人数据的管理等。该法对个人数据主体对个人数据的访问、冻结、解冻和删除都作出了明确的规定。

2001 年 4 月，通过《电子文件法》。该法明确了对电子公文流转中对电子文件提出的各项要求及电子文件的法律意义。该法规定，在电子文件交换时，应对个人数据、资料、商业和金融秘密，以及公文中包含的受到访问限制的其他信息加以保护；向第三方提供包含访问受限制内容的电子文件或其纸介质复印件时，不得违反俄罗斯联邦相关法律的规定。

2001 年，通过了《电子数字签名法》。该法案对电子数字签名的使用条件、密钥的管理、认证中心及其工作、密钥持有者的义务、电子数字签名的应用及企业电子数字签名的使用作了明确的规定。

从整体上来看，俄罗斯的信息安全立法将保护范围从只侧重国家机关的信息安全保护逐步扩大到对公民、组织和社会的信息安全保护，在不断发展中寻求着各方利益的平衡。

（3）欧盟的信息安全立法

为了加强对欧盟成员国信息安全立法的指导，欧盟通过发展战略来规划其阶段性的发展重点和发展路径。先后制定了《欧盟网络刑事公约》、《欧盟电子签名指令》、《欧盟电子商务指令》、《欧盟数据保护指令》等法律性文件。

1999 年 12 月，颁布生效了《欧盟电子签名指令》，其目的是为了方便电子签名的使用并使其具备相应的法律效力。指令的主要内容包括：确定电子签名效力的原则；电子签名及相关概念的定义；确定成员国国内及国际电子签名认证服务的市场准入规则；电子签名数据的保护；生效与修改等。不仅如此，在指令附件中，还对电子签名认证的提供者、电子签名的安全核对等问题提出了技术上和法律上的要求。

2000 年 5 月，通过《欧盟电子商务指令》。该指令的主要内容包括：成员国开放信息服务的市场；成员国对电子合同的使用不应予以限制；对电子形式的广告信息予以标明；允许律师、会计师在线提供服务；要求将国际法和来源国法作为适用于信息服务的法律；允许成员国为了保护未成年人，防止煽动种族仇恨，保卫国民的健康和安全，对来自他国的信息服务加以识别；确定提供信息服务的公司所在地为其实际开展营业的固定场所等。

2000 年 12 月，通过《欧盟数据保护指令》。该指令明确了个人数据保护的目的，并对数据拥有者的义务和数据主体的基本权利进行了界定。

2001 年 11 月，通过《欧盟网络刑事公约》。该公约是国际上第一个针对计算机系统、网络或数据犯罪的多边协定。该公约涉及以下内容：明确了网络犯罪的种类和内容，要求其成员国采取立法和其他必要措施，将这些行为在国内法予以确认；要求各成员国建立相应的执法机关和程序，并对具体的侦查措施和管辖权作出了规定；加强成员国间的国际合作，对计算机和数据犯罪展开调查（包括搜集电子证据）或采取联合行动，对犯罪分子进行引渡；对个人数据和隐私进行保护等。

欧盟的信息安全法律框架经历了一个逐步完善的过程。欧盟通过一系列的战略突出了数字时代信息安全的重要性，在战略布局下，欧盟信息安全法律通过统一立法、各成员国独立立法、专项立法等多层次组成，既强调了欧盟整体利益，又照顾到了各个成员国的具体实际。

本章总结

信息安全标准化不仅关系到信息安全产品和技术的发展方向，而且还关系到每个国家根本的安全利益，是信息安全重要的研究领域之一，日益引起人们的高度关注。作为信息安全技术的延伸和支撑，本章概要介绍了国内外信息安全领域相关标准，介绍了重要的国内外标准化组织的概况。信息安全法制建设是保障国家信息安全的基础，不仅对信息安全技术和管理具有促进和指导作用，而且信息安全法制化建设本身就是信息安全管理的重要组成部分。本章还介绍了我国在信息安全领域的法制化建设情况以及其他主要国家和组织的信息安全立法情况，为从事信息安全工作的人员具有一定的参考和指导作用。

思考与练习

1. CC 由哪几部分构成？
2. SSE-CMM 的模型结构是什么？
3. 我国计算机信息系统安全保护等级划分的基本原则是什么？

附录 网络基础知识

A1 计算机网络体系结构

A1.1 分层的体系结构

计算机网络是个非常复杂的系统，它是由许多互相连接的节点构成，在这些节点之间不断地进行数据交换，要做到有条不紊地交换数据，每个节点都必须遵守一些事先约定的规则，这些规则明确规定了所交换的数据的格式以及有关信息同步等问题。这些为进行网络中数据交换而建立的规则、标准和约定即称为网络协议。

一个网络协议由以下 3 个要素组成。

（1）语法：数据与控制信息的结构或格式。

（2）语义：需要发出何种控制信息、完成何种动作以及作出何种应答。

（3）同步：各种事件出现的时序。

网络协议是计算机网络不可缺少的组成部分。由于网络的结构复杂，最好采用层次式的结构形式，我们可用一个例子说明。

设有甲、乙二人打算通过电话来讨论某一专业问题，对此可分为 3 个层次。

最高一层为认识层，它要求通信双方必须具备有关该专业方面的知识，因而能听懂对方所谈的内容。第二层称为语言层，它要求通信双方具有共同的语言，能互相听懂对方所说的话。在这一层不必涉及谈话的内容，因为内容的含义由认识层来处理。如果两人语言相同，则语言层不做任何工作；如果双方语言不同，语言层要进行语言翻译。最下层称为传输层，它负责将每一方所讲的话变换为电信号，传输到对方后再还原为可听懂的语音。这一层完全不管所传输的语言属哪国语言，更不考虑其内容如何。

这样的分层做法使每一层实现一种相对独立的功能，因而可将一个难以处理的复杂问题分解为若干个较容易处理的问题。

计算机网络协议采用层次结构有以下好处。

（1）各层之间是互相独立的。本层不需要知道它的下一层是如何实现的，只需知道该层与下一层间的接口所提供的服务。

（2）灵活性好。当任何一层由于某种原因发生变化时，只要接口关系保持不变，则在这层以上或以下各层均不受影响。

（3）由于结构上分割开，各层可以采用各自最合适的技术来实现。

（4）易于实现和维护。由于整个系统被分解为若干个范围较小的部分，较容易调试和实现。

（5）能促进标准化工作。因为每一层的功能及其所提供的服务都已有了精确的说明。

我们将计算机网络的各层及其协议的集合称为网络体系结构。换种说法，计算机网络的体系结构就是这个计算机网络及其部件所应完成的功能的精确定义。体系结构是抽象的，而协议则要通过硬件和软件来具体实现。

A1.2　TCP/IP 体系结构

自 20 世纪 70 年代开始，计算机网络获得相当规模的发展，但由于各家公司开发的网络体系结构各不相同，很难互相连接通信，因此需要制定一个共同遵循的标准。1977 年，国际标准化组织 ISO 成立一个新的委员会，于 1984 年提出“开放系统互联参考模型”，简称 OSI，它是一个七层的体系结构。“开放”是指世界上任何两个系统只要遵循 OSI 标准就可互相进行通信。“系统”是指在现实的系统中与互连有关的各部分。这种正式标准的制定和实施要统一各方面的意见，往往要讨论很多年，我们称它为法定标准。而在此之前，一些制造商已根据需要修订出一些共同的标准，并且已广泛使用，为区别于 OSI，称为工业标准或“事实上的标准”。工业标准带有工业化和广泛使用的特征，如 TCP/IP 目前正得到广泛使用。

协议分层模型包括两方面的内容：一是层次结构，二是各层功能的描述。在如何用分层模型来描述 TCP/IP 的问题上争论很多，但共同的观点是 TCP/IP 的层次数比 OSI 参考模型的 7 层要少。

TCP/IP 参考模型可以分为 4 个层次：应用层、传输层、网络层与网络层接口。其中，从协议所覆盖的功能上看，TCP/IP 参考模型的应用层与 OSI 应用层、表示层和会话层相对应，传输层与 OSI 传输层相对应，互连层与 OSI 网络层相对应，网络接口层与 OSI 数据链路层、物理层相对应。

TCP/IP 参考模型与协议也是有它自身的缺陷。第一，它在服务、接口与协议的区分上就不清楚。一个好的软件工程应该将功能与实现方法区分开来，TCP/IP 恰恰没有很好地做到这点，这就使得 TCP/IP 参考模型对于使用新的技术的指导意义是不够的。TCP/IP 参考模型不适合于其他非 TCP/IP 协议族。第二，TCP/IP 的网络接口层本身并不是实际的一层，它定义了网络层与数据链路层的接口。物理层与数据链路层的划分是必要和合理的，一个好的参考模型应该将他们区分开来，而 TCP/IP 参考模型却没有做到这点。

但是，自从 TCP/IP 协议在 20 世纪 70 年代诞生以来已经经历了 30 多年的实践检验，其广泛使用已经赢得了大量的用户和投资。TCP/IP 协议的成功促进了 Internet 的发展，Internet 的发展又进一步扩大了 TCP/IP 协议的影响。TCP/IP 首先在学术界争取了一大批用户，同时也越来越受到计算机产业界的青睐。IBM、DEC 等大公司纷纷宣布支持 TCP/IP 协议，局域网操作系统 Netware、Lan Manager 争相将 TCP/IP 纳入自己的体系结构，数据库 Oracle 支持 TCP/IP 协议，UNIX、POSIX 操作系统也支持 TCP/IP 协议。相比之下，OSI 参考模型与协议显得有些势单力薄。

A2　链　路　层

链路层负责在相邻两个节点的线路上，无差错地传送以帧为单位的数据。每一帧包括一定数量的数据和一些必要的控制信息。和物理层相似，数据链路层要负责建立、维持和释放数据链路。在传送数据时，若接收节点检测到所传送数据中有差错，就要通知发送方重发这一帧，直到这一帧正确无误地到达接收节点为止。在控制信息中包括同步信息、地址信息、差错控制以及流量控制信息。因此，数据链路层是把一条有可能出差错的物理链路变成无差错的数据链路。

数据链路层在不可靠的物理介质上提供可靠的传输。该层的作用包括：物理地址寻址、数据的成帧、流量控制、数据的检错、重发等。在这一层，数据的单位称为帧（Frame）。

数据链路层协议的代表包括 HDLC、PPP、STP 和帧中继等。

A3 网 络 层

在计算机网络中，两个计算机之间进行通信可能要经过许多节点和链路，也可能要经过多个通信子网。在网络层，数据的传输单位为分组或包。网络层的主要任务是路由选择，即通过路由选择算法，为分组通过通信子网选择最合适的路径，把源计算机发出的信息分组经过适当的路径传送到目的地计算机。

由于网络层传送数据具有突发性，在通信子网中有时会出现过多的数据分组，它们相互堵塞通信线路，因此，网络层除了为传输层提供数据传输外，还应进行拥塞控制，防止出现死锁。

网络层的另一个重要功能是实现网络互连，即可在互相独立的局域网上建立互连网络，即网际网。网间的报文来往根据它的目的 IP 地址通过路由器传到另一网络。

网络层中含中有 4 个重要的协议：网际协议 IP、因特网控制报文协议 ICMP、地址解析协议 ARP 和反向地址解析协议 RARP。

网络层的功能主要由 IP 来提供。除了提供端到端的分组转发功能外，IP 还提供了很多扩充功能。例如，为了克服数据链路层对帧大小的限制，网络层提供了数据分块和重组功能，这使得很大的 IP 数据包能以较小的分组在网上传输。

A3.1 IP 协议

网际协议 IP 是 TCP/IP 体系中两个最主要的协议之一，也是最重要的因特网标准协议。它将多个网络联成一个互连网，可以把高层的数据以多个数据包的形式通过互连网分发出去。

IP 的基本任务是通过互连网传送数据包，各个 IP 数据包之间是相互独立的。IP 不保证服务的可靠性，在主机资源不足的情况下，它可能丢弃某些数据包，同时 IP 也不检查被数据链路层丢弃的报文。

在传送时，高层协议将数据传给 IP，IP 再将数据封装为数据包。若目的主机与源主机连接在同一个网络中，IP 就将数据包直接交付给目的主机而不需要通过路由器。若目的主机与源主机不是连接在同一个网络上，则应将数据包发送给本网络上的某个路由器，由该路由器按照转发表指出的路由将数据包转发给下一个路由器，称为间接交付。在数据包传输路径上的最后一个路由器与目的主机在同一个网络中，由该路由器把数据包直接交付给目的主机。

A3.2 ICMP 协议

ICMP 是因特网控制报文协议，它是为了提高 IP 数据包交付成功的机会而设置的，ICMP 允许主机或路由器报告差错情况和提供有关异常情况的报告。从 IP 协议的功能可以知道，IP 提供的是一种不可靠的无连接的报文分组传送服务。若路由器故障使网络阻塞，就需要通知发送主机采取相应措施。

ICMP 报文的种类有两种，即 ICMP 差错报告报文和 ICMP 询问报文。

ICMP 提供的差错报告报文共有 5 种。

（1）终点不可达。终点不可达分为：网络不可达、主机不可达、协议不可达、端口不可达以及源路由失败等几种情况。

（2）源站抑制。当路由器或主机由于拥塞而丢弃数据包时，就向源站发送源站抑制报文，使源站知道应当将数据包的发送速率放慢。

（3）时间超过。当路由器收到生存时间为零的数据包时，除丢弃该数据包外，还要向源站发送时间超过报文。当目的站在预先规定的时间内不能收到一个数据包的全部数据包片时，就将已收到的数据包片都丢弃，并向源站发送时间超过报文。

（4）参数问题。当路由器或目的主机收到的数据包的首部中有的字段的值不正确时，就丢弃该数据包，并源站发送参数问题报文。

（5）改变路由（重定向）。路由器将改变路由报文发送给主机，让主机知道下次应将数据包发送给另外的路由器（可通过更好的路由）。

ICMP 的询问报文有 4 种，即回送请求和回答、时间戳请求和回答、掩码地址请求和回答以及路由器询问和报告。

ICMP 回送请求报文是由主机或路由器向一个特定的目的主机发出的询问，收到此报文的机器必须给源主机发送 ICMP 回送回答报文，这种询问报文用来测试目的站是否可达以及了解其有关状态，在应用层有一个常用的服务叫做 PING（Packet InterNet Groper），用来测试两个主机之间的连通性。

ICMP 时间戳请求报文是请某个主机或路由器回答当前的日期和时间。

主机使用 ICMP 地址掩码请求报文可向子网掩码服务器得到某个接口的地址掩码。

主机使用 ICMP 路由器询问和通告报文可了解连接在本网络上的路由器是否正常工作，主机将路由器询问报文进行广播（或多播），收到询问报文的一个或几个路由器就使用路由器通告报文广播其路由选择信息。

A3.3 地址转换协议 ARP

在 TCP/IP 网络环境下，每个主机都分配了一个 32 bit 的 IP 地址，这种地址是在国际范围内标识主机的一种逻辑地址。IP 地址是不能直接用来进行通信的，这是因为 IP 地址只是在抽象的网络层中的地址。若要将网络层中传送的数据包交付给目的主机，还要传到链路层转变成 MAC 帧后才能发送到实际的网络上。因此，不管网络层使用的是什么协议，在实际网络的链路上传送数据帧时，最终还是必须使用硬件地址。

由于 IP 地址有 32 bit，而局域网的硬件地址是 48 bit，因此它们之间不存在简单的映射关系。此外，在一个网络上可能经常会有新的主机加入进来，或撤走一些主机。更换网卡也会使主机的硬件地址改变。可见，在主机中应存放一个从 IP 地址到硬件地址的映射表，并且这个映射表还必须能够经常动态更新。地址解析协议 ARP 很好地解决了这些问题。

在进行报文发送时，如果源网络层给出的报文只有目的 IP 地址，而没有对应的物理地址，则网络层广播 ARP 请求以获取目的站信息，而目的站必须回答该 ARP 请求。这样源站点可以收到以太网 48 bit 地址，并将地址放入相应的高速缓存（Cache）。

设置 ARP 高速缓存是非常有用的。如果不使用 ARP 高速缓存，那么任何一个主机只要进行一次通信，就必须在网络上用广播方式发送 ARP 请求分组，这就使得网络上的通信量大大增加。

ARP 将已经得到的地址映射保存在高速缓存中，这样就使得该主机下次再和具有同样目的地址的主机通信时，可以直接从高速缓存中找到所需的硬件地址而不必再用广播方式发送 ARP 请求分组。

在互联网环境下，为了将报文发送到另一个网络的目的主机，数据包要发送给本主机所在网络的路由器。因此，发送主机首先必须确定路由器的物理地址，然后依次将数据发往接收端。

需要说明的是，这种从 IP 地址到硬件地址的解析是自动进行的，主机的用户对这种地址解析过程是不知道的。只要主机或路由器要和本网络上的另一个已知 IP 地址的主机或路由器进行通信，ARP 协议就会自动地将该 IP 地址解析为链路层所需要的硬件地址。

A3.4 反向地址转换协议 RARP

反向地址转换协议用于一种特殊情况，如果站点初始化以后，只有自己的物理地址而没有 IP 地址，则它可以通过 RARP 协议发出广播请求，征求自己的 IP 地址，而 RARP 服务器则负责回答。这样，无 IP 地址的站点可以通过 RARP 协议取得自己的 IP 地址，这个地址在下一次系统重新开始以前都有效，不用连续广播请求。RARP 广泛用于获取无盘工作站的 IP 地址。

A4 传 输 层

从通信和信息处理的角度看，传输层向它上面的应用层提供通信服务，它属于面向通信部分的最高层，同时也是用户功能中的最低层。在通信子网中没有传输层。传输层只存在于通信子网以外的主机中。

两个主机进行通信实际上就是两个主机中的应用进程互相通信。IP 协议虽然能把分组送到目的主机，但是这个分组还停留在主机的网络层而没有交付给主机中的应用进程（注意：IP 地址是标志在因特网中的一个主机，而不是标志主机中的应用进程）。由于通信的端点是源主机和目的主机中的应用进程，因此，应用进程之间的通信又称为端到端的通信。在一个主机中经常有多个应用进程同时分别和另一个主机中的多个应用进程通信。传输层的一个很重要的功能就是复用和分用。应用层不同进程的报文通过不同的端口向下交到传输层，再往下就共用网络层提供的服务。当这些报文达到目的主机后，目的主机的传输层就使用其分用功能，通过不同的端口将报文分别交付到相应的应用进程。因此，传输层提供应用进程的逻辑通信。"逻辑通信"的意思是：传输层之间的通信好像是沿水平方向传送数据，但事实上这两个传输层之间并没有一条水平方向的物理连接。

网络层和传输层有很大的区别：传输层为应用进程之间提供端到端的逻辑通信，但网络层是为主机之间提供逻辑通信。传输层负责将上层数据进行分段并提供端到端的、可靠的或不可靠的传输（取决于该层所用的协议）。此外，传输层还要处理端到端的差错控制和流量控制问题，支持全双工传输等。

在这一层，数据的单位称为数据段（Segment）。传输层协议的代表包括：TCP 和 UDP。虽然 TCP 和 UDP 都使用相同的网络层协议 IP，但是 TCP 和 UDP 却为应用层提供完全不同的服务。

传输控制协议 TCP：为应用程序提供可靠的面向连接的通信服务，适用于要求得到响应的应用程序。目前，许多流行的应用程序都使用 TCP。

用户数据包协议 UDP：提供了无连接通信，且不对传送数据包进行可靠的保证。适合于一次传输小量数据，可靠性则由应用层来负责。

A4.1 TCP协议

TCP是面向连接的协议，在传送数据之前必须先建立连接，数据传送结束后释放连接。TCP能保证提供可靠的服务，因此不可避免地增加了许多的开销，如确认、流量控制、计时器以及连接管理等。这不仅使协议数据单元的首部增大很多，还要占用许多的处理机资源。

TCP协议通过以下过程来保证端到端数据通信的可靠性。

（1）TCP实体把应用程序划分为合适的数据块，加上TCP报文头，生成数据段。

（2）当TCP实体发出数据段后，立即启动计时器，如果源设备在计时器清零后仍然没有收到目的设备的确认报文，重发数据段。

（3）当对端TCP实体收到数据，发回一个确认。

（4）TCP包含一个端到端的校验和字段，检测数据传输过程的任何变化。如果目的设备收到的数据校验和计算结果有误，TCP将丢弃数据段，源设备在前面所述的计时器清零后重发数据段。

（5）由于TCP数据承载在IP数据包内，而IP提供了无连接的、不可靠的服务，数据包有可能会失序。TCP提供了重新排序机制，目的设备将收到的数据重新排序，交给应用程序。

（6）TCP提供流量控制。TCP连接的每一端都有缓冲窗口。目的设备只允许源设备发送自己可以接收的数据，防止缓冲区溢出。

（7）TCP支持全双工数据传输。

A4.2 UDP协议

UDP协议是面向无连接的协议，这种协议不用确认、不对报文排序、也不进行流量控制，UDP报文可能会出现丢失、重复、失序等现象，因此不保证服务质量。用户数据包协议UDP只在IP的数据包服务上增加了很少一点的功能，这就是端口的功能和差错检测的功能。虽然UDP用户数据包只能提供不可靠的交付，但UDP有其特殊的优点，具体包括以下几点。

（1）发送前不需要建立连接，也没有必要释放连接，因此，减少了开销与发送数据之前的时延。

（2）UDP不使用拥塞控制，也不保证可靠交付，因此，主机不需要维持具有许多参数的、复杂的连接状态表。

（3）UDP只有8个字节的首部开销，比TCP的20个字节的首部要短。

（4）由于UDP没有拥塞控制，因此，网络出现的拥塞不会使源主机的发送速率降低。这对某些实时应用是很重要的。很多的实时应用（如IP电话、实时视频会议等）要求源主机以恒定的速率发送数据，并且允许在网络发生拥塞时丢失一些数据，却不允许有太大的时延。UDP正好适合这种要求。

虽然某些实时应用需要使用没有拥塞控制的UDP，但当很多的源主机同时向网络发送高速率的实时视频流时，网络就有可能发生拥塞，结果大家都无法正常接收。因此，UDP不使用拥塞控制功能可能会引起网络产生严重的拥塞问题。

TCP协议为了保证数据传输的可靠性，相对于UDP报文，TCP报文头部有更多的字段选项。相对于TCP报文，UDP报文只有少量的字段：源端口号、目的端口号、长度、校验和等，各个字段功能和TCP报文相应字段一样。

A5 应 用 层

应用层是 TCP/IP 参考模型中的最高层。它不是为上层提供服务，而是为最终用户提供服务。每个应用层协议都是为了解决某一类应用问题，而问题的解决又是通过位于不同主机中的多个进程之间的通信和协同工作来完成的。这些为了解决具体的应用问题而彼此通信的进程就称为“应用进程”。而应用层的具体内容就是规定应用进程在通信时所遵循的协议。

应用层协议的代表包括：FTP、Telnet、HTTP、DNS、SNMP 等。

（1）文件传输协议 FTP

文件传输协议是为进行文件共享而设计的因特网标准协议。FTP 用来把文件从一台机器传到另一台机器上。FTP 有两种访问方式：用户 FTP 和匿名 FTP。用户 FTP 要求用户在服务器上有账号并允许用户在所登录的机器上访问允许访问的文件。匿名 FTP 是供那些没有账号的人用的，并提供对某些特定文件在广域范围内访问。FTP 工作时建立两条 TCP 连接，一条用于传送文件，另一条用于传送控制。

FTP 采用客户机/服务器模式，它包含客户 FTP 和服务器 FTP。客户 FTP 启动传送过程，而服务器对其作出应答。客户 FTP 大多有一个交互式界面，使用权客户可以灵活地向远地传文件或从远地取文件。

（2）远程终端访问 Telnet

Telnet 是一种因特网远程终端访问标准。它真实地模仿远程终端，但是不具有图形功能，它仅提供基于字符应用的访问。Telnet 允许为任何站点上的合法用户提供远程访问权，而不需要作特殊约定。

Telent 允许一个用户远程执行另一个计算机上的命令外壳。大多数因特网平台，甚至某些 MS-DOS 或微软 Windows 系统都支持 Telnet（它通过 Telent 服务器提供访问 DOS 外壳的功能）。Macintosh 操作系统是个例外，它没有让用户访问的面向命令行的外壳，不论它是否是本地的；然而，如果 Mac OS 有个外壳，某些人就可能建立一个 Telnet 服务器，以便远程访问它。

（3）域名服务 DNS

DNS（Domain Name System）是一个域名服务的协议。它实际上为一个分布式数据库，它提供主机名和 IP 地址的互相转换。它使本地机器负责控制整个数据库中的部分段，每一段中的数据通过客户机/服务器模式在整个网络上均可存取。通过采用复制技术和缓冲技术使得在保持整个数据库坚固的同时，又可以拥有很好的性能。

（4）简单邮件传送协议 SMTP

SMTP 即简单邮件传输协议，它是一组用于由源地址到目的地址传送邮件的规则，由它来控制信件的中转方式。SMTP 协议属于 TCP/IP 协议族，它帮助每台计算机在发送或中转信件时找到下一个目的地。通过 SMTP 协议所指定的服务器，我们就可以把 E-mail 寄到收信人的服务器上了，整个过程只要几分钟。SMTP 服务器则是遵循 SMTP 协议的发送邮件服务器，用来发送或中转你发出的电子邮件。

参考文献

[1] 中国互联网络信息中心. 中国互联网络发展状况统计报告（2013 年 7 月）. 2013.

[2] 中国互联网络信息中心. 2012 年中国网民信息安全状况研究报告. 2012.

[3] 冯登国，赵险峰. 信息安全技术概论 [M]. 北京：电子工业出版社，2009.

[4] Douglas R. Stinson. 密码学原理与实践（第二版）[M]. 冯登国，译. 电子工业出版社，2003.

[5] 陈天洲. 陈纯，谷小妮. 计算机安全策略 [M]. 浙江大学出版社，2004.

[6] 杨义先，钮心忻. 网络安全理论与技术 [M]. 北京：人民邮电出版社，2003.

[7] 卿斯汉. 密码学与计算机网络安全 [M]. 北京：清华大学出版社、南宁：广西科学技术出版社，2001.

[8] 贺雪晨. 信息对抗与网络安全（第二版）[M]. 北京：清华大学出版社，2010.

[9] William Stallings. Cryptography and Network Security: Principles and Practice (Second Edition) [M]. 北京：清华大学出版社，2002.

[10] 戴宗坤. 信息安全管理指南 [M]. 重庆：重庆大学出版社，2008.

[11] 洪帆. 访问控制概论 [M]. 武汉：华中科技大学出版社，2010.

[12] 雷吉成. 物联网安全技术 [M]. 北京：电子工业出版社，2012.